西政文库·教授篇

信念伦理问题研究

文学平 著

图书在版编目(CIP)数据

信念伦理问题研究 / 文学平著. — 北京：商务印书馆，2022
（西政文库）
ISBN 978-7-100-21669-2

Ⅰ.①信… Ⅱ.①文… Ⅲ.①信念－伦理学－研究 Ⅳ.①B848.4

中国版本图书馆CIP数据核字（2022）第164228号

权利保留，侵权必究。

西政文库
信念伦理问题研究
文学平 著

商 务 印 书 馆 出 版
（北京王府井大街36号 邮政编码 100710）
商 务 印 书 馆 发 行
三河市尚艺印装有限公司印刷
ISBN 978-7-100-21669-2

2022年12月第1版　　开本 680×960　1/16
2022年12月第1次印刷　　印张 22

定价：116.00元

西政文库编委会

主　任：付子堂

副主任：唐　力　周尚君

委　员：（按姓氏笔画排序）

龙大轩　卢代富　付子堂　孙长永　李　珮

李雨峰　余劲松　邹东升　张永和　张晓君

陈　亮　岳彩申　周尚君　周祖成　周振超

胡尔贵　唐　力　黄胜忠　梅传强　盛学军

谭宗泽

总　序

"群山逶迤，两江回环；巍巍学府，屹立西南……"

2020年9月，西南政法大学将迎来建校七十周年华诞。孕育于烟雨山城的西政一路爬坡过坎，拾阶而上，演绎出而今的枝繁叶茂、欣欣向荣。

西政文库以集中出版的方式体现了我校学术的传承与创新。它既展示了西政从原来的法学单科性院校转型为"以法学为主，多学科协调发展"的大学后所积累的多元化学科成果，又反映了学有所成的西政校友心系天下、回馈母校的拳拳之心，还表达了承前启后、学以成人的年轻西政人对国家发展、社会进步、人民福祉的关切与探寻。

我们衷心地希望，西政文库的出版能够获得学术界对于西政学术研究的检视与指引，能够获得教育界对于西政人才培养的考评与建言，能够获得社会各界对于西政长期发展的关注与支持。

六十九年前，在重庆红岩村的一个大操场，西南人民革命大学的开学典礼隆重举行。西南人民革命大学是西政的前身，1950年在重庆红岩村八路军办事处旧址挂牌并开始招生，出生于重庆开州的西南军政委员会主席刘伯承兼任校长。1953年，以西南人民革命大学政法系为基础，在合并当时的四川大学法学院、贵州大学法律系、云南大学法律系、重庆大学法学院和重庆财经学院法律系的基础上，西南政法学院正式成立。中央任命抗日民族英雄，东北抗日联军第二路军总指挥、西南军政委员会政法委员会主任周保中将军为西南政法学院首任院长。1958年，中央公安学院重庆分院并入西南政法学院，使西政既会聚了法学名流，又吸纳了实务精英；既秉承了法学传统，又融入了公安特色。由此，学校获誉为新中国法学教育的"西南联大"。

20世纪60年代后期至70年代，西南政法学院于"文革"期间一度停办，老一辈西政人奔走呼号，反对撤校，为保留西政家园不屈斗争并终获胜利，为后来的"西政现象"奠定了基础。

20世纪70年代末，面对"文革"等带来的种种冲击与波折，西南政法学院全体师生和衷共济，逆境奋发。1977年，经中央批准，西南政法学院率先恢复招生。1978年，经国务院批准，西南政法学院成为全国重点大学，是司法部部属政法院校中唯一的重点大学。也是在70年代末，刚从"牛棚"返归讲坛不久的老师们，怀着对国家命运的忧患意识和对学术事业的执着虔诚，将只争朝夕的激情转化为传道授业的热心，学生们则为了弥补失去的青春，与时间赛跑，共同创造了"西政现象"。

20世纪80年代，中国的法制建设速度明显加快。在此背景下，满怀着憧憬和理想的西政师生励精图治，奋力推进第二次创业。学成于80年代的西政毕业生们，成为今日我国法治建设的重要力量。

20世纪90年代，西南政法学院于1995年更名为西南政法大学，这标志着西政开始由单科性的政法院校逐步转型为"以法学为主，多学科协调发展"的大学。

21世纪的第一个十年，西政师生以渝北校区建设的第三次创业为契机，克服各种困难和不利因素，凝心聚力，与时俱进。2003年，西政获得全国首批法学一级学科博士学位授予权；同年，我校法学以外的所有学科全部获得硕士学位授予权。2004年，我校在西部地区首先设立法学博士后科研流动站。2005年，我校获得国家社科基金重大项目（A级）"改革发展成果分享法律机制研究"，成为重庆市第一所承担此类项目的高校。2007年，我校在教育部本科教学工作水平评估中获得"优秀"的成绩，办学成就和办学特色得到教育部专家的高度评价。2008年，学校成为教育部和重庆市重点建设高校。2010年，学校在"转型升格"中喜迎六十周年校庆，全面开启创建研究型高水平大学的新征程。

21世纪的第二个十年，西政人恪守"博学、笃行、厚德、重法"的西政校训，弘扬"心系天下，自强不息，和衷共济，严谨求实"的西政精神，坚持"教学立校，人才兴校，科研强校，依法治校"的办学理念，推进学校发展取得新成绩：学校成为重庆市第一所教育部和重庆市共建高校，入选首批卓越法律人才教育培养基地（2012年）；获批与英国考文垂大学合作举办法学专业本科教育项目，6门课程获评"国家级精品资源共享课"，两门课程获评"国家级精品视频公开课"（2014年）；入选国家"中西部高校基础能力建设工程"院校，与美国凯斯西储大学合作举办法律硕士研究生教育项目（2016年）；法学学科在全国第四轮学科评估中获评A级，新闻传播学一级学科喜获博士学位授权点，法律专业硕士学位授权点在全国首次专业学位水平评估中获评A级，经济法教师团队入选教育部"全国高校黄大年式教师团队"（2018年）；喜获第九届世界华语辩论锦标赛总冠军（2019年）……

不断变迁的西政发展历程，既是一部披荆斩棘、攻坚克难的拓荒史，也是一部百折不回、逆境崛起的励志片。历代西政人薪火相传，以昂扬的浩然正气和强烈的家国情怀，共同书写着中国高等教育史上的传奇篇章。

如果对西政发展至今的历史加以挖掘和梳理，不难发现，学校在教学、科研上的成绩源自西政精神。"心系天下，自强不息，和衷共济，严谨求实"的西政精神，是西政的文化内核，是西政的镇校之宝，是西政的核心竞争力；是西政人特有的文化品格，是西政人共同的价值选择，也是西政人分享的心灵密码！

　　西政精神，首重"心系天下"。所谓"天下"者，不仅是八荒六合、四海九州，更是一种情怀、一种气质、一种境界、一种使命、一种梦想。"心系天下"的西政人始终以有大担当、大眼界、大格局作为自己的人生坐标。在西南人民革命大学的开学典礼上，刘伯承校长曾对学子们寄予厚望，他说："我们打破旧世界之目的，就是要建设一个人民的新世界……"而后，从化龙桥披荆斩棘，到歌乐山破土开荒，再到渝北校区新建校园，几代西政人为推进国家的民主法治进程矢志前行。正是在不断的成长和发展过程中，西政见证了新中国法学教育的涅槃，有人因此称西政为"法学黄埔军校"。其实，这并非仅仅是一个称号，西政人之于共和国的法治建设，好比黄埔军人之于那场轰轰烈烈的北伐革命，这个美称更在于它恰如其分地描绘了西政为共和国的法治建设贡献了自己应尽的力量。岁月经年，西政人无论是位居"庙堂"，还是远遁"江湖"，无论是身在海外华都，还是立足塞外边关，都在用自己的豪气、勇气、锐气，立心修德，奋进争先。及至当下，正有愈来愈多的西政人，凭借家国情怀和全球视野，在国外高校的讲堂上，在外交事务的斡旋中，在国际经贸的商场上，在海外维和的军营里，实现着西政人胸怀世界的美好愿景，在各自的人生舞台上诠释着"心系天下"的西政精神。

　　西政精神，秉持"自强不息"。"自强不息"乃是西政精神的核心。西政师生从来不缺乏自强传统。在20世纪七八十年代，面对"文革"等带来的发展阻碍，西政人同心协力，战胜各种艰难困苦，玉汝于成，打造了响当当的"西政品牌"，这正是自强精神的展现。随着时代的变迁，西政精神中"自强不息"的内涵不断丰富：修身乃自强之本——

尽管地处西南，偏于一隅，西政人仍然脚踏实地，以埋头苦读、静心治学来消解地域因素对学校人才培养和科学研究带来的限制。西政人相信，"自强不息"会涵养我们的品性，锻造我们的风骨，是西政人安身立命、修身养德之本。坚持乃自强之基——在西政，常常可以遇见在校园里晨读的同学，也常常可以在学术报告厅里看到因没有座位而坐在地上或站在过道中专心听讲的学子，他们的身影折射出西政学子内心的坚守。西政人相信，"自强不息"是坚持的力量，任凭时光的冲刷，依然能聚合成巨大动能，所向披靡。担当乃自强之道——当今中国正处于一个深刻变革和快速转型的大时代，无论是在校期间的志愿扶贫，还是步入社会的承担重任，西政人都以强烈的责任感和实际的行动力一次次证明自身无愧于时代的期盼。西政人相信，"自强不息"是坚韧的种子，即使在坚硬贫瘠的岩石上，依然能生根发芽，绽放出倔强的花朵。

西政精神，倡导"和衷共济"。中国司法史上第一人，"上古四圣"之一的皋陶，最早提倡"和衷"，即有才者团结如钢；春秋时期以正直和才识见称于世的晋国大夫叔向，倾心砥砺"共济"，即有德者不离不弃。"和衷共济"的西政精神，指引我们与家人美美与共：西政人深知，大事业从小家起步，修身齐家，方可治国平天下。"和衷共济"的西政精神指引我们与团队甘苦与共：在身处困境时，西政举师生、校友之力，攻坚克难。"和衷共济"的西政精神指引我们与母校荣辱与共：沙坪坝校区历史厚重的壮志路、继业岛、东山大楼、七十二家，渝北校区郁郁葱葱的"七九香樟""八零花园""八一桂苑"，竞相争艳的"岭红樱"、"齐鲁丹若"、"豫园"月季，无不见证着西政的人和、心齐。"和衷共济"的西政精神指引我们与天下忧乐与共：西政人为实现中华民族伟大复兴的"中国梦"而万众一心；西政人身在大国，胸有大爱，遵循大道；西政人心系天下，志存高远，对国家、对社会、对民族始终怀着强烈的责任感和使命感。西政人将始终牢记：以"和衷共济"的人生态度，以人类命运共同体的思维高度，为民族复兴，为人类进步贡献西政人的智慧和力量。这是西政人应有的大格局。

西政精神，着力"严谨求实"。一切伟大的理想和高远的志向，都需要务实严谨、艰苦奋斗才能最终实现。东汉王符在《潜夫论》中写道："大人不华，君子务实。"就是说，卓越的人不追求虚有其表，有修养、有名望的人致力于实际。所谓"务实"，简而言之就是讲究实际，实事求是。它排斥虚妄，鄙视浮华。西政人历来保持着精思睿智、严谨求实的优良学风、教风。"严谨求实"的西政精神激励着西政人穷学术之浩瀚，致力于对知识掌握的弄通弄懂，致力于诚实、扎实的学术训练，致力于对学习、对生活的精益求精。"严谨求实"的西政精神提醒西政人在任何岗位上都秉持认真负责的耐劳态度，一丝不苟的耐烦性格，把每一件事都做精做细，在处理各种小事中练就干大事的本领，于精细之处见高水平，见大境界。"严谨求实"的西政精神，要求西政人厚爱、厚道、厚德、厚善，以严谨求实的生活态度助推严谨求实的生活实践。"严谨求实"的西政人以学业上的刻苦勤奋、学问中的厚积薄发、工作中的恪尽职守赢得了教育界、学术界和实务界的广泛好评。正是"严谨求实"的西政精神，感召着一代又一代西政人举大体不忘积微，务实效不图虚名，博学笃行，厚德重法，历经创业之艰辛，终成西政之美誉！

"心系天下，自强不息，和衷共济，严谨求实"的西政精神，乃是西政人文历史的积淀和凝练，见证着西政的春华秋实。西政精神，在西政人的血液里流淌，在西政人的骨子里生长，激励着一代代西政学子无问西东，勇敢前行。

西政文库的推出，寓意着对既往办学印记的总结，寓意着对可贵西政精神的阐释，而即将到来的下一个十年更蕴含着新的机遇、挑战和希望。当前，学校正处在改革发展的关键时期，学校将坚定不移地以教学为中心，以学科建设为龙头，以师资队伍建设为抓手，以"双一流"建设为契机，全面深化改革，促进学校内涵式发展。

世纪之交，中国法律法学界产生了一个特别的溢美之词——"西政现象"。应当讲，随着"西政精神"不断深入人心，这一现象的内涵正在不断得到丰富和完善；一代代西政校友，不断弘扬西政精神，传承西政文化，为经济社会发展，为法治中国建设，贡献出西政智慧。

是为序。

西南政法大学校长，教授、博士生导师
教育部高等学校法学类专业教学指导委员会副主任委员
2019 年 7 月 1 日

目 录

引 言 1

第一章　作为表征的信念 3
 一、相似性 8
 二、共变关系 11
 三、生物目的 20
 四、功能角色 26
 五、支持表征论的理由 34

第二章　信念的基本类型 41
 一、当下信念与倾性信念 42
 二、显存信念与潜隐信念 49
 三、个物式信念与命题式信念 53
 四、命题信念与对象信念 56
 五、薄信念与厚信念 62
 六、基础信念与非基础信念 65

第三章　信念的目标 71
一、信念目标的有无问题 72
二、信念以真理为目标 77
三、信念目标的解释功能 81
四、目标的目的论理解 89
五、目标的规范性理解 96
六、信念以知识为目标 103

第四章　证据主义 112
一、证成信念的三种理由 114
二、全盘证据主义 116
三、认知证据主义 143
四、概念证据主义 166

第五章　实用主义 175
一、证据理由与非证据理由 175
二、独立于真理的实用主义 178
三、依赖于真理的实用主义 214
四、入侵认知的实用主义 239

第六章　信念与意志 260
一、信念义务悖论 261
二、直接意志论 264
三、非意志论 269
四、间接意志论 282
五、信念相容论 288

六、否定的意志论 308

参考文献 314

后　记 333

引 言

信念（belief）是相信什么东西的心灵状态①。你相信命题 p，意味着你持有信念 p；你相信某人，你也一定持有关于此人的一些信念②。每个人都会相信许多事情，否则就没法生活。③ 因为生活离不开各种行动，行动依赖于动机，而动机至少由两个因素构成：一是欲望；二是信念。譬如你想来一碗牛肉面，你不但要有这个欲望，而且你还得相信确实有这种食物或如何能得到这种食物，否则你不可能真的有要吃牛肉面的动机。此谓关于行动的"欲望—信念"模式。有欲望而无信念，则欲望是盲目的；有信念而无欲望，则信念是怠惰的。只有二者相结合才能有效地驱动我们的行为。因此，丹西说："足以驱使我们行动的、完整的动机状态必须是欲望和信念的结合。"④

---

① "心灵状态"是我们在具体分析信念的本体论地位之前给出的一个模糊的说法，但我们并不想预先假设心灵主义就是正确的，除非我们有较好的证据和论证。

② 关于"belief-that"和"belief-in"的区别我们放到后面去论证。在此我们并没有主张"相信某人"的心灵状态可以完全还原为命题信念；对于是否可完全还原的问题，将留待第二章再讨论。

③ 此处的"每个人"，只是一个大致的模糊说法。初生的婴儿或一般的动物是否能持有信念，我们在此不予讨论。但无论答案如何，至少已学会使用"相信"一词的小孩，肯定是拥有某些信念的。

④ Jonathan Dancy, *Moral Reasons*, Oxford: Blackwell Publishers, 1993, p. 2. 乔纳森·丹西（Jonathan Dancy）是雷丁大学（University of Reading）和德克萨斯大学奥斯汀分校（University of Texas at Austin）的著名哲学教授，他在当代知识论和伦理学方面颇有建树。在此，我们忽略了关于"欲望—信念"模式的诸多具体问题，因为它不在我们设定的议题之内。

信念不但是行动哲学的重要议题，而且也是知识论的核心要素。①传统哲学通常将知识概念理解为有证成的真信念②，或再加上其他条件。据此而言，知识通常被理解为满足特定条件的信念，知识论探讨也就变成了对信念的考察，知识论上的证成（justification）即信念的证成。

心灵哲学关注的焦点是心灵状态。哲学家们一般将心灵状态分为意向状态和非意向性状态。相信、怀疑、判断、感知、希望、想象、意图、害怕、好奇等等，都"关涉"或"指向"一定的对象，因而被称作意向状态；因为它们的内容都可以用名词从句表达的命题来标明，因此罗素将他们称作命题态度。③命题态度分为"知性的"和"意愿的"两个层面。信念通常被划归到知性的层面。对信念的本质、类型和内容的分析，是当代心灵哲学的一项重要任务。

信念的合理性问题，也是宗教哲学极为关心的问题，全部有神论证明都在围绕该问题旋转。当代宗教知识论者会得出结论："如果基督教信念是真的，它就很可能会享有保证"④，即很可能是合乎理性的，在知识论上能够得到辩护。伦理学会关注人们的道德信念，语言学会关注信念的语义分析，政治学会关注政治信念的形成和合理性问题。

总之，信念是人们有效应对生活的一个关键性因素，亦是不少学科关注的焦点。信念如此根本，又如此重要，那么，信念究竟是一种什么样的东西？它有哪些基本类型？它的目标是什么？我们能否有一种关于信念的伦理？对此，我们将逐一进行考察。

---

① 当然，并非每一种知识论都将"信念"或"相信"看作是"知识"或"知道"的构成性要素。有哲学家认为"知道"先于"相信"，"知识"先于"信念"。（蒂摩西·威廉姆森：《知识及其限度》，刘占峰、陈丽译，人民出版社 2013 年版）

② Knowledge is justified true belief.（知识是有证成的真信念。）该理论可一直追溯到柏拉图的相关著作，参见柏拉图《美诺篇》（Meno）97e-98a [《柏拉图全集》（第 1 卷），王晓朝译，人民出版社 2002 年版，第 532—533 页］和《泰阿泰德篇》（Theaetetus）201c-202d [《柏拉图全集》（第 2 卷），王晓朝译，人民出版社 2002 年版，第 737—738 页］。对于知识而言，证成（justification）、真理（truth）、信念（belief）这三个条件，是否充分或必要，我们在此不作讨论。

③ 伯特兰·罗素：《意义与真理的探究》，贾可春译，商务印书馆 2009 年版，第 15 页。

④ 阿尔文·普兰丁格：《基督教信念的知识地位》，邢滔滔、徐向东、张国栋、梁骏译，北京大学出版社 2004 年版，第 547 页。

第一章　作为表征的信念

人们通常认为信念是一种心灵状态,例如新版的《牛津哲学指南》对信念概念的界定是:"一种以表征为特点的心灵状态,它以或真或假的命题为内容,它与其他动机因素一起引导和控制意愿行为"①。可以说,有多少种对心灵的不同理解,就有多少种对信念的不同理解。当代心灵哲学从反对笛卡尔的实体二元论并力图解答心物难题出发,形成了众多的理论流派。美国哲学家埃里克·希维茨盖博(Eric Schwitzgebel)曾将对信念的理解归纳为表征论、倾向论、解释论、功能主义、工具论和消除论等六大派别②;美国哲学家约翰·海尔(John Heil)将关于信念的理论归为实在论、反实在论和消除论等三大流派③;

---

① Ted Honderich, *The Oxford Companion to Philosophy*, 2nd edition, Oxford: Oxford University Press, 2005, p. 85. 这个简短定义中涉及了信念的本质、特征、内容以及它与行为的关系,这些东西都需要进一步的探讨,在此我们只是列举这样一种典型理解,并不是说这就是完全正确的理解,除非我们的考察结果能够有力地证明它的正确性或合理性。

② Eric Schwitzgebel, "Belief", in *The Stanford Encyclopedia of Philosophy,* Summer 2015 Edition, Edward N. Zalta (ed.), URL = <http://plato.stanford.edu/archives/sum2015/entries/belief/>. 希维茨盖博现任加州大学河滨分校(University of California Riverside)教授,其研究主题包括哲学心理学、心灵哲学、道德心理、中国古典哲学、知识论等。

③ John Heil, "Belief", in *A Companion to Epistemology*, eds. by Jonathan Dancy, Ernest Sosa, and Matthias Steup, 2nd edition, Malden: Wiley-Blackwell, 2010, pp. 255-256. 约翰·海尔现任圣路易斯华盛顿大学(Washington University in St Louis)教授,其主要贡献在于形而上学、逻辑学和心灵哲学,他的《当代心灵哲学导论》(*Philosophy of Mind: A Contemporary Introduction*)一书的第一版已于 2006 年译成中文,2013 年已出版英文第三版。

迈克尔·塔艾（Michael Tye）则将关于信念的形而上学理论简化为两类，即命题理论和句子理论①。在这些分类归纳中，希维茨盖博的归纳比较全面，而且后两种归纳都可以在希维茨盖博的归纳中得到一定程度的解释。我们赞同表征论的信念观，因此对其他主张不予专门论述，在考察完对表征的四种主要理解之后，我们将给出赞同表征论的理由。

表征（representation）是当代心灵哲学和认知科学的一个非常核心的概念。照片、雕塑、地图、字词、语句、观念、概念等任何载有意向性（intentionality）的东西，都可称为表征。"意向性是心灵可用其指向、关涉、针对世界中的对象和事态的特征。"②"指向性""关涉性"或"针对性"是其根本特征，凡能以其自身指向、关涉或针对自身之外的他物的东西，皆具有意向性。布伦塔诺认为意向性是心灵的标志，它"是心灵现象所独有的特征。任何物理现象都没有显示出与之相似的东西"③。即是说，所有且只有心灵状态具有意向性特征。无论

---

① Michael Tye, "Belief (1): Metaphysics of", in *A Companion to the Philosophy of Mind*, ed. by Samuel Guttenplan, Oxford: Blackwell Publishers Ltd., 1995, pp. 140-146. 塔艾现任美国德克萨斯大学奥斯汀分校（University of Texas at Austin）哲学教授，是知名的心灵哲学家。Tye 本可译为一个字"泰"，但这不大符合中文的习惯，因此有人在音译的基础上加一个字，如"泰尔""泰伊"之类的，可是"Tye"并没有"尔"或"伊"这个音节，因此我们翻译成"塔艾"，这两个字快速地拼读在一起很像"Tye"的读音。

② John R. Searle, "Intentonality (1)", in *A Companion to the Philosophy of Mind*, ed. by Samuel Guttenplan, Oxford: Blackwell Publishers Ltd., 1995, p. 379. "intentionality"［意向性］一词不是源自英文的 intention，而是源自德文的 Intentionalität，而该词又从中世纪拉丁语 intentio 一词而来，用以指一种心灵能力，即指向或专注于某对象。从词源上讲，intentionality 与现代英语中的 intention 并没有什么关系；德语中"意向性"为"Intentionalität"，而"意图"可用"Absicht"表示，就不会带来现代英语中可能存在的"望文生义"的混淆；在中文中"意向性"和"意图"都有一个"意"字，加上中文的"意向"与"意图"这两个概念大致可以互换，而且不少翻译者在翻译有关意向性的理论著作时，故意把"intention"翻译为"意向"，好像把"intention"翻译为"意图"就显示不出译者的深刻理解似的，从而造成了许多本可避免的误解。"意图"必定是意向性的，而意向性绝对不只是"意图"这一种形式。

③ Franz Brentano, *Psychology from an Empirical Standpoint*, trans. by Antos C. Rancurello, D. B. Terrell, and Linda L. McAlister, London: Routledge, 1995, p. 89.

布伦塔诺将意向性作为心灵之排他性的标志这一论题是否正确①，都不影响哲学家们一致认为信念状态是一种确定无疑的意向性状态，因为信念一定是关于什么的信念，具有何种内容的信念，即表征什么事物、性质、关系或事态的心灵状态。意向性可以分为三类：一是内在意向性（intrinsic intentionality）；二是衍生意向性（derived intentionality）；三是拟似意向性（as-if intentionality）。② 比如：

（1）我相信明天要下雨；
（2）"Es regent"的意思是"天在下雨"；
（3）地里的庄稼渴望天在下雨。

语句（1）描述了我的真实的信念，其内容是"明天要下雨"，这是我内在的心灵状态，是心灵固有的内在意向性；语句（2）也描写了真实的意向性，不过，它是讲德语的人用它来意指特定的事态，它具有从内在意向性派生而出的意向性，即衍生意向性；语句（3）并没有描述真实的意向性，因为持续的干旱，地里的庄稼快枯死了，在比喻的意义上可以说庄稼需要喝水，因而渴望天在下雨，但这只是拟似的

---

① 有些哲学家认为所有心灵状态都具有意向性，被称作意向性主义（intentionalism），这种立场又可以分为强意向性主义与弱意向性主义，强意向性主义直接否认有感质（qualia）的存在，弱意向性主义者只是认为作为一种心灵状态的感质也具有意向性；有些哲学家认为有一些基本的心灵状态不具有意向性，因此意向性不是心灵状态的标准，这被称作非意向性主义（non-intentionalism）。对此，可参见 Tim Crane, "Intentionality as the Mark of the Mental", in *Current Issues in Philosophy of Mind*, ed. by Anthony O'Hear, Cambridge: Cambridge University Press, 1998, pp. 229-251; Pierre Jacob, "Intentionality", *The Stanford Encyclopedia of Philosophy*, Winter 2014 Edition, Edward N. Zalta (ed.), URL = <http://plato.stanford.edu/archives/win2014/entries/intentionality/>; Charles Siewert, "Consciousness and Intentionality", *The Stanford Encyclopedia of Philosophy*, Fall 2011 Edition, Edward N. Zalta (ed.), URL = <http://plato.stanford.edu/archives/fall2011/entries/consciousness-intentionality/>; 王华平：《心灵哲学中的意识与意向性》，《学术月刊》2011年第3期，第49—58页。虽然我倾向于意向性主义者的观点，但由于主题所限，在此不进行论证。

② John R. Searle, *The Rediscovery of the Mind*, Cambridge, MA: The MIT Press, 1992, pp. 78-82.

意向性，即仿佛具有意向性似的。

内在意向性是人和某些生物所固有的[①]，属于生物本性的一部分，比如知觉、行动、欲望、信念等等，都是内在的意向状态；语句、图画、记号等语言性的东西都具有意义，这种意义是从内在意向性中衍生出来的，没有内在意向性就没有派生的意向性，但派生的意向性绝不是内在的意向性；拟似的意向性对于理解和解释事物提供了方便，我们只是在比喻的意义上将某种意向性归到某些事物或状态之上而已。作为心灵状态的信念具有内在意向性；表达信念的语句具有衍生意向性。至此，我们可以给出一个简图（见图1.1），表明信念在意向性系统中的地位。

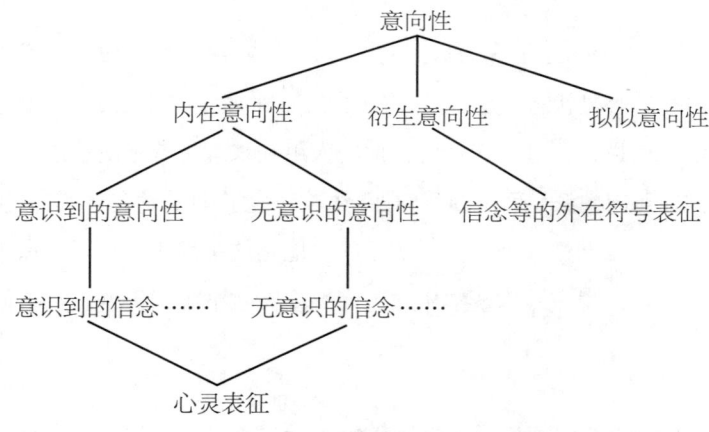

图 1.1　作为一种意向性状态的信念

从意向性的角度来看，将心灵理解为一个表征系统，这是很自然的，因为意向性状态必须要表征自身之外的他物，否则就不具有意向

[①]　是否所有的动物都具有意向性，是否植物也能具有某种形式的意向性，我们在此不加以讨论，因为这都是极具争议性的复杂问题，且不在本研究所讨论的主题范围之内。但至少大家都承认猫、狗、兔、猪、虎、豹等哺乳动物是具有意向性的，因此我们只是保守而笼统地说：内在意向性是人和某些生物所固有的。

性。自弗洛伊德以来,无意识的心灵状态受到学界的高度重视,并在实验心理学和神经生理学中得到了广泛的证实。① 意向性也就分为意识到的意向性和无意识的意向性。有被意识到的信念、欲望、知觉、情绪等等,也有没被意识到的信念、欲望、知觉和情绪。意识到的信念与无意识的信念都属于心灵表征的范围。对心灵表征的理解,也就是对内在意向性的理解。

表征通常被视为一种二元关系,即表征与被表征物之间的二元关系②,令 X 表示表征,Y 表示被表征物,则可图示为:X $\xrightarrow{表征}$ Y。在此,Y 也被称作表征内容。表征论证者可以从四个方面来研究表征:表征来源、表征承载者、表征格式、表征关系。③ 按表征的来源看,可以分为自然表征与人为表征:人的感觉知觉对外物的表征、蜜蜂舞蹈对蜜源地的表征、白蚁以头叩击洞壁对敌情的表征等,皆为自然表征;交通信号灯、语言文字、图像、雕塑等,皆是人为表征。从表征承载者来看,肢体动作、声音、颜色、气味等各种各样的自然的或人造的东西皆可用作表征;就表征格式而言,哲学家们讨论的主要有图像式表征与语言式表征。对表征关系的探讨是所有表征论的核心。最主要的问题是:如何在自然论的立场下解释心灵表征关系的确立,即为什么 X 会表征 Y 而非 Z 或其他?换一个问法:如何以非语义的、非意向性的术语来解释心灵状态的表征内容?更简洁地说,如何将表征内容自

---

① Anthony J. Marcel, "Conscious and Unconscious Perception: Experiments on Visual Masking and Word Recognition", *Cognitive Psychology 15*, 1983, pp. 197-237; John A. Bargh and Ezequiel Morsella, "The Unconscious Mind", *Perspectives on Psychological Science*, Vol. 3, No. 1, 2008, pp. 73-79.

② 也有哲学家将表征理解为一种三元关系:表征(representation /a "sign")、被表征物(something represented)、解读者("interpretant")。解读者并非是指人类或任何有心智的个体,而是理解或解读表征以资利用的那部分机体或机体活动。如果生物体有产生表征的机制,但没有解读并利用表征的机制,那么表征的产生对这生物体就是毫无意义的,从进化的角度来看,表征也就不应存在。参见 Ruth G. Millikan, "Biosemantics", in *The Oxford Handbook of Philosophy of Mind*, eds. by Brian McLaughlin, Ansgar Beckermann, and Sven Walter, Oxford: Oxford University Press, 2009, pp. 394-406.

③ 彭孟尧:《心与认知哲学》,台北三民书局 2011 年版,第 188—191 页。

然化？对于这个问题的不同回答形成了各式各样的表征理论[①]。

按表征关系得以确立的根基，可以将已提出的表征论分为四类：一是诉诸相似性；二是诉诸共变关系；三是诉诸目的论；四是诉诸功能角色。[②]

一、相似性

诉诸相似性的表征理论，其核心意思是说：

X 表征 Y，当且仅当，X 相似于 Y[③]。

譬如，我有一个"有只猫在席子上"的信念，那么我的信念状态中一定有一个与"有只猫在席子上"这个外部事实相对应的观念式的图像，这个图像跟外部事实具有相似性。相似的面向可能是形状、颜色、大小和位置关系等[④]。这是一种比较古老的看法，至少可以追溯到古希腊的亚里士多德和中世纪的阿奎那。[⑤] 近代的洛克和休谟也仍将心

[①] 有学者将表征论分为四大派别：（1）诉诸共变的进路；（2）诉诸同构性的图像表征进路；（3）诉诸生物适应的研究进路；（4）诉诸概念角色的研究路径（彭孟尧：《心与认知哲学》，台北三民书局 2011 年版，第 186 页）。

[②] Robert Cummins, "Representation", in *A Companion to Epistemology*, eds. by Jonathan Dancy, Ernest Sosa, and Matthias Steup, 2nd edition, Malden: Wiley-Blackwell, 2010, pp. 700-702.

[③] 也可将其表达为：我的思维 X 是关于 Y 的，因为它相似于 Y（见 Ian Ravenscroft, *Philosophy of Mind: A Beginner's Guide*, Oxford: Oxford University Press, 2005, p. 126. 其原文中译是："我关于 X 的思维是关于 X 的，因为它相似于 X"）。相似关系具有如下特征：（1）对称性，如果 X 相似于 Y，那么 Y 相似于 X；（2）非传递性，如果 X 相似于 Y，且 Y 相似于 Z，推不出 X 相似于 Z，亦推不出 X 不相似于 Z。

[④] 有可能说："有只猫在席子上"是一个复杂观念，复杂观念由简单观念组合而成，简单观念是外部事物的图像，这些图像的排列组合就构成一个复合的图像，这个复合图像正好是类似于外部事实状态的照片。

[⑤] 有学者将中世纪盛期（High Middle Ages）的表征理论分为相互交织的四种，并做了较为细致的考察：（1）"心灵表征与被表征物具有相同的形式"，即同形论；（2）"心灵表征与被表征物相似，或者是被表征物的画像"，即相似论；（3）"心灵表征是由被表征物引起的"，

灵表征理解为外物的图像①。洛克认为观念是"人心中所画的图画"②；休谟说："观念这个词，我用来指我们的感觉、情感和情绪在思维和推理中的微弱图像（faint images）"③。

诉诸相似的理论具有一定的诱惑力和解释力。如果你有一只猫在席子上的信念，我们可能会问：你为什么那样相信呢？因为我知道那里有只猫在席子上；你如何知道的呢？你可能会说，那里有只猫的图像正刻印在我的脑海里呢。对此，我们可以图示如下（见图 1.2）：

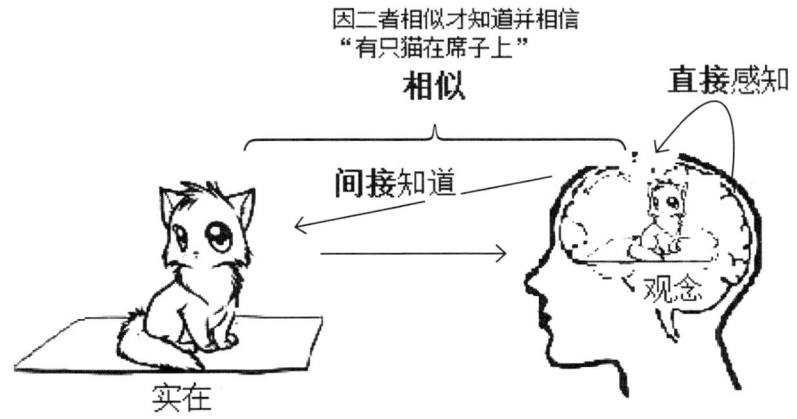

图 1.2　诉诸相似性来解释信念状态

（接上页）即因果论；（4）"心灵表征指称被表征物"，此为一种心灵语言论。（见 Peter King, "Rethinking Representation in the Middle Ages: A Vade-Mecum to Medieval Theories of Mental Representation", in *Representation and Objects of Thought in Medieval Philosophy*, ed. by Henrik Lagerlund, Hampshire: Ashgate, 2007, pp. 81-100）皮特·金的同形论和相似论都应该看作是"诉诸相似性的表征理论"，因为相似性既是关系概念，也是一个程度概念，当形状上的相似性到达百分之百的时候，相似即为"同形"。

①　这绝不意味着只有洛克和休谟等近代哲学家才坚持图像表征论，因为要详细考察每个哲学家的表征理论究竟是何种类型，这是一件异常繁重的工作，我们在此只是举出洛克和休谟做例证而已。

②　洛克：《人类理解论》（上册），关文运译，商务印书馆 1997 年版，第 118 页。洛克关于第二性的质的理解跟第一性的质很不一样，第一性的质的观念与外物具有相似性，但关于第二性的质的观念并没有这种相似性。

③　David Hume, *A Treatise of Human Nature*, Oxford: Clarendon Press, 1960, p. 1. 亦见休谟：《人性论》（上册），关文运译，商务印书馆 1997 年版，第 1 页。中文版将"images"译为"意象"。

如果作为表征的观念与被表征的实在，不在某些方面相似，我们怎么能知道并相信"有只猫在席子上"呢？毕竟我们直接感知到的是自己大脑中的图像，除非二者相似，否则我们不可能知道或相信那里有只猫在席子上。

这种建立在相似性基础之上的表征论面临着许多难题。在此，我们考虑到的难题有：缺乏相似性、观察者相对性和抽象性观念的问题。

1. 缺乏相似性的问题。相似性是一个模糊概念，相似性的多少实质是共性的多少。猫都有颜色、体温和软软的毛，你能在脑中刻画出猫的形状，但现在要表征出"有一只毛软软的、体温为 38.7℃ 的黄猫在席子上"，你该有什么样的心灵表征呢？你能在大脑中刻画出它的颜色、温度和毛的柔软度吗？颜色、温度、柔软度在脑中能找到什么相似物呢？难道"一只黄猫"的观念本身也是黄色的吗？难道你关于 38.7℃ 的观念本身也恰好是 38.7℃ 吗？难道你关于软软的毛的观念本身也是软软的吗？绝不可能。预设大脑状态的颜色、温度和柔软度也随不同被表征物的变化而变化，这是极其荒谬的。因此诉诸相似性难以表征出大量的外物性质，因为大脑状态或心灵状态跟许多外物的性质之间缺乏相似性。另外，还有许多表征类型可构成明显的反例：一段描写地球的英文，并不跟地球本身相似；一段描写雄鹰翱翔的德语，在任何方面都不跟雄鹰和翱翔相似；蜜蜂的舞蹈也不是在绘制蜜源地的地图；白蚁对洞壁的敲击不可能是在刻画关于敌情的图片。

2. 观察者相对性的问题。假如真有形状上的相似性，也是相对于观察者而言的。因为相似性是一个比较概念，如果没有一个观察者来比较两个不同的东西，就无所谓相似不相似的问题。如果在你大脑内部没有一种机制来比较心灵表征与被表征物，谁来判断二者究竟是相似还是不相似呢？如果大脑内部确实有一个观察者在观察心灵照片与外物的相似之处，那么这个内部观察者先得将那原初的心灵照片表征成观察者自己的照片，即形成一个二阶表征，然后进行比较。然而这是不可能的，因为这个逻辑会导致无穷后退，观察者内部还需要有更小的观察者，无穷无尽。这在心灵哲学上叫作小人谬误（homunculus fallacy）①，因为这些判断表征是否跟外物相似的内部观察者就如脑中有一系列逐级矮化的小人似的。

3. 抽象性观念的问题。"有只猫在席子上"这个信念并没有确定是何种猫、多大的猫、什么颜色的猫，只要是猫就可以了。也就是说这个表征所表示出的可以是任何一只猫，即猫类。图像式的心灵表征如何能表征出猫类呢？换个说法，相似论的心灵表征如何能处理抽象观念的问题呢？一张猫的心灵图片为什么不是只能表征一只特定的猫，而是能表征任何一只猫呢？相似性理论无法解答这个问题②，因为按照相似性理论，X 表征 Y 而非 Z 或 W，因为 X 跟 Y 最相似，然而猫有很多种类，形状、大小、毛色各异，绝不能说一张关于猫的心灵照片跟所有猫中的每一只都最相似，而又恰好与不是猫的任何东西都不相似。

二、共变关系

克服相似性理论之难题的一个替代性方案，就是放弃相似性而诉诸共变关系。共变关系理论的基本意思是：

X 表征 Y，当且仅当，X 随 Y 的出现而出现。

表征关系的确立是基于 X 与 Y 之间的共变关系。由于 X 与 Y 都有个

---

① Ted Honderich, *The Oxford Companion to Philosophy*, Oxford: Oxford University Press, p. 399.
② 相似性理论无法处理抽象观念，卡明斯称之为"抽象问题"（the problem of abstraction），见 Robert Cummins, *Meaning and Mental Representation*, Cambridge, MA: The MIT Press, 1991, pp. 32-34.

例（token）与类型（type）之分①，因此共变关系也至少有两大类：一是个例与个例之间的共变关系，常见的是因果共变关系；二是类型与类型之间的共变关系，常见的是定律式共变关系。

因果共变只能是个例之间的关系，只有作为某种类型之个例化的特定实实在在的东西才能发挥因果作用，因此共变理论的最初想法是：

X 表征 Y，当且仅当，Y 个例引起 X 个例。②

Y 作为原因引起 X 的出现，我有一个 [有只猫在席子上]③ 的信念，它之所以表征猫在席子上这个事实，因为 [有只猫在席子上] 就是由"有只猫在席子上"这个事实所引起的，自然光从猫和席子上反射过来刺激角膜，经过一系列的生物化学作用，到达大脑的视觉中枢，最终得到作为心灵表征的 [有只猫在席子上]。这个极其复杂的因果过程可粗略地表示为：

有只猫在席子上→光线→角膜→瞳孔→晶状体→玻璃体→视网膜→视神经→视觉中枢→ [有只猫在席子上]。

正因为外部事实是我形成相应心灵表征的原因，心理表征才指示相应的事实。因果表征论似乎能得到视觉神经科学的支持，因为上面

---

① 关于个例与类型的区别，可参见 Nicholas Bunnin and Jiyuan Yu, *The Blackwell Dictionary of Western Philosophy*, Malden: Blackwell Publishing, 2004, p. 692。譬如，《布莱克威尔西方哲学词典》这本书是"类型"，但我手里的特定的这个本子却是那个"类型"的一个"个例"；"打字"是"类型"，但我刚才的这个特定的打字行为却是打字"类型"的一个"个例"。"个例"是类型的"例示"。二者的关系有些类似"个别"与"一般"的关系。

② 因果关系论也可概括为："我关于 Xs 的思维是关于 Xs 的，因为 (i) 我的思维是由一个 X 引起的，并且 (ii) 只有 Xs 会引起我具有关于 Xs 的思维。"见 Ian Ravenscroft, *Philosophy of Mind: A Beginner's Guide*, Oxford: Oxford University Press, 2005, p. 127。

③ 为了表达的方便，自此以后，我们将指称心灵表征的语词放在 [ ] 里边。

的因果链确实存在。但神经科学上的因果关系未必能解释心灵表征的内容。

因果表征论面临许多问题①：无直接因果关系的问题、复杂因果链问题、视角选择问题、非存在物问题和多因同果问题。

1. 无直接因果关系的问题。一个人可能有关于猫的信念，但他从来没有见过猫；一个人可能有关于尧舜禹的信念，但他却从未接触过尧舜禹。这个问题似乎比较好解决，因果共变论者可以诉诸间接因果。没见过或没直接接触过，但听说过，或在书本上看过，这里有一个间接的因果链条，甚至这个链条可以穿越历史一直追溯到直接见过尧舜禹的人，所以因果共变论可以得到辩护。但问题没有这么容易解决。紧接着的问题是，为什么是关于猫或尧舜禹的信念，而不是［我听见过说猫如何如何的声音］，或者［我看见过印有尧舜禹如何如何的字符］，因为其因果作用的正好是相应的声音或字符。因此诉诸间接因果，并不能真正解决问题。

2. 复杂因果链问题。即便是直接的因果关系，你确实直接看到了一只猫在席子上，也依然有因果论者难以解答的问题。前面已经提到，从相应的外部事实到心灵表征，有一个复杂的因果链条。作为外部事实的猫，视网膜上的猫的物象，视神经传导的关于猫的信息等，都是因果关系上的一环，为什么最后的心灵状态表征的不是猫的物象或是神经信息而是猫呢？视网膜上的物象和视神经传导的信息都引起了关于猫的表征，按照因果论，最后的心灵状态应该可以表征猫在视网膜上成的像，或者视神经传导的信息。因果论解答不了由因果链条的多

---

① 有学者将因果论的问题归纳为六个：（1）不能处理逻辑和数学关系；（2）不能处理空名；（3）不能处理现象意向性（phenomenal intentionality）；（4）不能处理特定的自反思维（certain reflexive thoughts）；（5）与知觉的理论中介（theory mediation of perception）相矛盾；（6）与心理规律的运用相矛盾。（Fred Adams and Ken Aizawa, "Causal Theories of Mental Content", *The Stanford Encyclopedia of Philosophy*, Spring 2010 Edition, ed. by Edward N. Zalta, URL = <http://plato.stanford.edu/archives/spr2010/entries/content-causal/>）由于篇幅有限，在此我们略过这些问题。

个环节而带来的问题,因为按照因果理论,因果链条上的表征出现前的任何一个环节都与表征有因果共变关系,因此表征出现前的任何一个环节都可以成为被表征物,也就是说,因果论难以确定表征的特定内容①。对此,我们可以图示如下(见图1.3):

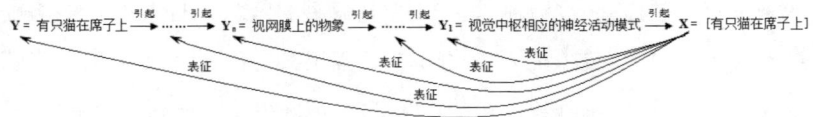

图1.3　因果论面临的复杂因果链问题

因果论的逻辑结论是:X将表征Y至Y_1的任何一项或多项。这显然是比较荒谬的。X能表征Y,且在正常条件下只表征Y,只有对此能给出清晰解释的理论,才是我们所需要的。

3. 视角选择问题。我们看见有只猫在席子上,但实际上看见的可能只是猫和席子朝向我们视觉方向的一部分,也就是说:猫和席子的一部分引起了[有只猫在席子上]的表征。如果因果论是正确的,那么我们的信念应该是有猫样的部分皮毛在一部分席子上,而非作为整体的猫在作为整体的席子上。但这比较荒唐,我们的信念确实是[有只猫在席子上]。由于其因果力作用的只是作为一部分的事物,而我们知觉到的却是整体。因果表征论无法解释这一现象。即便我们忽略整体与部分的关系带来的难题,也仍然还有种属关系带来的难题。猫是动物,有尾巴,有四条腿,我们的信念为什么不是[有只动物在席子上],或者[有只带尾巴的动物在席子上],或者[有只四条腿的动物

---

① 复杂因果链条问题,在学术界的常见名称为"垂直难题"(vertical problem)或"深度难题"(depth problem)。参见彭孟尧:《心与认知哲学》,台北三民书局2011年版,第192—193页;Kim Sterelny, *The Representational Theory of Mind: An Introduction*, Oxford: Basil Blackwell, 1990, pp. 111-141。我称之为"复杂因果链条问题",不是为了标新立异,而是为了更加容易理解。

在席子上］？也就是说，我们表征事物形成信念，都有一个角度选择的问题，为什么我们看到的只是那一部分皮毛，却将其视作整只猫？为什么我们将其直接视作猫，而不直接视作一只哺乳动物。对此，我称之为视角选择问题或视角问题。①

4. 非存在物问题。因果论要求信念表示的是实际存在的状态，但有些信念表达的事项并不存在，比如，张三相信有飞马，但世界上并没有飞马。按照因果论的逻辑，我关于飞马的信念就不可能表征飞马，因为它不能作为原因引起我关于飞马的表征。当然你可能会说，［飞马］其实是一个复合表征，虽然没有飞马引起［飞马］表征，但确实有马存在，也有像鸟一样的飞翔的事态存在。马引起［马］这个表征；飞翔的鸟引起［飞翔的鸟］这个表征；除开翅膀而外的鸟的身体引起［鸟的身体］这个表征。前一个表征加上后两个表征的差就可得到［飞马］这个表征。对此，可图示如下（见图1.4）：

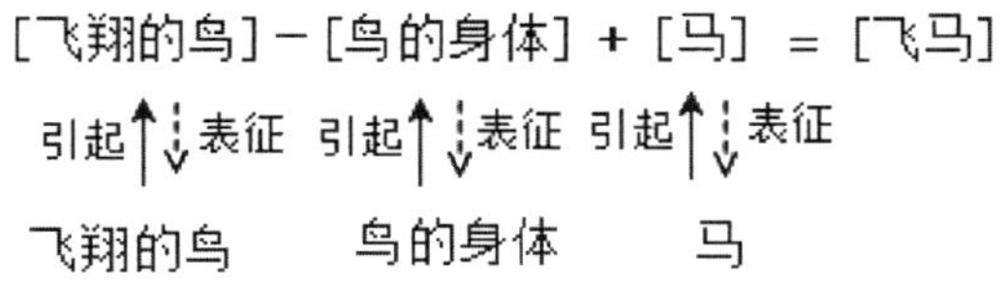

［飞翔的鸟］－［鸟的身体］+［马］=［飞马］
引起↑↓表征　引起↑↓表征　引起↑↓表征
飞翔的鸟　　鸟的身体　　马

图 1.4　关于［飞马］表征的一种因果解释

这个解释看似可以维持因果表征论，其实不然，因为你要获得关于飞马的信念，你还得有关于加、减、等于等逻辑符号的信念，而这些逻辑符号的心灵表征又难以用因果共变关系来解释。

5. 多因同果问题。虽然以上问题也是因果论需要解答的问题，但

---

① 这个问题通常被称作"宽度难题"（width problem）或"'作为'难题"（qua problem），见 Kim Sterelny, *The Representational Theory of Mind: An Introduction*, Oxford: Basil Blackwell, 1990, pp. 111-141; Michael Devitt and Kim Sterelny, *Language and Reality*, Cambridge, MA: The MIT Press, 1987, pp. 63-65, 72-79. 为了方便理解，我将其改称为视角选择难题。

哲学家们关注最多的恐怕还是多因同果问题①。猫可引起［猫］表征，但在特定情况下，比如光线比较模糊，与猫颜色相同、大小相近的小狗也能引起［猫］表征，大小相近、颜色相同的小兔也可能引起［猫］的表征，都只不过是搞错了而已，即表征有误。有只猫在席子上能引起［有只猫在席子上］的信念，大小相近的同色小狗或小兔也可能引起同样的信念。对此，我们可以简单地图示如下（见图 1.5）：

图 1.5　多因同果引发的表征难题

在此，按照因果论的逻辑：

（1）X 表征的是一个选言命题：Y∨Z∨W。

然而，我们的直觉是：

（2）X 只表征 Y。

---

① 该问题在哲学界有一些比较专业化的名称，即选言难题（disjunction problem），或错误表征难题（problem of misrepresentation），或水平难题（horizontal problem），参见 Jerry Fodor, *Psychosemantics: The Problem of Meaning in the Philosophy of Mind*, Cambridge, MA: The MIT Press, 1987, pp. 101-102; Jerry Fodor, *A Theory of Content and Other Essays*, Cambridge MA: The MIT Press, 1994, pp. 34-48, 59-61; Dennis Stampe, "Toward a Causal Theory of Linguistic Representation", in *Midwest Studies in Philosophy*, eds. by P. French, H. K. Wettstein, and T. E. Uehling, Vol. 2, Minneapolis: University of Minnesota Press, 1977, pp. 42-63; Fred Dretske, *Perception, Knowledge and Belief*, Cambridge: Cambridge University Press, 2000, pp. 219-226。但我觉得将其表达为"多因同果问题"更容易让人理解。

（1）与（2）相矛盾，不可能都为真。如果（1）为真，而（2）为假，那么因果论就没法解释错误表征。因为[猫]可表征猫或小狗或小兔，这都符合因果论的事实，无所谓表征对还是错的问题，而且只要因果关系成立，就不可能有表征错误的问题。然而，我们的常识是：将小狗或小兔表征为猫，这肯定是出现了错误表征。如果（1）为假，（2）为真，那么因果论就必须进行改进，因为按照最初的因果论解释，（1）也为真。

围绕着如何改进因果论，从而能够克服多因同果引发的难题或其他难题，形成了诸多改进因果论的版本，或许德雷茨克（Fred Dretske）的指示语义学（indicator semantics）和福多（Jerry Fodor）的非对称依附论（asymmetric dependency theory）最为著名[①]。德雷茨克诉诸定律式共变关系来解释表征，其最基本的意思是：

> 一个系统 X 表征一种性质 Y，当且仅当，X 具有指示对象之一定范围的性质 Y 的功能（提供关于对象之一定范围的性质 Y 的信息）。X 执行其功能时，X 执行功能的方式是处于不同的状态 x_1、x_2、……x_n，它们对应于不同确定值 y_1、y_2、……y_n。[②]

---

① 德雷茨克（Fred Dretske, 1923.9—2013.7），美国著名哲学家，主要贡献在心灵哲学和知识论，发表了大量论文并出版了五部著作：(1)*Seeing and Knowing*, Chicago: The University of Chicago Press, 1969; (2) *Knowledge and the Flow of Information*, Cambridge, MA: The MIT Press, 1981; (3) *Explaining Behavior: Reasons in a World of Causes*, Cambridge, MA: The MIT Press, 1988; (4) *Naturalizing the Mind*, Cambridge, MA: The MIT Press, 1995; (5) *Perception, Knowledge and Belief*, Cambridge: Cambridge University Press, 2000。 国内对德雷茨克的研究比较欠缺，就连其名字都还没有比较公认的翻译。在此，我们仅勾勒一下其表征论的初步轮廓，其细致的具体内容需要专门的著作才能表述清楚。

② Fred Dretske, *Naturalizing the Mind*, Cambridge, MA: The MIT Press, 1997, p. 2. 为了与前文所用符号的一致，我特意将德雷茨克原文中的"S"替换成了"X"，将"F"替换成了"Y"；将原文中小写的"s"替换成了小写的"x"，将原文中小写的"f"替换成了小写的"y"。这种更改并不会影响作者之原意的表达。

在此，X 与 Y 都代表类型，而非个例。X 与 Y 之间共变关系是定律式的，即 X 的个例状态出现时，其对应的 Y 的个例也会出现。X 与 Y 之间的共变关系通常是由直接的因果关系来保证的，但德雷茨克也允许 X 与 Y 之间通过共同的原因而联系起来。这种定律式的共变关系，如何解释错误表征的可能性呢？或者说如何解答多因同果引发的难题呢？德雷茨克的策略是区分"学习阶段"与"学习后阶段"[①]。"学习"能力是生物智能的重要体现，通过最初的"学习"，我们定立了 X 的表征内容，或者说定立了相应信念的真值条件，作为真值条件或内容的 Y 是通过其与 X 之间的因果共变的定律式关联而在表征系统确立起来的。表征的内容确立后，由于非 Y 类型的原因引起了 X，这就会出现错误表征。当然德雷茨克的策略也会面临一些批判[②]。

德雷茨克的一个重要的批判者就是福多[③]，他反对诉诸"学习"或进化等方式来确立表征内容，而主张通过共变基础上的非对称依附论

[①] Fred Dretske, *Knowledge and the Flow of Information*, Cambridge, MA: The MIT Press, 1981, pp. 193-195. 德雷茨克在一篇著名的文章《错误表征》中区分了自然意义和功能意义，在功能意义上说，错误表征是可能的（Fred Dretske, "Misrepresentation", in *Belief: Form, Content, and Function*, ed. by Radu Bogdan, Oxford: OxfordUniversity Press, 1986, pp. 17-36）。[猫]这个表征的功能意义就是指称各种各样的猫，但基于因果关系的最初"学习"就已经确立起了[猫]的功能意义，现在处于特定条件下的小狗或小兔又引起了[猫]的表征，这时[猫]的功能意义未得到满足，因而是表征错误。

[②] 一是学习阶段的停止并没有确定的点；二是难以允许有先天信念的存在；三是功能不确定难题；等等。参见 Daniel Dennett, *The Intentional Stance*, Cambridge, MA: MIT Press, 1987, p. 320; Robert Cummins, *Meaning and Mental Representation*, Cambridge, MA: The MIT Press, 1991, pp. 32-34, 67-75; Jerry Fodor, *Psychosemantics: The Problem of Meaning in the Philosophy of Mind*, Cambridge, MA: The MIT Press, 1987, pp. 102-104。

[③] 福多（Jerry Fodor, 1935.4—2017.11），美国著名哲学家，20 世纪中晚期和 21 世纪早期主要的心灵哲学家之一。发表了大量论文，已出版了著作 18 部，比如：*LOT 2: The Language of Thought Revisited,* Oxford University Press, 2008; *The Mind Doesn't Work That Way: The Scope and Limits of Computational Psychology*, The MIT Press, 2000; *Concepts: Where Cognitive Science Went Wrong*, Oxford University Press, 1998; *The Elm and the Expert: Mentalese and Its Semantics*, The MIT Press, 1994; *Psychosemantics: The Problem of Meaning in the Philosophy of Mind*, The MIT Press, 1987; *The Modularity of Mind: An Essay on Faculty Psychology*, The MIT Press, 1983; *The Language of Thought*, Harvard University Press, 1975。

来解决表征内容的确立问题,其核心主张如下:

> X 表征 Y,如若,
> (1) Y 的个例引起 X 的个例具有定律式的必然性;
> (2) 一些 X 的个例事实上是由 Y 的个例引起的;
> (3) 对于任何不同于 Y 类型的 Z 而言,如果 Z 的个例事实上引起了 X 的个例,那么,Z 的个例引起 X 的个例,非对称性地依附于:Y 的个例引起 X 的个例。①

如果 Y 与 X 之间有定律式的因果共变关系,Z 与 X 之间也有定律式的因果共变关系,为何 X 表征 Y,而不表征 Z 呢?因为"Z 引起 X"依附于"Y 引起 X",而"Y 引起 X"并不依附于"Z 引起 X",它们之间是一种非对称性的依附关系。如果你头脑中原先没有[猫]的概念,特定情景下的小狗或小兔也不会引起[猫]的表征,也就是说,"小狗或小兔引起[猫]的表征"要依附于"猫引起[猫]的表征",但是如果小狗或小兔不能引起[猫]的表征,猫还是会引起[猫]的表征。这样前面所说的多因同果导致的难题似乎就解决掉了。当然福多的非对称依附理论依然面临诸多批判②,而且前面所说的复杂因果链

---

① Jerry Fodor, *A Theory of Content and Other Essays*, Cambridge, MA: The MIT Press, 1990, p.121. 在此需要注意三点:第一,福多并没打算给出"X 表征 Y"的充分必要条件,他给出的仅仅是充分条件;第二,定律式的共变关系是性质(property)与性质之间的关系,性质都是类型,体现性质的特定的东西才是个例;第三,非对称依附是一个"定律式关系"与另一个"定律式关系"之间的关系。福多举例说:"[奶牛]意味着奶牛,如若,(i)奶牛的性质与引起[奶牛]个例的性质之间存在定律式关系;(ii)倘若另外的性质与引起[奶牛]个例的性质之间有定律式关系,那么后一个定律式关系非对称性地依附于前一个定律式关系。"(Jerry Fodor, *A Theory of Content and Other Essays*, p.93)还可参见 Jerry Fodo, *Psychosemantics: The Problem of Meaning in the Philosophy of Mind*, Cambridge, MA: The MIT Press, 1987, pp.108-111; Fred Adams, "Thoughts and Their Contents: Naturalized Semantics", in *The Blackwell Guide to Philosophy of Mind*, eds. by Stephen P. Stich and Ted A. Warfield, Malden: Blackwell Publishing, 2003, pp.150-152。

② Robert Cummins, *Meaning and Mental Representation*, Cambridge, MA: The MIT Press, 1991, pp.32-34, 58-62; B. Loewer and G. Rey (ed.), *Meaning in Mind: Fodor and his Critics*, Oxford: Basil Blackwell, 1991.

问题仍未能得到解决。

三、生物目的

诉诸生物目的的表征理论通常被称作目的论（teleological theory）[1]，又被称作适应角色（adaptational role）[2]理论、目的论语义学（teleological semantics）[3]、目的进化论（teleological evolutionary theory）[4]、生物论（biological theories）[5]、生物语义学（biosemantics）[6]或目的语义学（teleosemantics）[7]等。虽名称众多，但绝不意味着派别林立，其实，自20世纪80年代以来，生物目的论的主要代表人物仅有两位，即米莉肯（Ruth Millikan）和帕皮诺（David Papineau），他们的基本思想可以看作是对共变论的反动——表征与被表征物之间并不需要有因果共变关系。有人认为："关于内容的目的理论可以解释成内容之因果论的进一步精致化。这种精致化就是将自然意义的观念跟进化目的的观念结合起来。"[8]这种看法是难以成立的，目的论之最重要的代表人物米莉肯明确地说："表征与被表征物之间的因果关系或信息关系在关于表征

---

[1] Alex Barber, Robert J. Stainton (eds.), *Concise Encyclopedia of Philosophy of Language and Linguistics*, Oxford: Elsevier Ltd., 2010, p. 657.

[2] Robert Cummins, *Meaning and Mental Representation*, Cambridge, MA: The MIT Press, 1991, pp. 76-86.

[3] Edward Craig (ed.), *The Shorter Routledge Encyclopedia of Philosophy*, Oxon: Routledge, 2005, pp. 1012-1014.

[4] Pete Mandik, *This is Philosophy of Mind: An Introduction*, West Sussex: Wiley-Blackwell, 2014, pp. 199-200.

[5] Edward Feser, *Philosophy of Mind: A Beginner's Guide*, Oxford: Oneworld Publications, 2006, pp. 184-189.

[6] Ruth Garrett Millikan, "Biosemantics", *The Journal of Philosophy*, Vol. 86, No. 6, 1989, pp. 281-297.

[7] Graham Macdonald, David Papineau, *Teleosemantics*, Oxford: Oxford University Press, 2006.

[8] Pete Mandik, *This is Philosophy of Mind: An Introduction*, West Sussex: Wiley-Blackwell, 2014, pp. 199-200.

内容的分析中没有任何作用",在帕皮诺的分析中,"也没有提到因果关系或信息关系"。①

生物目的论将包括信念在内的心灵表征理解为具有生物目的的状态。何谓生物目的?"事项 F 有目的 G,当且仅当,借助某种支持带有 G 的事项的过程,F 作为以往自然选择的结果而出现。因此,假定一个信念类型有随 p 而变化的目的,当且仅当,它在过去随 p 而变化,因而有某种机制选择了它。"② 目的又是通过适切功能来确定的。何为"适切功能"呢?有一个著名的说法:"X 的功能是 Z,当且仅当:(i) Z 是 X 之存在的后果(结果);(ii) X 因它做(造成)Z 而存在。"③ 这种过于简化的看法不能解释功能失调的问题,也不能解释心脏的功能为什么是泵血而不是发出有节奏的噪音,更重要的是它忽视了一个生物机制的功能或目的是在漫长的生物进化的过程中得以形成的。因此,米莉肯认为一个事项的功能是其被选择来做的事情④。心脏至少可做两件事情:一是泵血;二是发出有节奏的噪音。为何其功能不是发出有节奏的噪音呢?因为,我们进化论上的祖先之所以能够存活和繁衍,心脏能泵血是其原因之一,否则他们就无法存活和繁衍。心脏确实能发出有节奏的噪音,但这并不是我们的祖先在演化过程中能够存活和繁衍的一个原因。我们今天还拥有心脏,其中一个原因是:我们祖先的心脏能泵血,而非它能发出有节奏的噪音。据此,我们可以将生物目的或功能大致刻画如下:

---

① Ruth Garrett Millikan, "Mental Content, Teleological Theories of", http://philosophy.uconn.edu/wp-content/uploads/sites/365/2014/02/Teleological-Theories-of-Mental-Content.pdf.
② David Papineau, "content (2)", in *A Companion to the Philosophy of Mind*, ed. by Samuel Guttenplan, Oxford : Blackwell Publishers Ltd, 1995, pp. 225-230.
③ Larry Wright, *Teleological Explanation*, Berkeley, CA: University of California Press, 1976, p. 81.
④ Ruth Millikan, "In Defense of Proper Functions", *Philosophy of Science*, Vol. 56, No. 2, 1989, pp. 288-302.

假定 S 类的一个当代成员具有器官 O，则 O 的生物功能 F 是 O 具有的有助于 S 之祖先存活和繁衍的后果。①

显然，适切功能是用生物进化理论来定义的，而非用因果关系来界定，而且是以"利益"为基础的，即某类生物机制在进化史上产生了某种后果，因而能够有效地回应环境的挑战，有助于生物体的存活并繁衍后代。适切功能的发挥并不能保证每一次都能获得成功，存在功能失调的情况，因此，就大脑的表征功能而言，存在大量表征错误的情况。只有"正常"条件下的功能才是适切的功能。知觉可以形成表征外物的信念［席子上有一只猫］，适合眼睛观看的光线、距离等环境条件，必要的视觉能力，作为知觉对象的猫不是被精心伪装而成的假猫等，都属于所谓的正常条件。正常条件并非是统计学意义上的通常情况，而是目的论意义上的通常情况，即使得由进化论界定的目的功能可以成功地发挥作用的条件，"非正常"条件则是阻碍相应目的功能得以实现的种种条件。

根据米莉肯和帕皮诺的理论，X 表征 Y 的目的功能是因自然选择而建立的，但遗传选择不是自然选择的唯一方式，"学习"也被当作一种自然选择，简单地说："适切功能是由拥有该功能的事项的历史所决定的。"② 因此，"历史"对于决定表征内容来说，有着十分重要的作用。当然这种历史亦包括进化的历史和学习的历史。X 的功能是指示 Y，仅当形成 X 的能力是因它过去指示 Y 才得到发展的（被选择的或学到的）。因此依据历史理论，一个状态在物理上跟 X 没有区别，但缺乏

---

① Ian Ravenscroft, *Philosophy of Mind: A Beginner's Guide*, Oxford: Oxford University Press, 2005, p. 131.

② Ruth Garrett Millikan, "Biosemantics", in *Philosophy of Mind: Classical and Contemporary Readings*, ed. by David Chalmes, New York: Oxford University Press, 2002, p. 501.

X 的历史起源，就不会表征 Y，因为"物理状态是非历史的"。①

　　米莉肯和帕皮诺的目的论，关注的重点是表征有何生物学上的用处，而非导致表征出现的因果关系，表征的内容只跟其表征的使用相关。表征的使用方式决定表征的内容，而非表征的产生方式决定表征的内容。为此，米莉肯区分了表征的生产者（producer）和消费者（consumer），生产者和消费者可以是不同生物个体，比如蜜蜂的舞蹈，生产舞蹈的蜜蜂，即跳舞的蜜蜂，是发现花蜜而又回到蜂巢的那些蜜蜂，而理解使用这些舞蹈表征的蜜蜂，即表征的消费者却是另外一些要去寻找花蜜的蜜蜂。当然，表征的生产者和使用者也可以是同一个生物个体内的不同系统，譬如知觉系统生产表征，而认知系统中另外的子系统消费这些表征，而且表征的消费者也不限于认知系统，如青蛙的消化系统就是其知觉表征的一个消费者。表征内容实际上决定于消费者，而不是生产者。如果没有其他的蜜蜂利用相关的蜂舞，蜂舞就不会有任何表征内容，如果青蛙的消化系统不能利用其知觉表征来捕食，其知觉表征也就没有任何内容。因此，对米莉肯而言，表征关系并不是一种表征与被表征物之间的二元关系，而是表征、被表征物、表征消费者之间的一种三元关系。② 表征的生产系统和消费系统在生物进化过程中相互配合、共同演化，从而适应环境，并为相应生物体的生存繁衍做出贡献。虽然帕皮诺并没有明确地区分表征生产者与消费者，但他认为欲望是第一性的，而作为表征的信念却是第二性的，即派生的，欲望要在信念的配合下才能得到实现③，换句话说，信念是为欲望服务的，欲望机制可以理解为是信念的"消费者"，信念的真值条

---

① Robert Cummins, "representation", in *A Companion to Epistemology*, eds. by Jonathan Dancy, Ernest Sosa, and Matthias Steup, 2nd edition, Malden: Wiley-Blackwell, 2010, pp. 700-702.

② Ruth Garrett Millikan, "Biosemantics", *The Journal of Philosophy*, Vol. 86, No. 6, 1989, pp. 281-297.

③ David Papineau, *Philosophical Naturalism*, Oxford: Blackwell, 1993, pp. 58-59.

件,即信念的内容,是由欲望的满足所需要的条件来决定的。当然欲望的满足条件也构成欲望的表征内容。显然,目的论是一种内容外在论,而非内在论。

按照目的论的解释,一个表征 X,可以表征某种环境特征 Y,尽管从来不是完全可靠地保证"如果出现 X,那么 Y 存在"。就米莉肯的理论而言,只要 X 个例反映 Y 个例的频率足以使得表征的使用者从拥有那表征中获益,这就可以了。[1] 即是说,我们的信念 p 并非总是百分之百地与事实 p 相对应,但只需要它跟事实 p 相匹配的频率足以引导我们满足某些欲望或启动某些行为,并且这些欲望的满足实际上促进了我们的生存和繁衍,那么信念 p 的功能就是表征事实 p。正如开瓶器的功能是打开瓶盖,但它并不能保证每次都一定能打开瓶盖,它未能打开某个瓶盖,并不影响它仍然是开瓶器,功能未实现是常有的事情,表征的内容跟被表征物不相吻合,也是常有的事情。错误表征是真正的表征,只是未能发挥出适当的功能。错误的信念是真正的信念,不过其真值条件未能实现。因此,这种目的论理解可以比较自然地解释错误表征的发生,从而有效地克服因果共变论造成的错误表征难题。

根据目的论解释,表征内容在本质上是一个历史问题。因此,物理上完全等同的状态,由于历史不同,其表征内容就不同。假定一道闪电击中了沼泽地里的一棵枯树,而你正好在这棵树旁边,你被劈死了,与此同时,戏剧性的事情发生了,沼泽地里又突然冒出了一个人,他跟原来的你在分子层面是完全等同的。这被称作沼泽人(swampman)。[2] 沼泽人在物理的层面完全复制了你。当然他不是你,但他在外形和行为上完全像你,甚至他可能有倘若你还活着而具有的全部经验。可是,如果目的论的解释是正确的,那么沼泽人不能有信

---

[1] Ruth Garrett Millikan, *Varieties of Meaning*, Cambridge, MA: The MIT Press, 2004, pp. 63-70.

[2] Donald Davidson, "Knowing One's Own Mind", *Proceedings and Addresses of the American Philosophical Association*, Vol. 60, No. 3, 1987, pp. 441-458.

念，更不可能有跟你相同的信念，甚至沼泽人不可能有任何意向性的心灵状态，希望、欲望、相信、爱恨等等，因为沼泽人没有经历生物演化的历史，也没有经历学习的历史。"他的知觉/认知系统不是通过进化或学习而被设定的。当然每个人都同意沼泽人没有记忆，但从直觉上说，信念和欲望似乎并不像记忆那样要求历史。它们似乎完全是当下发生的。"[①] 也就是说，根据目的论，沼泽人不可能有跟原来的你相同的信念、欲望等心灵状态，而人们的直觉是沼泽人有跟原来的你相同的信念或欲望等心灵状态。因此，诉诸沼泽人的思想实验被看作是对目的论的一种反驳。回应这种反驳至少有两条路径：一是直接否定直觉的正确性，即认定沼泽人确实没有信念等心灵表征；二是承认直觉是对的，同时也承认目的论本身是正确的，但将沼泽人的表征解释成是符合目的论的。虽然沼泽人自身没有经历进化的历史或试错学习的历史，但被它复制的你却经历了演化或学习的历史，因此他完全可以有信念等心灵状态。

反驳目的论的另一个论证是问某个具体心灵表征如何具有生物演化或试错学习的历史，假定张三有一个信念："维特根斯坦是比罗素更为重要的一个哲学家。"在塑造人类心灵表征的自然选择或试错学习的历史过程中，这样的一个信念并未在我们祖先的心灵中形成，而且它也不能带来任何有利于我们生存繁衍的好处，因此我们无法通过生物的目的功能来解释这种信念。[②] 因此，目的论虽然能够解释跟生存繁衍直接相关的一些表征，但对于更为复杂的表征，确实还需要增添某种新的要素才能使之变得更具有解释力。

[①] Ruth Garrett Millikan, "Mental Content, Teleological Theories of", http://philosophy.uconn.edu/wp-content/uploads/sites/365/2014/02/Teleological-Theories-of-Mental-Content.pdf.

[②] Edward Feser, *Philosophy of Mind: A Beginner's Guide*, Oxford: Oneworld Publications, 2006, p. 185.

四、功能角色

功能角色理论（functional role theories），又称为功能角色语义学（functional role semantics）、概念角色语义学（conceptual role semantics）或推论角色语义学（inferential role semantics）①，该理论至少可以追溯到塞拉斯（Wilfrid Sellars）②，其在心灵哲学领域的重要支持者有布洛克（Ned Block）③、哈曼（Gilbert Harman）④、洛尔（Brian Loar）⑤等人。功能角色论者并没有形成其内部比较公认的核心意见，与其说是一个实际的具体理论，不如说还是一个研究框架。功能角色论的基本想法是：

> X 表征 Y 而非其他，这是由 X 在表征系统中的功能角色决定的。但功能角色是一个极其模糊的说法，心理过程的因果角色、从一个观念到另一个观念的推论角色、在感觉输入或动作输出中

---

① 在人工智能领域还被称作程序语义学（procedural semantics）。

② Wilfrid Sellars, "Some reflections on language games", in *Science, Perception, and Reality*, Atascadero, CA: Ridgeview Publishing Company, 1991, pp. 321-358. 该书最初于 1963 年出版。塞拉斯（1912.5—1989.7）是 20 世纪比较重要的一个哲学家，他在内容和方法上皆给美国哲学带来了一定的变革，其系统性的、原创性的哲学思想对语言哲学、心灵哲学、知识论、伦理学和形而上学都有较大的贡献。参见 Willem de Vries, "Wilfrid Sellars", *The Stanford Encyclopedia of Philosophy*, Fall 2016 Edition, ed. by Edward N. Zalta, forthcoming URL = <http://plato.stanford.edu/archives/fall2016/entries/sellars/>。

③ Ned Block, "Advertisement for a Semantics for Psychology", *Midwest Studies in Philosophy*, Vol. 10, 1986, pp. 615-678; "Functional Role and Truth Conditions", *Proceedings of the Aristotelian Society*, Supplementary Volumes, Vol. 61, 1987, pp. 157-181. 布洛克现为纽约大学的哲学、心理学和神经科学教授，在心灵哲学和认知科学领域影响卓著。

④ Gilbert Harman, "(Nonsolipsistic) Conceptual Role Semantics", *New Directions in Semantics*, ed. by Ernest LePore, London: Academic Press, 1987, pp. 55-81; "Conceptual Role Semantics", *Notre Dame Journal of Formal Logic*, Vol. 23, 1982, pp. 242-256; M. Greenberg, and G. Harman, "Conceptual Role Semantics", *Oxford Handbook of the Philosophy of Language*, ed. by Ernie Lepore and Barry Smith, Oxford: Oxford University Press, 2006, pp. 295-322. 哈曼为普林斯顿大学杰出教授，其研究领域比较广泛，包括心灵哲学、语言哲学、伦理学和知识论等。

⑤ Brian Loar, *Mind and Meaning*, Cambridge: Cambridge University Press, 1981.

的角色、指称外物的角色等，都可能算作功能角色。

究竟哪些东西算作功能角色，这要视该理论的具体版本而定，不同版本的功能角色很不一样，我将比较流行的版本图示如下（见图 1.6）：

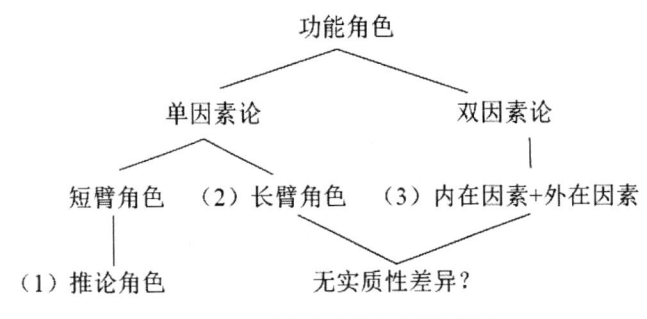

```
                    功能角色
                   /        \
               单因素论      双因素论
              /      \          |
          短臂角色  （2）长臂角色  （3）内在因素+外在因素
             |
        （1）推论角色      无实质性差异？
```

图 1.6　功能角色论的三个流行版本

（一）推论角色论

先说单因素论中的推论角色论[①]，其核心论题是：一种心灵状态的内容，由其与同一心灵中的其他心灵状态之间的推论关系来决定。推论关系可分为两个方面：一是以其他心灵表征为前提推出当下的表征；二是以当下的表征为前提推出其他表征。推论角色决定表征内容，这源自一种常识性的直觉：如果你不知道（A）猫是一种动物，不知道（B）毛茸茸的是动物的皮毛引起的一种感觉，不知道（C）猫有皮毛，你就不可能相信（D）猫的外表是毛茸茸的。（D）与（A）、（B）、（C）之间的关系就是推论关系。在此，有两个问题：一是整体与部分的问题；二是推论关系与因果关系的问题。

就整体与部分而言，决定一个心灵表征之内容的是相关的所有推论关系，还是仅仅指直接的推论关系？倘若是前者，即整体论的推论

---

① 我们并不断言"推论角色"是短臂角色（short-armed role）论中的唯一版本，但推论角色论是其中最常见的一种。

关系，那就会面临一个难题，即一个心灵表征可能跟其他很多心灵表征都有推论关系，包括直接的和间接的、蕴涵式的推论关系或归纳式的推论关系，那么决定一个信念的推论关系就必然因人而异，因为每个人的生活经历和所受教育等都必然存在一些差异，不可能在整体上有内容完全相同的表征系统。比如对信念主体 S_1 而言，他想到（D）猫的外表是毛茸茸的，同时也想到（E）猫会吃老鼠，还会想到（F）猫分家猫和野猫，（G）猫的正常体温在 38.7℃ 左右，（H）成年猫的牙齿共 30 颗，等等；S_2 是一个五岁的小孩，他见过猫和老鼠，相信（D）和（E），但不知道（F）、（G）、（H）三个命题。所以，信念（D）在 S_1 头脑中的推论关系与它在 S_2 头脑中的推论关系是很不一样的，在 S_1 的头脑中，其推论关系要复杂和丰富得多。因此，根据整体论的推论关系来说，S_1 的信念（D）与 S_2 的信念（D）是两个非常不同的信念，因为二者的推论关系不同。不但信念是如此，任何一个概念也是如此，S_1 与 S_2 的 [猫] 的概念也是不同的，因为二者的推论关系是很不相同的。"意义整体主义意味着不同的思考者不可能思考相同的内容。"①S_1 与 S_2 就不可能思考到同一个概念或信念，但这显然是比较荒谬的。否则，人与人之间也就不可能存在有效的交流，有效交流的前提是交流的双方可以有相同内容的概念或信念。

为纠正整体推论关系论带来的困难，一个自然的想法是：决定心灵表征之内容的并不是整体的推论关系网，而是整个关系网中的部分推论关系。哪一部分呢？一个可能的选择是直接的演绎关系。S 相信（D），其信念内容由与命题（D）具有直接演绎关系的其他心灵表征来决定。即便如此，也还是存在一个问题：婴幼儿最初的信念内容是如何获得的？关于猫的信念蕴含着"猫是动物"，[猫是动物] 参与了决

---

① Pete Mandik, *This is Philosophy of Mind: An Introduction*, West Sussex: Wiley-Blackwell, 2014, p. 197.

定关于猫的其他信念，但一个 2 岁的小孩可能形成［有只猫在席子上］的表征，但他却可能没有［猫是动物］的心灵表征，也就是说可能有些概念或信念并不是由推论关系来决定的，而是由知觉关系来决定的，经由知觉关系直接形成的概念或信念将为推论关系提供"抛锚之地"，否则就会陷入循环论证或无限倒退的谬误[①]。因此纯粹由推论关系决定表征内容的看法肯定是难以成立的。

就推论关系与因果关系之关联而言，一个可能的方案是：推论关系正好反映因果关系，或者说因果关系正好映射（map）在推论关系之上。下图（图 1.7）表明了五个信念之间的推论关系[②]。

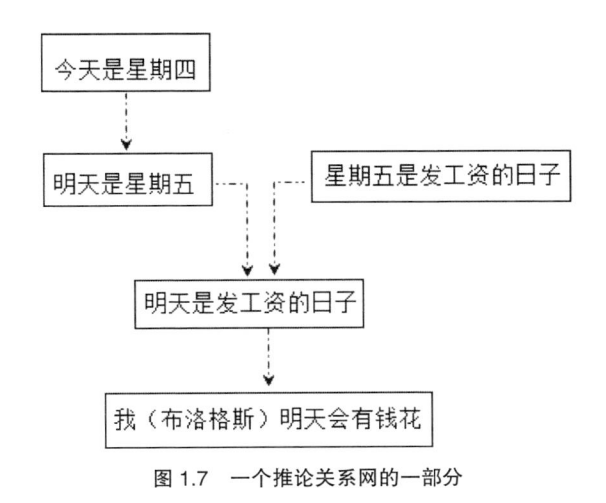

图 1.7 一个推论关系网的一部分

如果我们将上述推论关系对应的因果关系网的网结分别以 A、B、C、D、E 来代指，那么就可以得到与图 1.7 同构的因果关系网。可图示如下（见图 1.8）：

[①] 纯粹的推论关系论（pure inferentialism）可能陷入循环论证或无限倒退，参见 Edward Feser, *Philosophy of Mind: A Beginner's Guide*, Oxford: Oneworld Publications, 2006, p. 175。

[②] 图 1.7 和图 1.8 源自 Ian Ravenscroft, *Philosophy of Mind: A Beginner's Guide*, Oxford: Oxford University Press, 2005, p. 136。

```
       A
       │
       ▼
       B      C
        │    │
        ▼    ▼
          D
          │
          ▼
          E
```

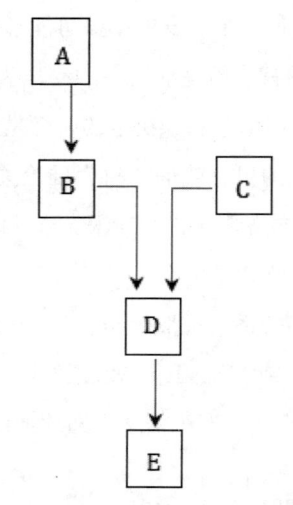

图 1.8　五个信念对应的因果关系网

在此，信念的推论关系网与心灵状态的因果关系网具有相同的结构。依据这种形式的功能角色论，我们将推论关系网的相应信念归于因果关系网中的心灵状态，或者说推论关系实际上是由心灵状态的因果关系来决定的，改变因果关系就会导致信念内容的改变。但这种意义上的推论角色实际上已经转变成了心灵状态的因果角色理论，而且它依然面临着一些难以克服的问题[①]：一是相同的因果关系网可以承载不同的推论关系网，因此不能将独特的内容赋予同一心灵状态；二是带有特定内容的信念引起了新的信念，以因果关系来界定信念内容显得本末倒置，因为因果关系不能决定信念的具体内容；三是推论关系即为逻辑关系或证据关系，但人有许多非理性的信念，因此因果关系的结构有可能与推论关系的结构不同，二者之间的映射关系并非必然存在；四是信念内容可能并非一定会随因果关系的改变而改变。

---

① 以下四个问题是笔者对 Ian Ravenscroft 之论述的简明概括，见 Ian Ravenscroft, *Philosophy of Mind: A Beginner's Guide*, Oxford: Oxford University Press, 2005, pp. 137-138。

(二)长臂角色论

现在让我们来看一下长臂角色(long-armed role)论,该理论的主要代表人物哈曼将其核心观点概括为如下四点:

(1)语言表达的意义取决于思想和概念能够用以表示的内容;
(2)思想的内容取决于构成思想的概念;
(3)概念的内容取决于它们在个人心灵中的功能角色;
(4)在此,功能角色牵涉到概念与世界上的事物之间的关系,包括过去的事物和将来的事物与概念之间的关系。[1]

该种看法中的功能角色之所以被称作长臂角色,理由是:其功能角色不仅包括头脑中的推论角色,即概念或心灵表征在推论关系网中的角色,而且包括心灵表征与外部事物之间的关系,既有知觉关系和行动关系,还涉及其与过去的事物和未来的事物之间的关系。这种功能角色确实是够长的,它将心灵表征与外部事物之间的种种复杂关系囊括在内,甚至能穿越时空,从而避免了关于表征内容的唯我论立场,因此哈曼称之为"非唯我论的概念角色语义学"[2]。虽然哈曼主张决定表征内容的功能角色涉及表征与外部世界的关系,但他认为一个信念的真值条件对确定该信念的内容是无足轻重的[3],因而招致了一些批判,实际上真值条件对确定信念的内容可能扮演着关键性的角色[4]。

---

[1] Gilbert Harman, *Reasoning, Meaning, and Mind*, Oxford: Clarendon Press, 1999, p. 206.
[2] Gilbert Harman, "(Nonsolipsistic) Conceptual Role Semantics", in *New Directions in Semantics*, ed. by Ernest LePore, London: Academic Press, 1987, pp. 55-81.
[3] Gilbert Harman, *Reasoning, Meaning, and Mind*, Oxford: Clarendon Press, 1999, pp. 216-217.
[4] Barry Loewer, "The Role of 'Conceptual Role Semantics'", *Notre Dame Journal of Formal Logic*, Vol. 23, No. 3, 1982, pp. 305-315.

(三)双因素论

双因素理论主张功能角色有两大因素:一是功能角色内在于头脑的因素,即内在因素;二是头脑之外的功能角色因素,即外在因素。[①] 内在因素就是推论角色,即思虑和推理过程中的功能角色;外在因素就是心灵表征与外物的关系,包括因果关系、指称关系、真值条件等。因为有内在于头脑的功能角色的因素,所以双因素论能为关于信念的"窄内容"[②] 预留空间,当然这双因素论并非必然要承诺"窄内容"。

双因素论与长臂角色论是否有实质性的区分是一个略有争议的问题。前面的论述似乎能支持如下的推理:

(1)短臂角色=内在功能角色因素;
(2)长臂角色=短臂角色+外在因素;
(3)双因素论=内在因素的功能角色+外在因素;
(4)因此,长臂角色理论=双因素理论。

但这个推论不能获得哲学家们的一致同意,有哲学家并不赞同内在因素与外在因素的划分。支持长臂角色论的哈曼认为:

> 有时有人建议我们区分概念角色的内在与外在方面,仅将我可独自指明的内在方面算作严格意义上的概念角色,将外在方面当作背景部分。该建议认为关于态度之内容的理论必须有两部分:

[①] Hartry Field, "Logic, Meaning and Conceptual Role", *Journal of Philosophy*, Vol. 74, No. 7, 1977, pp. 379-340; Brian Loar, "Conceptual Role and Truth Conditions", *Notre Dame Journal of Formal Logic*, Vol. 23, No. 3, 1982, pp. 272-283; Ned Block, "Functional Role and Truth Conditions", *Proceedings of the Aristotelian Society*, Supplementary Volumes, Vol. 61, 1987, pp. 157-181.

[②] "窄内容"(narrow content)的意思是:心灵内容(mental content)完全是由思维主体头脑内发生的事情决定的,跟外部事物无关。是否存在这种意义上的心灵内容,是20世纪70年代以来心灵哲学讨论的核心话题之一。

(1)可独自考虑的、严格意义上的概念角色理论;(2)关于背景的理论,它表明内容如何成为内在概念角色与外在背景的函数。

但这个区分不合理,而且这个建议也行不通。因为内在与外在没有天然边界,所以那区分不合理。内在领域应包括所有可被感知的当下环境,还是应止于皮肤,神经末梢,中枢神经系统,大脑,大脑的核心部分,或其他什么位置?那个建议行不通,因为绝大多数概念、内在概念角色只有借助一种宽泛意义上的概念角色才能被确定,即是说,在概念与所谓"外部世界"的事物之间的关系中,一个概念在特定的背景下才有其功能。①

确实内在与外在是一个边界不明的模糊说法,即便像布洛克那样将边界划到皮肤②,也仍然不能解决问题——视网膜上的物象在皮肤之内,但对于确定心灵状态的内容而言,它究竟是内在因素,还是外在因素?以皮肤为界,它是内在因素,但它却没处于严格意义上的概念角色之内。许多心灵状态要通过其与外部事物的关系来确定,这也是事实。但哈曼断然否定双因素论的合理性,也未必能够成立,内外的边界问题不外是心物问题的另一种表达方式而已,因此双因素论无法说清楚的地方,长臂角色论亦无法说清楚。双因素论也不会认为内在因素能独自确定心灵状态的内容,这跟长臂角色论并没有多大实质性的差别③。与其说长臂角色论或双因素论是关于信念等心灵状态之内容的具体理论,不如说它们仅仅是大致的研究框架,因此,在包含诸多细节的具体理论形成之前,任何批判都有可能涉嫌稻草人谬误。

---

① Gilbert Harman, *Reasoning, Meaning, and Mind*, Oxford: Clarendon Press, 1999, pp. 224-225.
② Ned Block, "Functional Role and Truth Conditions", *Proceedings of the Aristotelian Society*, Supplementary Volumes, Vol. 61, 1987, pp. 157-181.
③ 关于二者没有实质性差别的看法,可参见 Ned Block, "Advertisement for a Semantics for Psychology", *Midwest Studies in Philosophy*, Vol. 10, 1986, pp. 615-178; Ned Block, "Functional Role and Truth Conditions", *Proceedings of the Aristotelian Society*, Supplementary Volumes, Vol. 61, 1987, pp. 157-181; Robert Cummins, *Meaning and Mental Representation*, Cambridge, MA: The MIT Press, 1991, p. 115.

五、支持表征论的理由

表征论认为信念是一种真实的心灵状态,它跟其他心灵状态一起可引起行为,信念等心灵表征也是思维活动处理的对象。表征论对信念的解释能够支持人们对心灵状态的常识性理解,占据着主流地位,但亦存在不少与之竞争的不同理论,如前面曾提到的倾向论、解释论、功能主义、工具论和消除论等。

倾向论(dispositionalism)又可分为传统倾向论和宽泛倾向论(liberal dispositionalism)。关于信念的传统倾向论路径坚持认为,相信某个特定的命题就是有着一套特定的行为倾向。S 相信 p,即是在特定的情况下,S 仅仅倾向于与 p 相关的行为。宽泛的倾向论认为,"相信不仅仅是拥有外在行为倾向,还包括不表现在行为上的倾向,比如现象倾向(phenomenal dispositions)和/或认知倾向(cognitive dispositions),现象倾向是进入诸如感觉诧异或视觉意象、言词意象等特定的意识状态或现象(phenomenal)状态的倾向,认知倾向是进入其他类型的、可能是非意识的心灵状态,如做出预设或得出隐性结论的倾向"[①]。传统倾向论与表征论是不相容的,它将信念等心灵状态归为行为倾向,无法解释信念相同而行为倾向不同或者行为倾向相同而信念不同的情形,更重要的是它将信念等同于特定的行为倾向,也就等于说作为内在心灵状态的信念其实是不存在的。但事实是,拥有特定的信念是一回事情,该信念与其他心灵状态共同引起了行为倾向,这是另外一回事情。行为者完全可以拥有特定的信念,却隐藏相应的行为倾向;瘫痪者拥有其瘫痪之前的绝大多数信念,却没有与这些信念相应的行为倾向。因此传统倾向论难以成立。宽泛倾向论的目的"不

[①] Eric Schwitzgebel, "Belief", in *The Routledge Companion to Epistemology*, eds. by Sven Bernecker and Duncan Pritchard, New York: Routledge, 2011, pp. 14-24.

是要取代关于信念的表征论路径，而是为了补充或完善表征论"①。表征论并不需要反对宽泛倾向论，因为这种形式的倾向论并不主张信念在本体论上可以还原为行为倾向，因此二者完全是相互兼容的。

解释论（interpretationism）跟传统倾向论一样强调可观察到的外在行为模式，而非内在的表征结构。"根据解释论的观点，一个人相信 p，仅仅因为将相信 p 归于她是使其整个行为模式讲得通的最佳方式。"② 比如，解释论者的典型代表丹尼特（Daniel Dennett）③ 认为，对于一个存在者的行为的解释或预测，可以有三种方式：一是"物理立场"，即用物理规律进行预测；二是"设计立场"，即用功能设计进行预测（包括生物进化"设计"在内）；三是"意向立场"，即用信念和欲望等进行预测。对一个存在者的行为，如果仅仅采取物理立场或设计立场来解释其行为，要么会极其复杂，要么会陷入严重的错误。采取意向立场就会得到相当简明而精确的预测，那么就将信念和欲望归于这个存在者，从而使得其行为得到合理的解释。④ 但这种解释策略可能会使得我们将信念归于设计得非常精密的人工智能系统，但人工智能系统实际上并不拥有任何信念。解释论者不必反对潜在的表征的重要性⑤，但他们将可预测性而不是内在结构作为信念归赋的根基。

功能主义对心灵状态的理解并不是一个特定的理论，而是一组学

---

① Eric Schwitzgebel, "A Phenomenal, Dispositional Account of Belief", *Noûs*, Vol. 36, No. 2, 2002, pp. 249-275.

② Eric Schwitzgebel, "Belief", in *The Routledge Companion to Epistemology*, eds. by Sven Bernecker and Duncan Pritchard, New York: Routledge, 2011, p. 18.

③ 解释论的另一个著名代表人物是戴维森（Donald Davidson），参见 Donald Davidson, *Inquiries into Truth and Interpretation*, Oxford: Clarendon Press, 1984, pp. 125-139.

④ Daniel Dennett, *Intentional Stance*, Cambridge, MA: The MIT Press, 1987.

⑤ 比如，丹尼特说："信念是一种非常客观的现象（这明显地使得我是一个实在论者），但只有在一个人接受特定预测策略后才能辨认得出信念，而且信念的存在也只有通过对该策略成功实施的评价才能得到确证（这明显地使得我是一名解释论者）。"（Daniel Dennett, "True Believers: The Intentional Strategy and Why it Works", in *Philosophy of Mind: Classical and Contemporary Readings*, ed. by David J. Chalmers, New York: Oxford University Press, 2002, p. 557.）也就是说，信念并非仅仅是主观解释的产物，它是实在的心灵现象。

说，其基本主张是：拥有一种心灵状态 M 就是拥有一种做 M 工作的内在状态，M 工作的具体内容由引起 M 的输入状态（感觉状态）、M 所引起的输出状态（言词和非言词行为）以及 M 与其他心灵状态之间的关系来界定。据此，S 相信 p 就是 S 拥有满足如下功能条件的内在状态：（1）该状态易于因如下的情况而产生，即知觉到事态 p、由蕴含 p 的诸前提进行推论，听到 p 为真的证言等等；（2）该状态易于产生如下的情况，即 S 很可能推出 q（如果 p 蕴含 q，或者 p 跟 S 相信的其他命题一起蕴含 q），或者，S 做出行为 A（如果 p 意味着行为 A 将满足 S 所期待的目的，而且没有相反的欲望取消 S 所期待的目的）等；（3）S 易于因为 p 而产生其他心灵状态（假如 p 是"S 面前有一条毒蛇"，那么 S 会产生害怕或恐惧的心灵状态）[①]。显然功能主义可以兼容前面提到的倾向论和解释论，而且它也可能兼容多种形式的表征论。功能主义加深了我们对信念的理解，亦面临诸多难题[②]。毫无疑问，信念扮演了诸多功能，但信念状态并不等同于功能状态，我们完全可以设想一个机器人可以执行似乎拥有某些信念的全部功能，然而它并不能真正相信任何东西。

工具论者（instrumentalists）认为，将信念归于某人，仅仅是一个有用的工具，即有利于解释或预测行为者的行为，严格说来，信念本身不是真实的。工具论可以分为严格工具论和温和工具论。严格工具论者否认信念本身具有任何形式的真实存在，信念是纯粹的虚构物；温和工具论者承认信念可以有一定层面的真实性，但绝没有细胞、山脉、桌子等那样的真实性，在严格的意义上说，信念并不指称任何实存的东西。当我们谈论信念的时候，类似于谈论物体的重心或地球上

[①] 这里的分析还是用了"期待""欲望"等表示心灵状态的词语，如果要彻底地对信念进行功能主义的分析，就得对这些词语也进行功能主义的分析，但那会显得非常复杂。

[②] 如感质对调难题、感质缺如难题、同时性难题、方法论难题等，参见彭孟尧：《心与认知哲学》，台北三民书局 2011 年版，第 139—156 页。

的经线纬线。重心只是理论上的设定，而且一个物体的重心也可以不在该物体上，重心的设定方便了力学解释或工程实践；地球上也没有任何一根实际存在的经线或纬线，但经线纬线的设定却极大地方便了人们确定特定物体在地球上的准确位置。虽然重心、经线纬线等都不是严格意义上的真实存在，但其所指也非纯粹的虚构，仍有一定层面的真实性，温和工具主义者认为信念也与此类似，"信念归赋仅仅是指称行为者的某些行为模式的方便手段，既可以指称实际的行为模式，也可以指称假定的行为模式"[1]。由此可见，温和的工具主义者与解释论者和传统的倾向论者是一致的，反驳后者的理由都可以用来反驳前者。信念归赋是理解、解释、预测行为者相应行为的有用工具，但作为工具仅仅是信念归赋的一种功能，不能因为它有工具作用，反而削减了它在本体论上的真实性，甚至否定其真实存在。

严格的工具主义者，实际上是消除论者（eliminativists）。消除论是说，信念这种心灵状态根本不存在[2]。谈论信念归赋，就如谈论燃素、以太或太阳东升西落一样，根本没有燃素和以太这种东西，太阳也从不升起或落下。没有任何事实性的存在与信念语句对应。当代的信念消除论大致有三条路径[3]：一是取消常识心理学（folk psychology）的信念语句或概念架构，较早的著名代表人物是罗蒂，他从某些语言架构如何被消除的角度来论证常识心理学的信念语句并没有指称真实存在的事物，因而信念语句最终是可以被消除掉的，随着科学的进步，信念概念就会像燃素概念一样被废弃[4]；二是以脑神经科学的发展来代替

---

[1] Eric Schwitzgebel, "Belief", *The Stanford Encyclopedia of Philosophy*, Summer 2015 Edition, ed. by Edward N. Zalta, URL = <http://plato.stanford.edu/archives/sum2015/entries/belief/>.

[2] Edward Craig (ed.), *The Shorter Routledge Encyclopedia of Philosophy*, Oxon: Routledge, 2005, p. 216.

[3] 参见彭孟尧：《心与认知哲学》，台北三民书局2011年版，第92—99页。

[4] Richard Rorty, "Mind-Body Identity, Privacy, and Categories", *Review of Metaphysics*, Vol. 19, No.1, 1965, pp. 24-54.

常识心理学的信念设定，其著名的代表人物是邱奇兰德，他主张常识心理学是一个理论，而且是很糟糕的理论，很多现象它都无法解释，应该抛弃这个理论及其设定的存在物，因此常识心理学设定其存在的信念状态也应抛弃，而代之以脑神经科学的概念及其存有认定[1]；三是以联结论（connectionism）代替常识心理学的信念主张，其主要代表人物是史迪曲[2]，其基本预设是：如果联结论关于心灵状态的解释是正确的[3]，那么信念状态存在的预设就应该取消。消除论是难以成立的，甚至是自相矛盾的，因为当消除论者主张信念等心灵状态实际上不存在的时候，消除论者正好相信了其主张，即他正持有一套复杂的信念，而且通过语言展示出了其自身的信念。

关于信念的本质，倾向论、解释论、功能主义、工具论和消除论都难以成立，但各种各样的表征论，亦面临着各种不同的困难，为什么我们认为表征论在大方向上极有可能是正确的呢？一个理由是直觉；另一个理由是真假评价。

就直觉而言，我们确实有信念状态，而且这信念状态存在于我们的大脑之中，它不仅仅是行为倾向、功能状态、解释上的方便或有用的工具，更不可能是应被彻底消除的纯粹虚构之物。直觉虽不是证明作为表征的信念状态一定存在的最终依据，但起码也是承认信念状态真实存在并表征他物的重要提示，除非我们能找到证明信念实际上不存在的确凿证据，否则，放弃信念真实存在的想法就是没有道理的。

---

[1] Paul Churchland, *Scientific Realism and the Plasticity of Mind*, Cambridge: Cambridge University Press, 1979; "Eliminative Materialism and the Propositional Attitudes", *Journal of Philosophy*, Vol. 78, No. 2, 1981, pp. 67-90.

[2] Stephen Stich, *From Folk Psychology to Cognitive Science: The Case Against Belief*, Cambridge, MA: The MIT Press, 1983.

[3] 关于联结论的精彩介绍，参见 Garson, James, "Connectionism", *The Stanford Encyclopedia of Philosophy*, Spring 2015 Edition, ed. by Edward N. Zalta, URL = <https://plato.stanford.edu/archives/spr2015/entries/connectionism/>。

对于信念状态我们可以进行真假评价，假如小张相信"晚上只吃苹果可以减肥"，我们可以问：小张的这个信念究竟是真的还是假的？这样的问题总是有意义的。据此，我们可以有如下的推理：

（1）行为倾向、功能状态、解释方式或有用的工具等，就它们本身而言，只有有无或好坏的问题，而无真假的问题，即不能进行知识论上的真假评价。

（2）对于任何信念，人们都可以进行知识论上的真假评价。[①]

（3）常识告诉我们，只有关于事实或状态的表征才可能适用于真假评价[②]。

（4）因此，信念很可能是某种形式的表征，而非单纯的行为倾向、功能状态、解释方式或有用的工具等。

当然这样的一个论证，远不是决定性的[③]，但在各种相互竞争的理论中，表征论确实是最有可能胜出的理论。它不但符合大多数人的直觉，可以得到常识心理学的支持，而且前面的论述亦表明表征论得到了多数哲学家的认可，但在具体问题上仍有巨大的分歧。一个成功的信念表征论至少需要满足如下条件：（1）它不应是循环的，也不应在其他方面赋予大脑神奇的魔力，也就是说，应该与关于心灵的物理理论相容；（2）它应该解释概念的指称是如何确定的；（3）它应允许存在错误表征的可能性；（4）我们对内容的说明需要与如下的事实相一

[①] 评价的结果是否可靠是另外一回事情，无论评价的结果如何，都不影响对信念是可以进行真假评价的。

[②] 当然，不是所有表征都可以进行真假评价，譬如欲望、希望等也属于心灵表征，但不适用于真假评价，而是适用于实现或未实现方面的评价。

[③] 有中国学者从信念的组合性的角度来为表征论辩护，见刘小涛：《信念的组合性与信念的形而上学》，《哲学分析》2014年第5期，第113—128页。

致：人的大多数概念都不是天生的，而是后天学习的。[①] 虽然前面考察的四种表征论都未能全面而成功地满足这四个条件，它们在理论上还有各种各样的困难，但将信念的本质归为心灵表征，这个大致的方向却是应该继续坚持的。

[①] Kim Sterelny, *The Representational Theory of Mind: An Introduction*, Oxford: Basil Blackwell, 1990, p. 114.

第二章 信念的基本类型

根据表征论,信念在本质上是心灵表征。仅认识到这一点,对信念的理解还是很不具体的,我们至少还需要了解信念的存有类型和信念的目标。信念究竟有哪些存有类型呢?或许从时间的维度来说,我们可以将其分为关于过去的信念、关于当下的信念、关于未来的信念;从信念所指涉的对象来说,或许我们可以将其分为有关外部世界的信念、有关自身心灵状态的信念、有关他人心灵状态的信念;从信念的层级来看,我们可以将其分为一阶信念、二阶信念或三阶信念;从它与意识的关系来说,我们可以将其分为有意识的信念与无意识的信念;从信念的形成过程上来看,我们可以将其分为由知觉而来的信念、由记忆而来的信念、由见证而来的信念、由内省而来的信念、由推理而来的信念、由理性洞察而来的信念[①],当然还可能有由臆测而来的信念、由幻想而来的信念、由认知官能缺陷而来的信念;从信念是否是理性认知功能恰当发挥作用的结果来看,我们可以将其分为理性信念与非理性信念。从这些粗略的划分可以看出,信念的种类异常丰富而繁杂,遗憾的是哲学界尚未发展出详实而系统的分类表,但我们还是清理出

[①] 在此根据信念形成的机制,将其分为这些种类,是因为在知识论上,哲学家们通常认为,知识的来源有知觉(perception)、记忆(memory)、见证(testimony)、内省(introspection)、推理(reasoning)、理性洞见(rational insight)等。(Richard Feldman, *Epistemology*, Upper Saddle River, NJ: Prentice Hall, 2003, p. 4)

了一些比较重要的分类方式。

一、当下信念与倾性信念

先看哲学家们对当下信念（occurrent belief）的界定。"当下信念是你此刻意识到的信念。如果我问你，'你现在感觉如何？'你可能发现你正相信一些关于自身心灵状态的事情。此刻，我相信我每只手都有五个手指头，我相信外面正在下雨。这些都是当下信念。"[①] 有学者将当下信念理解成"偶然发生的信念"[②]，这种理解没有明白当下信念的所指，"偶然发生"或"必然发生"跟当下信念之所以为当下信念是不相干的；"当下的"（occurrent）的含义是"实际上处于正在发生的过程之中的"[③]，因此当下信念的本性只跟它此刻是否呈现在意识之中相干，此刻有呈现，即为当下信念，此刻没有呈现，就不是当下信念。因此对当下信念的界定要加上时间限制：

一个信念 p 在 t 时刻是当下的，当且仅当，S 在 t 时刻意识到 p。[④]

依此定义，当下信念有三个要素：

（1）意识到 p。即命题 p 的内容进入到意识层面。进入意识层面，意味着主体 S 仅仅是意识到 p，而不带任何进一步的态度，无论是认

[①] Louis Pojman, *What Can We Know? An Introduction to the Theory of Knowledge*, California: Wadsworth Publishing Company, 1995, p. 7.

[②] 路易斯·波伊曼：《知识论导论：我们知道什么？》，洪汉鼎译，中国人民大学出版社2008年版，第14页。

[③] Michael Proudfoot and A. R. Lacey, *The Routledge Dictionary of Philosophy*, 4th edition, New York: Routledge, 2010, p. 108.

[④] "一个信念在 t 时刻是当下的，当且仅当，它在 t 时刻是被意识到的。"（Thomas Senor, "Internalist Foundationalism and the Justification of Memory Belief", *Synthese*, Vol. 94, No. 3, 1993, p. 461）

知态度、情感态度，还是意愿态度。

（2）同意 p。意识到 p 是同意的逻辑前提，如果没有进入命题 p，当然就不可能有同意。同意有程度上的差别，但我们没必要假定同意在程度上是连续的，即任何两个不同的同意值之间都一定还存在着另外的同意值，同意极有可能是非连续的，即两个不同程度的同意之间可能不存在另外的同意状态。有分析认为"同意"本身还包含着两个因素，即优选（preference）和信心（confidence）[1]，对于经由理性分析而形成的同意，毫无疑问地存在着这两个因素，但有些同意，可能并不包含这两个因素，例如，原始的轻信（primitive credulity）[2]。

（3）意识到同意 p。这是自我意识的要素，如果没有这自我意识，那么信念 p 就可能还是处于无意识的层面，即无意识地进入 p 和同意 p，无意识的信念当然不是我们所说的当下信念。对此，有学者已有了类似的看法：

> 所谓信念 p 是当下的，意思是说，认知主体 S 在当时当刻对 p 产生了"相信"的心理状态（S 具有以 p 为内容的信念），而且 S 当时当刻意识到自己是有那信念的。例如，当你看到新闻报道剧烈的台风吹断了某座桥的时候，你相信那剧烈的台风吹断了某座桥，你也意识到你有这个信念。你此时的这个信念便是当下的。[3]

这种界定虽然大致是正确的，但未能比较清晰地呈现出当下信念的基本要素，因此，依照前面的论述，我们可以将当下信念的定义修订如下：

---

[1] H. H. Price, *Belief*, London: George Allen & Unwin Ltd., 1969, p. 207.
[2] H. H. Price, *Belief*, London: George Allen & Unwin Ltd., 1969, pp. 212-216.
[3] 彭孟尧：《心与认知哲学》，台北三民书局 2011 年版，第 7 页。

一个信念 p 在 t 时刻是当下的，当且仅当，在 t 时刻，S 已意识到了 p，进而同意 p，并意识到自己同意 p。

在此，时刻 t 仍然是一个经验上的大致说法，不是最严格意义上的同一时刻，因为，命题 p 的内容进入 S 的意识 → S 同意 p → S 意识到自己同意 p，这肯定是一个严格意义上的时间段，但 S 建立起当下信念的时刻不是从"意识到"或"同意"开始算的，而是从"意识到自己同意"的时刻开始算的，但意识到自己同意 p，这仍然可能是一个过程，而且在 S 意识到自己同意 p 之后，这个自我意识仍然可能持续存在一段时间，比如持续 5 分钟或半个小时，但究竟最长能持续多久，我们还无法给出经验上的或逻辑上的断言。如果信念 p 对 S 是没有多大利害关系的，那么可能持续的时间很短，似乎转瞬就"消失"得无影无踪；如果信念 p 对 S 是有重大利害关系的，那么它可能持续存在的时间较长，甚至让你夜不能寐，一直萦绕在脑海之中。

跟当下信念相对应的是倾性信念（dispositional belief）[①]。为此，先得解释一下倾性性质（dispositional property），赖尔说："具有一个倾性的性质，不是处于一个特别的状态，也不是发生一个特别的变化；它是当某一特定条件实现时，必定或易于处于一个特定状态，或发生特定变化。"[②] 普莱斯的看法也大致相同："当我们说 x 具有倾性 D，比

[①] "dispositional belief"，可以翻译为"倾向信念"或"倾向性信念"（路易斯·波伊曼：《知识论导论：我们知道什么？》，洪汉鼎译，中国人民大学出版社 2008 年版，第 14—15 页），但不是很妥帖，因为汉语的"倾向"一词作为动词时，是指在对立的双方或多方中，偏于赞成其中一方；"倾向"一词作为名词是指事物发展的方向或趋势；"倾向性"一词多指对某事物的爱憎褒贬的态度。这些含义都跟"dispositional belief"中的"dispositional"有一定的关系，但其关系不太根本，因为 disposition 的一个非常根本的含义是"一些事物的排列模式或在其他事物的相互关系中的位置"（《柯林斯 COBUILD 高阶英语学习词典：英语版》，外语教学与研究出版社 2006 年版，第 407 页）。因此 disposition 的根本含义是某事物在一定条件下的关系性质。正因为它表达的是一种性质，因此，作为一个哲学概念，将其翻译为"倾性"是比较妥帖的。

[②] Gilbert Ryle, *The Concept of Mind*, New York: Barens &Noble Books, 1949, p. 43.

如，一个东西是有弹性的或可溶于水的，或一个人是胆小的或友善的，这是一种什么样的陈述呢？通常的答案是，它们等同于一系列的条件陈述句。如果 x 处于条件 c_1，那么 x 会发生事件 A；如果 x 处于条件 c_2，那么 x 会发生另外的事件 B，如此等等。"[1] 这两位哲学家的分析，至少揭示了倾性的三个特征：（1）否定性的特征，倾性不是无条件的绝对性质（categorical property），倾性也不是已发生的事件（occurrence）；（2）肯定性特征，倾性是事物在一定条件下才会显示出来的性质，条件不满足就不会显现出来；（3）语言陈述特征，事物的倾性通过条件句来陈述。比如橡皮筋具有弹性，弹性不是一种已经发生的事件，弹性也不是橡皮筋所处的特别状态，橡皮筋有"弹性"这种倾性，其意思是：假如你用力拉橡皮筋，它会变长；假如你松开，它就会大致恢复原状；如果你不用力拉它，它就不会变长；如果你老是拉着不放，它就不会恢复原状；假如拉的时间过长，可能它就无法恢复到原状；如果你用力过猛，它就会被拉断；一根橡皮筋，可能从未被用力拉过，从未被使用过，也就是说它显现出其弹性的条件从未实现过，但这不影响它具有弹性这种倾性的性质，因为一旦被使用或用力一拉，它的弹性就会显现出来。正因如此，倾性的性质要用虚拟条件句来刻画。

将倾性的特征运用于信念，我们就可以用虚拟条件句来刻画倾性信念的特征。当代知识论领域的重要哲学家富莫顿（Richard Fumerton）的刻画如下：

  S 倾性地（dispositionally）相信 p = 假如 S 考虑到 p，那么他（当下）会相信 p。[2]

---

[1] H. H. Price, *Belief*, London: George Allen & Unwin Ltd., 1969, p. 246.

[2] Richard Fumerton, "Inferential Justification and Empiricism", *The Journal of Philosophy*, Vol. 73, No. 17, 1976, p. 565.

假如"S考虑到p",那么他会当下相信p;如果S当下没有考虑到p,他的信念p当然就不会进入"当下相信"的心灵状态;如果S当下确实考虑到了p,即虚拟条件变成了现实,那么他的信念p就从倾性信念变成了当下信念。

为了对倾性信念有更加具体的认识,而非仅仅是一个理论概念,我们可以看一下当代哲学家们所列举的例子:

> 我有好几天未曾想到已故的弟弟埃弗雷特了,但我突然意识到今天是他不幸逝世十周年的祭日。虽然我数天未曾想到过这个事实,但我过去十年的每一天都相信今天是他去世十周年的日子。你也有一些倾性信念。你可能没有想到金星和木星,但你或许已有倾性信念:它们都是行星,它们距离地球很远。你有倾性信念:爱比恨好;快乐比忧伤好;和平比暴力好;在课程考试中得A比不及格要令人满意得多。我们储存了大量的倾性信念,但我们任何时候都只能处理少数几个当下信念。①

> 五分钟前,你大概倾性地相信:2大于1,3大于1,4大于1,如此等等,以至无穷。②

波伊曼(Louis Pojman)和富莫顿的例子似乎提示我们,凡是储存在记忆中的,当下未曾想到的,可一旦想到,立即就会意识到自己早已相信或理所当然地相信的命题,皆为倾性信念。如此看来,倾性信念至少有三种情况:(1)S曾经相信p,现在储存于记忆中,且从未改变过对p的相信,遇到适当的情景又会将之提取出来;(2)S相信q,

---

① Louis Pojman, *What Can We Know? An Introduction to the Theory of Knowledge*, California: Wadsworth Publishing Company, 1995, p. 7.

② Richard Fumerton, "Inferential Justification and Empiricism", *The Journal of Philosophy*, Vol. 73, No. 17, 1976, p. 565.

q 明显地要以 p 为前提条件，但 S 当下没有意识到 p；（3）S 相信 q，q 明显地蕴含着 p，但 S 当下没有意识到 p。[①] 为了简便起见，我们将这三种情况分别命名为记忆的倾性信念、预设的倾性信念和推论的倾性信念。

当下信念通过记忆长期储存于脑中，在计划或推理的过程中可以随时提取出来，它被使用之后，如果该信念未经改变，它又以倾性信念的形式储存于记忆之中。因此，记忆的倾性信念与当下信念之间可以有一个相互转化的过程（见图 2.1）：

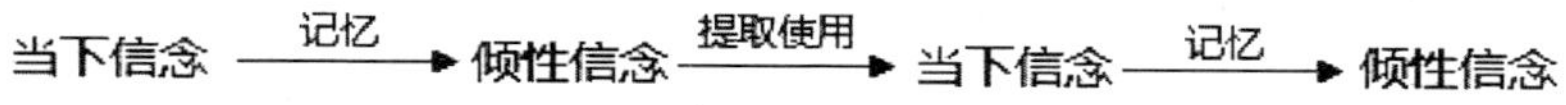

当下信念 →记忆→ 倾性信念 →提取使用→ 当下信念 →记忆→ 倾性信念

图 2.1 当下信念与倾性信念之间的转换

这个过程只是可能存在，不是必然存在。当下信念可能持续几秒钟就彻底遗忘了，无论如何再也想不起来了，因而没有转化成倾性信念。如果倾性信念长期保存在记忆中，以后从未被提取使用过，从未被想起过，那么它也就没有机会再次成为当下信念。记忆类型的倾性信念似乎预设了头脑中有一个储存倾性信念的仓库。但是否真有一个类似信念仓库的东西，我们并没有相关证据。如果没有这个东西，极其大量的倾性信念又是如何保存的呢？这可能只有神经生物学才能给出最终的解答。

因为相信其他信念，而这个或这些信念预设了信念 p，p 现在

[①] 有哲学家认为："为了真正相信 p，仅仅是当一个人考虑到 p 的时候，他就会当即相信 p，这还是不够的。'倾性信念'（dispositional belief）不仅仅意味着'倾向于相信'（disposition to believe）。一个人相信命题 p，至少满足以下四个条件之一：（1）当下相信 p；（2）曾经相信 p，且未曾改变对 p 的相信；（3）相信以 p 为前提条件的其他事情；（4）相信明显蕴含 p 的其他事情。因此倾向性地相信什么事情，存在三种不同的方式，它们都预设了别的信念或以前的信念。"（Michael Huemer, "The Problem of Memory Knowledge", in *Epistemology: An Anthology*, eds. by Ernest Sosa, Jaegwon Kim, Jeremy Fantl, and Matthew McGrat, 2nd edition, Malden: Blackwell Publishing, 2008, pp. 874-875）

不是当下信念，那么它就可能是因无意识中的预设而存在的倾性信念。如果是有意识的预设，且相信该预设，那么它就是当下信念。比如，你看到了齐白石的《墨虾》，并且你当下相信齐白石是国画大师，那么你潜在地一定相信：齐白石有手。虽然你从未想到过这个事实，但这是你相信他为国画大师的前提，因此它是你的一个倾性信念。信念可以预设信念，问题也会预设信念，一个六岁的小女孩曾多次问我：宇宙是哪儿来的？她很认真地在问。我当然给不出她能理解且令她满意的答案。但她的问题却预设了命题 q（任何东西都有来源）。在她提出该问题时，这个预设的前提从未明确地出现在她的意识之中，她更未意识到她赞同该命题。但毫无疑问，当她提出那个大问题的时候，她已经在一定的层面相信了"任何东西都有来源"，此信念即为她的提问所显示出来的作为前提所预设的倾性信念。但这个前提又有另外的前提，即命题 r（任何事物都有开端）；而这个前提似乎又预设了命题 d（时间有起点）；而它似乎又预设了命题 e（任何东西不可能既有开端又没有开端）；如此等等。但这就会带来一个问题：如果预设的倾性信念确实存在，而预设的前提又可能有很多，还有前提的前提，以至于无限多的前提，那么是否要将所有的前提都看作是相应主体的倾性信念呢？我们觉得，当然不可能所有的前提都是其倾性信念。倘若如此，我们就得将命题 r、d、e 等等，统统归为她的倾性信念，但这显然难以成立——一个六岁的小孩不可能真的相信那么多深奥的命题。我们不可能相信自己已有信念预设的所有前提，那究竟会相信哪些前提呢？以什么标准来划分呢？我们觉得划分的标准是不费力原则：如果 S 相信 q 或有以 q 为内容的言语行为所指示的心灵状态，q 直接地预设了 p，而非间接地预设了 p，S 能够不费力地因为 q 而理解 p，那么，我们可以有把握地说 S 潜在地相信 p，即 p 是 S 的一个倾性信念。但这个标准仍然只是一个大致的经验性标准，不同认知能力的主体会有不同层次的倾性信念。

S 相信 q，而 q 蕴含 p，S 当下没有想到 p，p 很有可能是 S 的倾性信念。这种因推论而来的倾性信念确实存在。现在我想起一个信念："行星的直径必须在 800 公里以上。"我们潜在地也相信：行星的直径不可能少于 799 公里，也不可能少于 798 公里，如此等等。但一个信念或多个信念的合取可以蕴涵无限多的命题，是否所有这些命题都可以是相应主体的倾性信念呢？显然不可能。否则，就会导致十分荒谬的结果，比如你只要相信了欧几里得几何的五条公理，那么欧氏几何的全部定理都是你的倾性信念；只要你相信一个逻辑系统的全部公理，那么我们就会倾性地相信其全部定理；如果你相信一个命题，那么你就倾性地相信其全部逻辑结论。这都是明显不可能的。因为没有任何一个人是逻辑上的全知全能者。那么，哪些可推导出的信念可以视作倾性信念呢？只有那些明显可直接推导出的信念，如果认知主体当下没有意识到它们，那么它们可归为其倾性信念。

二、显存信念与潜隐信念

显存信念（explicit belief）[①] 可作如下界定：一个人显存式地相信 p，当且仅当，带有内容 p 的表征以适当的方式明确地储存于心灵之中，譬如以思维语言的方式明确地将带有内容 p 的语句储存在信念仓库。简单地说，显存信念要求跟每个信念的内容有正相对应的、储存于心灵中的表征。所以，哈曼说："如果一个人对某事物的信念需要明确的心灵表征，其表征的内容就是那信念的内容，那么我就认为这个人的相应信念就是显存式的。"[②] 有些信念确实是显存的，比如，我相信

---

① "explicit belief" 可能被翻译成"外显信念""显性信念""显式信念""显现信念""显在信念""明确的信念"等等。

② Gilbert Harman, *Change in View: Principles of Reasoning*, Cambridge, MA: The MIT Press, 1986, p. 13.

"1912年2月12日，清帝颁布退位诏书"，"美国首都在华盛顿特区"，"太阳系内有8颗行星"，等等。但是否每一个信念都是以适当的方式单独地存储在大脑某处呢？譬如，我确实相信"美国首都不在中国北京"，"美国首都不在重庆歌乐山上"，"美国首都不在印度洋的某个海岛上"，"美国首都不在火星上"，如此等等，无限多的信念。"无限多的句子明确地储存在有限的头脑中，这是不可能的。"① 大脑存储的信息不是无限的，而且单独储存的方式也不利于提取使用。因此，我们相信的所有东西不可能都以显存的方式储存在心灵之中，而必须有另外的存在方式，即潜隐的方式。何谓潜隐信念（implicit belief）？

一个人潜隐地相信p，当且仅当，（1）他相信p，（2）其心灵中没有以信念的方式储存的正好对应这内容p的表征。

潜隐信念跟显存信念之间有何关系呢？比较普遍的看法是：潜隐信念可迅速地经由显存信念推导而出。希维茨盖博说："我们潜隐地相信某事物，仅当我们能够迅速地从我们显存式地相信的东西中推出它。"② 哈曼的意思亦是如此："如果一个人对某事物的信念不是显存的，比如可以轻而易举地从显存信念中推导出来，那么他就只是潜隐地相信某事物。假定一个人显存式地相信地球正好有一颗恒星，他很容易地就可以推出，地球没有两颗恒星，地球没有三颗恒星，如此等等。所有这些命题都是他潜隐地相信的东西。"③ 但是，这种"迅速的可推导性"，并不要求显存信念与潜隐信念之间一定具有演绎关系，归纳

---

① Hartry H. Field, "Mental Representation", *Erkenntnis*, Vol. 13, No. 1, 1978, p. 16.

② Eric Schwitzgebel, "Belief", in *The Routledge Companion to Epistemology*, eds. by Sven Bernecker and Duncan Pritchard, New York: Routledge, 2011, p. 17.

③ Gilbert Harman, *Change in View: Principles of Reasoning*, Cambridge, MA: The MIT Press, 1986, p. 13.

关系（包括最佳解释关系在内）也是可以的。因此，哈曼说："一个人的潜隐信念可以轻松地从显存信念中推导而出，但二者之间并没有严格的蕴含关系，这也是成立的。比如，一个人很可能潜隐地相信野外的大象没穿睡衣。"① 该信念可以从如下的一些信念轻松而快速地归纳而出：（1）S 相信"睡衣是人为地加工制造出的"（显存信念）；（2）S 相信"大象没有自己加工生产睡衣的能力"（该信念很可能是一个潜隐信念）；因此，（3）S 相信"野外大象没有穿睡衣"。甚至显存信念与潜隐信念之间可以是逻辑预设或心理预设的关系。"举例来说，一个人显存地相信 p，他可能潜隐地相信他对 p 的相信是合理的（justified）。命题 p 通常并不蕴含'他对 p 的相信是合理的'这一命题，但一个人相信 p，他就因此承诺并潜隐地相信了'他对 p 的相信是合理的'这一命题。"② S 显存地相信 p，但 S 相信"他对 p 的相信是合理的"，这既不是从命题 p 直接演绎出来的，也可能不是归纳出来的（当然也有可能被解释成或理解成它是基于其他一些显存信念而通过类比推理得出的），最简单的解释是：S 相信"他对 p 的相信是合理的"，这是他相信 p 时，他的无意识的"承诺"，即心理预设，他可以迅速地推论出这个预设。

为了比较准确地理解显存信念与潜隐信念的划分，我们还需要明白它跟其他划分之间的一些区别。

（1）显存信念与潜隐信念的区分不同于无意识信念与有意识信念的区分。"我们通常认为，如果一个人没有意识到他的某个信念，并且他不能仅仅通过考虑他是否有那个信念而轻而易举地意识到它，那么这个信念就是'无意识的'。否则，这个信念就是意识可随时获取

---

① Gilbert Harman, *Change in View: Principles of Reasoning*, Cambridge, MA: The MIT Press, 1986, p. 13.
② Gilbert Harman, *Change in View: Principles of Reasoning*, Cambridge, MA: The MIT Press, 1986, p. 13.

的。显然，潜隐信念是意识可随时获取的。地球没有两颗恒星，这个信念通常只是潜隐地存在于一个人的显存信念之中，并且其自身并没有得到明确的表征，尽管当他考虑他是否相信这一命题时，他立即就说'相信'，因此这个信念是意识可即时取用的。"[①] 在哈曼看来，潜隐信念＝意识可即时取用的信念，即迅速地从显存信念推导而出的信念；无意识信念＝没有意识到＋不可被意识即时取用的信念。因此潜隐信念不同于无意识的信念。比如，你可能有恋母情结，如果不通过专业的精神分析，你根本不可能意识到它，它对你可能就是无意识的信念；认知心理学研究的内隐记忆也可能包含着无意识的信念，但你自己却无法直接提取相应的信念，它只是间接地通过某些刻意设计的实验才可能得到显现。显存信念既可能是无意识的，也可能是有意识的。如果显存信念处于意识之中，被你意识到了，那么它就是有意识的；如果显存信念以某种方式储存在大脑之中，但不能随意使用或提取，它很难进入意识之中，那么它就是无意识的。

（2）显存信念与潜隐信念的区分不同于当下信念与倾性信念的区分。"一个信念当下呈现于人的意识面前，或者它在引导人的思考和行为中以另外的方式正在起作用，我们就可以说这个信念是当下的。在同样的意义上，如果一个信念只是有可能当下发生，那么它仅仅是倾性的。纯粹的潜隐信念仅仅是倾性的，但显存信念并非总是当下的，因为在任何给定的时间，仅有某些显存信念是当下起作用的。"[②] 由此可见，所有潜隐信念都是倾性信念，因为，只有当适当条件得到满足之后，潜隐信念才会出现在意识之中，并发挥一定的角色功能。因此存在潜隐的倾性信念（implicit dispositional belief），格特勒将这种

[①] Gilbert Harman, *Change in View: Principles of Reasoning*, Cambridge, MA: The MIT Press, 1986, pp. 13-14.

[②] Gilbert Harman, *Change in View: Principles of Reasoning*, Cambridge, MA: The MIT Press, 1986, p. 14.

信念的充分必要条件概括如下：(1) S 未曾考虑 p 是否为真；(2) 要是 S 考虑 p 是否为真，他将迅速地同意 p，且无需获得关于 p 是否为真的新证据。① 比如，S 相信"金星上没有长安汽车"，就属于潜隐的倾性信念。显存信念并不一定就是当下信念，有些显存信念可能是当下信念，即正显现于意识之中并发挥一定功能，但有些显存信念并不是当下信念，比如你无意识地相信你的父亲不爱你，这个信念可以以某种方式储存在大脑某处，未经大量的精神分析，你根本就不会意识到这个信念，更不会相信你有这个信念，但它却实实在在地存在着。

三、个物式信念与命题式信念

个物式信念（de re belief）②与命题式信念（de dicto belief）的区别，可以先看一个例子。索福克勒斯讲过一个著名的悲剧故事，即俄狄浦斯王的故事③，该故事经过弗洛伊德的精神分析，而变成了一个人尽皆知的心理结构，即俄狄浦斯情结④。俄狄浦斯在准备婚礼之时，他相信他会娶伊俄卡斯忒为妻，但这位大美女正好是俄狄浦斯的亲生母亲，对此，俄狄浦斯事先并不知情。于是，我们可以有如下推理：

---

① Brie Gertler, "Self-Knowledge and the Transparency of Belief", in *Self-Knowledge*, ed. by Anthony Hatzimoysis, Oxford: Oxford University Press, 2011, p. 130.

② "de re"和"de dicto"有人分别译成"从物的"和"从言的"，而将"de re belief"和"de dicto belief"分别译成"客体信念"和"命题信念"（尼古拉斯·布宁、余纪元编著：《西方哲学英汉对照辞典》，王柯平等译，人民出版社 2001 年版，第 228—229 页）。当然，也有人将"de re belief"和"de dicto belief"分别译成"从物信念"和"从言信念"。有人认为个物式信念才是最基础的信念，所有命题式信念都可以还原为个物式信念（参阅 Tyler Burge, *Foundations of Mind*, Oxford: Oxford University Press, 2007, pp. 44-64），在此，我们略过此问题。

③ 索福克勒斯：《悲剧二种》，罗念生译，人民文学出版社 1986 年版，第 61—122 页（《俄狄浦斯王》）。

④ 可参阅弗洛伊德：《释梦》，孙名之译，商务印书馆 2002 年版，第 260—264、398—400 页。

（1）俄狄浦斯相信他会迎娶伊俄卡斯忒为妻。

（2）伊俄卡斯忒实际上是俄狄浦斯的亲生母亲。

（3）因此，俄狄浦斯相信他会迎娶自己的亲生母亲为妻。

对此，我们称之为俄狄浦斯推论，该推论能否成立呢？似乎不成立，但好像又有可能成立。

我们再看一个相似的例子。传闻诸葛亮曾设下空城计，其实没有史料可以支撑这个传闻，常识推理更倾向于空城计不可能是真实的历史事实，但张三对传闻深信不疑。诸葛亮又叫孔明，但张三并不清楚这一点。对此，可能做出如下推论：

（4）张三相信诸葛亮曾设下空城计。

（5）诸葛亮就是孔明。

（6）因此，张三相信孔明曾设下空城计。

对此，我们可称之为诸葛孔明推论，该推论能否成立？跟前面一个推论类似，仍然似乎不能成立，又似乎能够成立。

它们在什么情况下能够成立，什么情况下不能成立呢？当我们认为前面两个推理不能成立的时候，我们是在说信念主体跟一个命题之间的关系，即信念主体接受或认同这个命题所表达的思想，在这个意义上说，上述推论不能成立：如果俄狄浦斯在筹备婚礼时就知道他要娶的美女是自己的母亲，那么他是绝不会娶她的；因为张三不清楚诸葛亮就是孔明，孔明就是诸葛亮，因此他相信"诸葛亮曾设下空城计"这个命题，并不会因此而相信"孔明曾设下空城计"这个命题，这两个命题就其内涵而言，并不是一样的。在上述推论不能成立的意义上说，（1）与（3），（4）与（6）都是命题式的信念，或者说，我们可以对它们作命题式的解读。命题式信念的"相信"描述的是信念主体与命题之间的关系。当代哲学家齐硕姆（Roderick Chisholm）将命题式信念界定为：

S 相信 p = S 认同命题 p。①

在此，S 代表任何一个信念主体，p 表示任何一个命题。如果某人认同（accept）某个命题，那么相应的命题就是他的信念的对象。命题式信念中的命题内容拒绝存在概括，比如 S 相信"飞马的速度比飞龙的速度快"，我们不能因此概括说，"有飞马存在"或"有飞龙存在"；命题式信念也拒绝共同指称替换而保持真值不变的原则，比如张三相信"孙中山是伟大的革命先行者"，因此，张三相信"中山樵是伟大的革命先行者"，虽然孙中山与中山樵是同一个人，这两个名称的指称相同，但二者相互替换之后原有信念的真值很可能会发生变化，"张三相信孙中山是伟大的革命先行者"为真，而"张三相信中山樵是伟大的革命先行者"却可能为假。共同指称相互替换而真值不变的原则不适用于命题式信念，这个现象在哲学史上通常被称作指称隐蔽（referential opacity）现象。

假如俄狄浦斯的一个朋友知道了他会娶伊俄卡斯忒，而且这个朋友知道伊俄卡斯忒是俄狄浦斯的母亲这个秘密，那么可能会说："'俄狄浦斯相信他会迎娶自己的亲生母亲为妻'，这真是一个巨大的悲剧。"在这个意义上说"俄狄浦斯推论"显然是成立的。如果张三向李四说他相信诸葛亮曾设下空城计，而且李四知道张三不清楚诸葛亮又叫孔明，但李四可以非常合理向王五说："'张三相信孔明曾设下空城计'，他真是头脑简单，居然不能识别出这只是文学虚构而已。"在这样的意

---

① Roderick Chisholm, "Knowledge and Belief: 'De Dicto' and 'De Re'", *Philosophical Studies: An International Journal for Philosophy in the Analytic Tradition*, Vol. 29, No. 1, 1976, p. 3.

义上说，前述关于诸葛孔明的推论显然又是成立的。在上述两个推理能够成立的意义上说，(1)与(3)、(4)与(6)是个物式信念，或者说我们可对它们作个物式的理解。个物式信念的"相信"描述的是信念主体与外在对象之间的关系，信念主体将一定的性质或特征归于特定的事物，因此齐硕姆曾将个物式信念界定为：

$$S 相信 x 具有性质 F = S 将具有性质 F 归于 x。①$$

在此，x 是个体词，F 是 S 归于 x 的性质。个物式信念是主体 S 与事物 x 之间的认知关系，因此可以进行存在概括，比如张三相信"最高的人跑得最快"，如果我们认为这是张三将"跑得最快"这个性质归于"最高的人"，那么当然要有"最高的人存在"，否则张三的性质归赋活动就失败了，因而相应的信念也不能做个物式的理解，而只能做命题式理解。个物式信念能够满足共同指称相互替换而保持真值不变的原则，张三将"曾经设下空城计"这个性质特征归于诸葛亮，也就是归于孔明；因此，依照个物式理解，张三相信"诸葛亮曾设下空城计"，也就是相信"孔明曾设下空城计"。

四、命题信念与对象信念

命题信念（belief-that）与对象信念（belief-in）的区分源自语言形式上的差别，但这种形式上的差别极有可能指涉了一些实质性的差别。命题信念在形式上有着命题的外观，即 S 相信 p（S believes that p），p 是一个命题，主体 S 赞同命题表达的内容。譬如，老子相信"圣人不

---

① Roderick Chisholm, "Knowledge and Belief: 'De Dicto' and 'De Re'", *Philosophical Studies: An International Journal for Philosophy in the Analytic Tradition*, Vol. 29, No. 1, 1976, p. 4.

行而知";孔子相信"名不正则言不顺";孙中山相信"天地万物皆由进化而成"。在此,相信一词的宾语都是一些命题,因此称为命题信念（belief-that）。但绝非所有信念都具有这种结构。我们平时常说,相信民主,相信法治,相信政府,相信朋友,相信父母,甚或相信上帝等,在此类表达中,相信一词的宾语不是一个完整的命题,而是一个具体或抽象的事物,如制度、组织、个人或精神实体。此类对特定对象的相信或信任,称之为对象信念（belief-in）[①]。

关于对象信念与命题信念,哲学家关心的主要问题是:对象信念是否可以还原为命题信念? 普莱斯在半个多世纪前曾比较细致地分析过这个问题[②]。"无论如何,命题信念与对象信念之间的差别是值得仔细讨论的。对象信念能否还原为命题信念,这绝不是一个无足轻重的问题,也绝不是一个容易解答的问题。"[③] 普莱斯认为对象信念所指向的对象非常广泛:人、神、动物、机器、自然物体、事件等,都可以是对象信念的对象;相信的对象可以是单个的东西,也可以是一类东西。纷繁复杂的对象信念可以归为两大类别:一是事实性的对象信念（factual belief-in）;二是评价性的对象信念（evaluative belief-in）。单纯事实性的对象信念只是一种认知态度,而没有牵涉情感和意愿的评价性态度。一个人可能相信小精灵（believing in fairies）或尼斯湖水怪（believing in Loch Ness monster）,但他不会信任精灵和水怪,因此他的态度只是事实性的认知态度,这类对象信念显然是可以还原为

---

① "belief-in"是很难翻译的一个词,因为中文里边并没有正相对应的用法,一本在国内影响比较大的辞书将其翻译为"信以为真"（尼古拉斯·布宁、余纪元编著:《西方哲学英汉对照辞典》,王柯平等译,人民出版社2001年版,第119页）,这是很不妥当的翻译,根本没有翻译出"belief-in"与"belief-that"的差别。因为跟在"belief-in"后面的都是特定的对象,而非命题,所以将它翻译为"对象信念"是比较妥当的选择,当然,为了避免不必要的误解,也可以将其翻译为"非命题信念"。

② H. H. Price, "Belief 'In' and Belief 'That'", *Religious Studies*, Vol. 1, No. 1, 1965, pp. 5-27. 该文重载于 H. H. Price, *Belief*, London: George Allen & Unwin Ltd., 1969, pp. 426-454。

③ H. H. Price, *Belief*, London: George Allen & Unwin Ltd., 1969, pp. 426-427.

命题信念的，尤其是还原为存在信念，即相信"小精灵是存在的"或"尼斯湖里有水怪存在"。但有些信念绝不仅仅只有事实性的层面，还有表现为亲近、依赖、信任等态度的评价层面，"例如，小女孩贝琳达说，她不再相信圣诞老人了。他现在送给她的圣诞礼物远不如过去送的那样好，也没有过去送的那么多。我们可能说：'淘气鬼！小骗子！如果你这样抱怨他对待你的方式，毫无疑问，你还是相信他的'，我们可以这样指责她吗？"① 显然，贝琳达的信念有两个层面，一个是事实的层面：（1）圣诞老人存在；（2）圣诞老人给她的礼物不如过去给的那样好、那样多。二是评价的层面，即她不再觉得圣诞老人还是像过去那样值得她信赖。如果贝琳达的信念只有事实性的这个层面，那么她的抱怨当然是不能成立的，因为她对圣诞老人的抱怨已经预设了圣诞老人存在，即贝琳达拥有命题信念"圣诞老人存在"，在这个意义上说，她当然相信圣诞老人，绝非她所宣称的"不再相信"。问题在于，贝琳达根本就不是在事实性的层面不再相信圣诞老人存在，而是在价值层面抱怨他不值得信赖。这个例子清楚地显示出，评价性的对象信念确实不同于单纯的事实性的对象信念。二者之间的关系，可以作如下刻画：

评价性对象信念＝事实性对象信念＋亲赖态度（pro-attitude）②

依据此公式，事实性对象信念可以还原为一个命题信念或多个命题信念的合取，评价性对象信念是否也可以还原为事实性的命题信念加上揭示亲赖态度的价值命题呢？即：

---

① H. H. Price, *Belief*, London: George Allen & Unwin Ltd., 1969, p. 440.
② H. H. Price, *Belief*, London: George Allen & Unwin Ltd., 1969, p. 452; John Heil, "Belief in and Belief that", in *A Companion to Epistemology*, eds. by Jonathan Dancy, Ernest Sosa, and Matthias Steup, 2nd edition, Malden: Wiley-Blackwell, 2010, pp. 259-260.

评价性对象信念＝事实性命题信念＋评价性命题信念

对此我们可以作如下解释：

S 相信对象 x，当且仅当，（1）S 相信 x 存在（可能 S 还持有关于 x 的其他事实性信念）；（2）S 相信 x 在某方面是好的或有价值的；（3）S 相信，x 在这方面是好的或有价值的，这本身也是好事。①

依照此种方式进行还原，是否能够成功呢？假如，"我相信我的医生"，我们可以将其分析成：

（1）这个医生确实存在；（2）我相信他在医治我的病痛方面已经做得很好，而且将继续表现得很好；（3）他在医治我的病痛方面表现得很好并将继续表现得很好，这本身是好事。

此类分析能够表达出"我相信我的医生"的全部内容吗？普莱斯认为不能。它漏掉了什么呢？我相信我的医生，包含着我对他的信任（trusting），上述命题信念或许是信任他的必要条件，"但它们跟信任并不是完全相同的东西，信任不仅仅是一种认知态度"②。上述还原分析漏掉了引起信任的"温暖的情感"（warmth），这温暖感是评价性的对象信念之固有特征。评价性对象信念是一种"亲赖的态度"（pro-attitude）。换句话说，亲赖的态度是"走心"的，饱含情感的，而作为命题信念是"走脑的"，它是在理智上批准和赞同相应的命题。亲赖的

---

① John Heil, "belief in and belief that", in *A Companion to Epistemology*, eds. by Jonathan Dancy, Ernest Sosa, and Matthias Steup, 2nd edition, Malden: Wiley-Blackwell, 2010, p. 260.

② H. H. Price, *Belief*, London: George Allen & Unwin Ltd, 1969, p. 452.

态度不能被还原为事实命题或价值命题，因此评价性的对象信念不能完全还原为命题信念。

在还原分析中，相应的命题信念的确是对象信念必不可少的重要组成部分，但命题不能穷尽对象信念的内容。"当我们信任某人或某事物时，为了回答'你信任他（或它）什么？'的问题，我们必须提到相应的命题信念。这个问题是完全合理的，而且需要回答。但回答这个问题之后，我们仍然没有解释：信任是什么，或者信任是什么样的，或者对某人或某物有信心（faith）是什么样的。或许我们只有实实在在地处于'信任（trusting）'一词所指示的心灵态度之中，我们才能知道那是什么样的。"①

我们该如何看待普莱斯的非还原论的看法呢？前面的论述一共涉及六个论题：（1）二分论题，将对象信念区分为事实性的和评价性的；（2）还原论题，事实性的对象信念可以完全还原为命题信念；（3）构成论题，评价性对象信念由事实性的命题信念加上亲赖态度；（4）前提条件论题，即评价性的对象信念，要以关于该对象的事实性命题信念为前提；（5）不可还原论题，信任等亲赖态度不能还原为命题信念；（6）不可还原性的理由论题，信任不仅仅是认知态度；信任只能通过实际上处于如此的心态才能明白，不能通过命题而明白。前四个论题显然能够成立，无需争议。但问题是后两个论题能否成立，其关键又在于最后一个论题能否成立，因为它为不可还原论题提供理由，如果其理由不能成立，则作为该理由之结论的不可还原论题自然就难以成立。当然，即便理由论题不能成立，不可还原论题还有可能因为别的理由而成立，但这种逻辑上的抽象可能性我们不予讨论。在此，我们要讨论的是普莱斯所提供的理由究竟能否成立，如果其理由不能成立，我们就倾向于否定不可还原论题。

---

① H. H. Price, *Belief*, London: George Allen & Unwin Ltd., 1969, p. 452.

"信任不仅仅是认知态度",这符合我们的经验,这当然成立。但信任是"走心的",绝非仅仅是"走脑的",这并不能作为否定评价性对象信念可以还原为命题信念的理由。因为我们仍然可以采取如下的还原性策略:

评价性对象信念=(1)事实性命题信念+(2)价值命题信念+(3)情感命题信念。

这种策略能否成功呢?其关键在于情感命题信念能否恰当地刻画出相应的情感状态。这里涉及的区分是:情感本身与关于该情感的信念。我们认为 S 信任他的朋友是一回事,S 相信他信任他的朋友是另一回事情。前者是一阶的心灵状态,后者是二阶的心灵状态。拥有一个二阶的心灵状态并不一定拥有相应的一阶心灵状态;拥有一个一阶的心灵状态,并不必然拥有相应的二阶的心灵状态。正如 S 事实上爱张三,并不必然意味着他相信他爱张三;S 相信他爱张三,并不必然意味着他事实上对张三有这种爱的情感。因此,关于情感的命题信念,并非一定意味着有此情感。在这个意义上说,刚才提议的还原策略,仍然不能确保成功。因此,普莱斯给出的评价性对象信念不能还原为命题信念的理由是可以成立的。普莱斯的第二个理由,信任只能通过实际上处于如此的心态才能明白,这一点也能够成立,诚如一个从未见过红色的人,通过有关红色的命题是不能完全明白红色是什么样的。因为支持普莱斯的不可还原论题的两个理由皆能成立,作为其结论的不可还原论题自然就能成立。但绝不是说所有的对象信念都不能还原为命题信念,而是说,只有评价性的对象信念不能完全还原为命题信念。

五、薄信念与厚信念

先看一个思想实验。"设想一个学物理的学生，斯图尔特，他上课非常认真。他能以日心学说准确地解释太阳系的运作，能用观察到的证据和数学解释行星围绕太阳转，而非太阳围绕行星转。在物理学的期末考试中，斯图尔特回答说，'地球围绕太阳转'，他描述了日心学说是如何有效运作的。然而，在上大学之前，他是由父母在家里边进行教育的。他父母告诉他地球是宇宙的中心。斯图尔特一直赞同他父母的这个教导。有鉴于此，斯图尔特相信地球围绕太阳转吗？"[1] 这似乎是一个两可的问题。一方面斯图尔特在大学物理课上完全学懂了日心学说，并能以此来解释一些天文现象，考试时也准确地回答了相关问题，所以，他在一定层面接受"地球围绕太阳转"这个命题为真，即他似乎相信日心学说；另一方面他又虔诚地相信他父母的教导，接受地球是宇宙的中心，即他似乎不相信日心学说，而相信地心学说，相信太阳围绕地球转。

如何解答这个看似矛盾的现象？一种解答方式是承认矛盾，并指责相应的信念主体是非理性的，即斯图尔特同时相信两个矛盾的命题，因此他的思维是不合逻辑的、非理性的。非理性的人的大脑中充满着相互矛盾的命题，这是事实，在哲学上无需进一步的解释。另一种解答方式是试图合理地消解矛盾，即矛盾实际上是不存在的。对此，又有多种具体的解答方案。比如，你可以诉诸前面关于当下信念与倾性信念、显存信念与潜隐信念的区分来消除矛盾：斯图尔特在考试的时候，其当下信念是日心学说，但其倾性信念还是地心学说，或者说，

---

[1] Wesley Buckwalter, David Rose, and John Turri, "Belief through Thick and Thin", *Noûs*, Vol. 49, No. 4, 2013, p. 2.

他的显存信念是日心学说，但其潜隐信念是地心学说。

最近有年轻的哲学学者们提出了一种新的解释，即诉诸薄信念（thin belief）与厚信念（thick belief）的区分来解释这种现象。斯图尔特在薄信念的层面相信日心学说，但在厚信念的层面却相信地心学说。由于这两种信念的构成要素并不完全相同，其心灵层级也不一样，因此并不矛盾。当前有不少贪官在台上大讲反腐，台下大搞腐败，虽有种种异常复杂的信念状态，但其中有一种可能的情况是这样的，即就薄信念的层面而言，有贪官可能确实相信为官一定要清廉，曾有"大老虎"在接受媒体采访时说"我最大的缺点就是清廉"；就厚信念的层面而言，可能多数贪官都相信"反腐败是隔墙扔砖头，砸着谁，谁倒霉"①。

究竟何谓薄信念，何谓厚信念呢？

> 薄信念仅仅是认知上的赞同态度。你将命题 p 表征为真，或将 p 看作是真的，或将其当作是真的，就足以使你拥有一个薄信念 p。换一个说法，薄薄地相信 p，意味着将 p 作为信息来表征和储存，而无需其他任何东西，尤其无需你喜欢 p 为真，无需你饱含热情地赞同 p 为真，无需你明明白白地承认或断言 p 为真，无需你积极地促成"考虑到 p 的合理的行为计划"。②

也就是说，薄信念只是单纯认知层面的事情，即光秃秃的认知态度，无需其他任何表示支持或赞同的情感、意志或行动。在前述思想实验中，斯图尔特答题的行动和其他解释行为，并不是他积极主动地支持日心学说，而是为了考试取得好成绩这一功利目的，因此他虽然做出了

---

① 贪腐1500万的甘肃省国家级贫困县宕昌县原县委书记王先民语录。
② Wesley Buckwalter, David Rose, and John Turri, "Belief through Thick and Thin", *Noûs*, Vol. 49, No. 4, 2013, p. 2.

一些跟日心学说相关的行为，但这些行为并不是因为他在一定层面接受日心学说而自发地产生的，而是为达到其他目的的工具性行为。

> 厚信念除了单纯的认知上的赞同态度而外，还要求更多的东西。……厚信念涉及情感或意愿。使单纯认知上的赞同态度变得厚实，可能有许多方式。比如，除开将p作为信息进行表征和储存而外，你可能还喜欢p为真，饱含热情地赞同p为真，明明白白地承认或断言p为真，积极地促成"考虑到p的合理的行为计划"。①

换言之，厚信念＝薄信念＋积极的情感或意愿。情感越深、越积极，意愿越强、越持久，那么信念也就越厚实。在前述思想实验中，斯图尔特可能一想到地心学说，就有一种踏实、温暖或自豪的感觉，甚至有一种很幸运的感觉。

厚信念一定蕴含着相应的薄信念，但薄信念绝不蕴含厚信念。因为厚信念必须要有一定层面的认知上的赞同态度，但薄信念却不能有厚信念所拥有的那种情感或意愿。有的哲学家将薄信念作为一切信念的典范，有的则将厚信念作为一切信念的典范。比如，休谟的信念概念，其实就是以此处的厚信念为标准。所以，他说："信念并非成立于各种观念的特殊本性或秩序，而只成立于人心构想它们时的方式和由此而生的感觉。……它可以引起较大的快乐或痛苦、愉快或悲伤。……承认信念中的感觉只是比纯想象较为浓厚、较为稳定的一种构想，而且这个构想的方式所以引起，乃是因为一种物像和呈现于记忆或想象中的东西有一种习惯性的会合。"② 休谟反复强调信念有一种生

---

① Wesley Buckwalter, David Rose, John Turri, "Belief through Thick and Thin", *Noûs*, Vol. 49, No. 4, 2013, p. 2.
② 休谟：《人类理解研究》，关文运译，商务印书馆2007年版，第47页。

动活泼、坚实牢固、稳定可靠的感觉,信念的全部本性就在于它伴有一种感觉。"所谓信念是比想象单独所构成的构想较生动,较活跃,较强烈,较坚牢,较稳定的一种物象的构想"①,"信念可以很精确地定义为:和现前一个印象关联着的或联着的一个生动的观念"②。也就是说在休谟看来信念必须包含相当程度的情感和意愿状态。但当今大多数哲学家的信念概念仅仅要求认知上的赞同态度,无需有额外的特殊"感觉"。比如,当代知识论的大家德雷茨克认为:"相信是很容易的,而知道是很难的。相信仅仅是在内在的思想语言中说某事物的一种方式,所以它很容易。"③也就是说,信念仅仅是在内在的思想语言中表征某事物。达到薄信念比较容易,但要获得厚信念却并非如此容易。当代知识论领域的另一个重要的哲学家费尔德曼认为:"相信某事物就是接受它是真的。"④此种信念观,显然是以薄信念为标准,S 相信 p,仅仅是 S 接受 p 为真,再无需其他任何要求。我们所认同的表征论的信念观,其实也是以薄信念为标准的,如果 p 对 S 而言是一个厚信念,那么以薄信念为信念的充分条件,并不会影响 p 的信念归赋问题,因为厚信念必然蕴含薄信念。另外,厚信念可以是当下的,也可以是倾性的;薄信念亦可以是当下的,还可以是倾性的。

六、基础信念与非基础信念

基础信念(basic belief)与非基础信念(nonbasic belief)的区分在知识论中有着特别重要的地位,因为基础主义的证成理论"一直是

---

① 休谟:《人类理解研究》,关文运译,商务印书馆 2007 年版,第 46 页。
② 休谟:《人性论》(上册),关文运译,商务印书馆 1997 年版,第 114 页。
③ Fred Dretske, *Perception, Knowledge, and Belief: Selected Essays*, Cambridge: Cambridge University Press, 2000, p. 64.
④ Richard Feldman, *Epistemology*, Upper Saddle River, NJ: Prentice Hall, 2003, p. 16.

哲学传统中的主流"①。传统知识论将知识看作一种合成物,即知识=信念+真理+证成(justification)②。基础或非基础可以从多个角度来理解。比如,从因果关系的角度来看,基础信念是引起其他信念的信念,它本身不由其他信念所引起,但其他信念如果离开它就无法产生;非基础信念就是由其他信念引起的信念。或许你还可以从心理的角度或时间的角度来理解基础信念与非基础信念。但我们通常所说的基础信念与非基础信念是从证成的角度来说的:

信念 B 是有证成的基础信念,当且仅当,B 是有证成的,但 B 不是基于其他任何信念而得到证成的;信念 N 是有证成的非基础信念,当且仅当,N 是基于其他信念而得到证成的。

为何传统知识论的主流都主张有基础信念呢?每一个人都可能经

---

① 彭孟尧:《知识论》,台北三民书局 2009 年版,第 125 页。

② 这种看法受到诸多挑战,最主要的挑战有两个。一是葛梯尔难题的挑战。葛梯尔于 1963 年发表了一篇不足三页纸的经典文章《有证成的真信念就是知识吗?》(Edmund L. Gettier, "Is Justified True Belief Knowledge?" *Analysis*, Vol. 23, No. 6, 1963, pp. 121-123.),该论文设计了两个思想实验,使得命题 p 满足相信、真理、证成三个条件,但哲学家们的直觉却是相应的认知主体并不知道 p,因此传统的三要素分析并没有给出知识的充分条件,但葛梯尔的论文并没有否认传统的三要素是知识的必要条件,因此人们产生了一个非常自然的思路:要成为知识,还需要满足什么样的条件呢,这个条件可以形式化地命名为"葛梯尔条件",据此,知识=信念+真理+证成+葛梯尔条件。但这葛梯尔条件的具体内容究竟是什么呢?对这个问题的探究又衍生出诸多具体的理论,在此我们不予讨论。二是威廉姆森的"知识优先"论带来的挑战。威廉姆森在其《知识及其限度》一书中提出了一个非常重要的观点,即知识优先(knowledge first)。知道、知识是比相信、信念更加根本的概念,知道是一种事实性的心灵状态,它比相信这种心灵状态更加根本,应该用知道、知识去解释相信、信念或断定等,而不是相反。关于知识的主流分析都接受了一种错误的预设,即信念优先,以信念加上其他要件来解释知识。(参见蒂摩西·威廉姆森:《知识及其限度》,刘占峰、陈丽译,人民出版社 2013 年版)传统的知识分析可能还会遭受其他一些挑战,比如反蕴含论题的挑战、反证成要素挑战。关于知识的主流分析都假定了如下的论题:知识蕴含着信念,或者知道蕴含着相信。反蕴含论题是说,知识无需蕴含信念,或者知道无需蕴含相信。主流的知识论将大量的精力集中于讨论证成,讨论信念的证成似乎是知识论研究中最重要、最核心的问题;反证成要素挑战是说,证成不应是知识论研究的核心主题,知识并不蕴含着证成这个要素,你可以知道 p,但你无需证成它。

验到的事实是，有些信念可以为另外一些信念提供理由和支撑。比如（a）所有人都必有一死；（b）苏格拉底是人；因此（c）苏格拉底必有一死。如果主体 S 相信命题 a 和 b，他就会基于 a 和 b 而相信命题 c。a 和 b 的合取与 c 之间构成一个证成关系，a 和 b 的合取是证成项，c 是被证成项。被证成项又可能成为新的证成项，用以证成其他被证成项。这种证成项与被证成项之间的证成关系所形成的序列，我们可以称之为"证成链"。关于证成链有以下四种可能：（1）证成链无限长，任何一步都有一个在先的理由，即证成项；（2）证成链构成一个首尾相接的圆圈；（3）证成链可以一直追溯到没有任何证成的信念；（4）每一条证成链都可以追溯到一个起点，作为起点的证成项没有其他任何信念来证成它，即存在有证成的基础信念。这四种可能性的前三种似乎都难以让人接受。证成链不可以无限长，如果证成链无限长，那么证成关系就会面临无限后退的可能，因而实际上也就没有任何信念可得到证成。证成链也不可以构成一个圆圈，因为这会导致循环论证。证成链更不可以追溯到没有证成的信念，因为这等于被证成项实际上没有得到证成。因此，剩下的唯一选择就是，存在无需其他信念来加以证成的基础信念。

倘若承认有无需其他信念来加以证成的基础信念，那么基础信念应该具有什么样的特征呢？不同的基础主义有着不同的基础信念承诺。在此，我们只简要说明一下笛卡尔式古典基础主义和当代温和基础主义的基础信念概念。基础主义都需要回答三个问题：

（1）范围问题：哪些信念是有证成的基础信念？

（2）证成问题：基础信念不是由其他信念来证成的，那它又是如何得到证成的呢？

（3）联系问题：非基础信念为了得到证成，它必须与基础信念之间有着什么样的联系？①

先看笛卡尔式古典基础主义是如何回答这三个问题的。就范围问题而言，笛卡尔式基础主义认为，有证成的基础信念有两大类：一是关于自身心灵状态的信念，如 S 相信他现在正有看到了一棵树的感觉；二是关于基本逻辑真理的信念，如 S 相信 A=A。就基础信念自身的证成而言，笛卡尔式基础主义认为，基础信念因其不可错性而得到证成，因为传统哲学家多认为我们关于自身的内在状态是不可能搞错的②，比如我现在感到头痛，感到头痛就一定是真有这个感觉，不可能有错。就非基础信念与基础信念的关系而言，笛卡尔式基础主义认为，基础信念之外的其他信念是从有证成的基础信念演绎而出的，并因这种演绎关系而得到证成。③ 笛卡尔式基础主义对这些问题的回答，亦面临着诸多反驳：一是以关于内在心灵状态的信念来证成关于外部世界的信念，这种情况是十分稀少的，相对于我们关于外部世界的信念而言，我们关于自身内在心灵状态的信念亦是很稀少的，换一句话说，由于基础信念是非常稀少的，我们无法以此来证成十分丰富的关于外部世界的信念④；二是关于自身内在心灵状态不可错的反驳，其实我们完全可能搞错自身的心灵状态⑤；三是对演绎关系的反驳，将基础信念与非基础信念之间的关系限制在演绎关系上，这实在过于苛刻，而且导致我们几乎没有任何关于外部世界的信念能够以此方式获得证成，这必

---

① Richard Feldman, *Epistemology*, Upper Saddle River, NJ: Prentice Hall, 2003, p. 52.
② 当然今天有许多研究认为我们自身的心灵状态对我们并不是透明的，完全有可能搞错，至少我们对自己的某些心灵状态很有可能搞错。
③ Richard Feldman, *Epistemology*, Upper Saddle River, NJ: Prentice Hall, 2003, p. 55.
④ Richard Feldman, *Epistemology*, Upper Saddle River, NJ: Prentice Hall, 2003, pp. 57-59.
⑤ 相关的例子，参见 Louis Pojman, *What Can We Know? An Introduction to the Theory of Knowledge*, California: Wadsworth Publishing Company, 1995, pp. 92-93; Richard Feldman, *Epistemology*, Upper Saddle River, NJ: Prentice Hall, 2003, pp. 55-56.

然导致怀疑主义。因此，笛卡尔式的基础主义是不能成立的。

相比较而言，温和基础主义（modest foundationalism）对前述三个问题的回答更有前途，更切合实际。就基础信念的范围而言，温和基础主义认为，基础信念是自发形成的信念（spontaneously formed beliefs）。通常是关于外部世界的信念，包括关于被经验到的对象的信念或关于它们的感觉性质的信念，当然，关于内心状态的信念亦是有证成的基础信念。就基础信念的证成而言，温和基础主义认为，自发形成的信念，如果它是对经验的适当反应，并且相信者没有其他证据来否决它，那么它就是有证成的。就联系问题而言，如果非基础信念能从基础信念得到较强归纳推理的支撑，包括枚举归纳和最佳解释推理，那么它就是有证成的。① 当然，温和基础主义也会受到一些挑战，最著名的当数邦久尔的认知提升论证（epistemic ascent argument）②：

（1）信念 B 具有特征 φ。
（2）具有特征 φ 的信念即可能为真。
（3）因此，信念 B 极有可能为真。
（4）因此，信念 B 在知识论上是有证成的。
（5）因此，信念 B 不是基础信念。③

在此，B 代表基础信念，φ 表示基础信念具有而任何非基础信念都不具有的特征。就笛卡尔式的基础主义而言，特征 φ 是不可错性；就温和基础主义而言，特征 φ 代表自发形成、对经验的适当反应和没

---

① Richard Feldman, *Epistemology*, Upper Saddle River, NJ: Prentice Hall, 2003, p. 75.
② Louis Pojman, *What Can We Know? An Introduction to the Theory of Knowledge*, California: Wadsworth Publishing Company, 1995, pp. 96-98. 也有哲学家称其为"示真特征论证"（truth indicative argument）。（见 Richard Feldman, *Epistemology*, Upper Saddle River, NJ: Prentice Hall, 2003, p. 76）
③ Laurence Bonjour, *The Structure of Empirical Knowledge*, Cambridge: Harvard University Press, 1985, pp. 30-31.

有否决理由。这个论证力图表明任何基础信念都至少依赖于另外一个经验前提，即前提（2），因此，任何一个基础信念的证成，实际上都依赖于前述认知提升论证，实际上任何形式的基础信念都不存在，因为基础信念是不依赖于其他任何信念而有证成的信念。显然，如果这个论证能够成立，那么所有形式的基础主义都是错误的，因为根本就不存在不依赖于其他任何信念的基础信念。

我们该如何看待这个论证呢？认知提升论证是一个相当聪明的论证，但这个论证不能用来反驳基础主义，尤其不能用来反驳温和基础主义。因为上述论证，一是忽略了一阶信念与二阶信念的区分；二是误解了证成的形式；三是误解了温和基础主义所主张的基础信念。为何这样说呢？因为信念 B，比如"我感觉比较暖和"，这是一个关于心灵状态的信念，即暖和的感觉，无论是笛卡尔式基础主义，还是温和基础主义，都认为这是一个基础信念，但这是一个一阶信念。当你问我为什么相信这个信念为真的时候，我可能会诉诸邦久尔式的认知提升论证，但这是在形成关于信念 B 的信念，即二阶信念，二阶信念当然不是基础信念，它至少要依赖于一阶信念而获得证成。认知提升论证还误以为所有证成都是论证式的证成（argumentative justification），这不可能是真的，否则小孩在学会论证之前，没有任何有证成的信念，然而，小孩在学会论证之前，其通常情况下的知觉信念都是证成的。温和基础主义的基础信念不是由任何论证来证成的，也不是由任何信念来证成的，直接的知觉经验本身是证成项，只要相应的信念是对知觉经验本身的适当反应，且没有否决性的理由，它就是有证成的基础信念。认知提升论证是系统性反思的结果，它绝不是基础信念事实上获得证成的必经步骤。因此，我们赞同温和基础主义对基础信念与非基础信念的划分。

第三章 信念的目标

信念的本质和种类与信念伦理相关,但它们并不直接决定信念伦理,因为两个人可持有相同的本质论和种类说,但在信念伦理上却可能持有非常不同的观点。信念的目标(aim/ goal /purpose)[①]与信念伦理直接相关,因为不同的两个人持有相同的信念目标,就会大致持有相同类型的信念伦理。在此,我们想回答三个相互关联的问题:(1)有无问题:信念是否有目标?(2)辨认问题:信念的目标究竟是什么?(3)评价问题:特定的目标认定有何优缺点?但严格说来,信念目标的有无问题不能跟辨认问题分开来解答,倘若你对有无问题的答案是信念确有其目标,但你对辨认问题的答案却是不知道其具体目标是什么,那你对有无问题的解答就是让人难以置信的;如果你根本没有直接解答有无问题,但却有理有据地说出了信念的具体目标,那么你也就相应地回答了有无问题。尽管如此,我们还是粗略地先回答有无问题,然后将辨认问题和评价问题合并在一起回答。

[①] "aim"既可以理解为"目标",亦可理解为"目的",前者偏重于外在对象,后者偏重于内在意向。"aim of belief",究竟应该翻译为"信念目标",还是"信念目的"?笔者一开始将其理解为"信念目标",后来又全部改为"信念目的",再又全部改为"信念目标",如此反复了好几次,搞得比较沮丧,因为有些哲学家确实将"aim"理解为"purpose"(目的),而有的又不是。最后还是觉得"目标"略微妥当一些。

一、信念目标的有无问题

人的有意识的行为是有目标的,但人的无意识的行为也可以是有目标的,只不过其目标本身也是无意识的,因而可以笼统地说,人的行为都是有目标的。日常生活中我们常问,人们做什么事情的目标是什么,他如此这般地说的目的是什么? 说是做的一种形式,说属于行为,因而有"言语行为理论"(theory of speech acts)[①]。我们还可以问:张三如此这般想的目标是什么? 这个提问是有意义的,而这个问题的合理性提示出了这样的事实:不但行为有目标,有些心灵状态也是有目标的。思考问题是有目标的,因此思考是有目标的,否则就不用思考了;猜测也是有目标的,否则就无需进行猜测;设想某种情形或状态的出现亦可以是有目标的,比如我们可以说,"你设想一下如果没带雨伞那会怎么样?"这样设想的目标是想证明带雨伞的重要性,因此设想是有目标的。但知觉是否有目标呢? 这似乎有争议。视觉、听觉、嗅觉、触觉等等可以有主动和被动之分,主动的知觉状态肯定是有目标的,我们可以为了形成关于知觉对象的准确判断而去看、听、嗅或触,但被动形成的知觉状态是否也有目标呢? 比如夜深人静的时候,被隔壁的吵闹声惊醒了,这并不是我主动搜索各种声音的结果。我想要休息,不想听到吵闹声,但我不能不听到,因为声音太大了,这种听觉状态的形成显然是被动的,没有一个先在的有意识的目标,但是这似乎有生物学上的目标性,因为被动的知觉可以使得我对周围环境的变化保持一定程度的警惕,因而可以增加生存的几率。倘若只

[①] 对于言语行为的研究,可参阅 John R. Searle, *Speech Acts: An Essay in the Philosophy of Language*, Cambridge: Cambridge University Press, 1969; John R. Searle, *Expression and Meaning: Studies in the Theory of Speech Acts*, Cambridge University Press, 1979。

要我不想要某种知觉状态出现,它就不会出现,无论外部环境发生了多么剧烈的变化,那么我们应对外部环境变化的能力就可能极大地削弱,人类保持健康生存的几率就会大大降低。因此可以笼统地说,被动形成的知觉状态亦是有目标的,其目标在于使得我们对周围环境的变化具有一定程度的敏感性,即在一定程度上自动地而非自觉地追踪周围环境的变化,从而提高存活的几率,但这个意义上的目标无需是行为者内在意识状态中的真实存在的目标,更无需是行为者觉察到的有意识的目标。

因此,目标可以有三个不同的层次:一是有意识的目标,行为者明确地意识到自己要做什么、想什么的目标,在进行相应的行为或思考之前,此目标就已表征在头脑之中,在行为或思考的过程中亦可以继续表征在头脑中,也可以退隐在后面。二是潜意识的目标,行为者头脑中实际上储存着一定的目标,而且这目标也实际地起着一定的原因性作用,行为者当下并没有意识到,但行为者通过反思有可能意识到该目标,如果行为者不可能借助反思而意识到该目标,那么它就不应该算作是潜意识的目标。潜意识一定是有可能进入意识的东西,二者之间存在着相互连接的通道。三是无意识的目标,又可称之为功能目标,它既不在当下的意识中,亦不在潜意识中,而是系统的功能所指向的目标。比如生物进化论上的目标就是如此,无论是有意识的层面还是潜意识的层面,此种目标都不会出现在行为者的头脑之中,亦可不储存在行为者的头脑之中,比如我们可以说心脏的目标是供血,但无论是心脏本身还是整个人都没有这样一个"给身体供血"的目标,但在科学解释上,心脏有此目标却是一种功能性的事实。

倘若目标确实有这三个层次,即有意识的、潜意识的和无意识的目标,那么信念是否有目标?如果有的话,它的目标又是哪个层面的?对于这个问题,多数哲学家认为信念自身是有目标的,真理、知识、证成

（justification）、德性（virtue）、理解（understanding）、生存和快乐等[①]，都是可能的选项。非常粗略地说，它们都有可能在三个层面的某个或多个层面成为信念的目标。你否定了其中某个选项，并不等于信念就没有目标，即便你否定了所有的选项，也不等于你完全证明了信念没有任何目标，因为有可能信念确实有目标，只不过不是这些选项中的任何一项而已，除非你能够提供一个一般的论证，其结论是信念不能有真正意义上的目标，否则，我们假定信念就像行为或猜测、设想等心灵状态一样是有目标的，这具有初步的合理性。"你无需有意识地追求信念的目标，这并不会使得信念缺乏目标。"[②] 承认信念有目标，并不意味着每一个人的每一个信念都有意识地带有那个目标。

现在的问题是，有没有反对信念有任何目标的一般性论证呢？确实有，其中最著名的论证是由欧文斯提出来的。[③] 欧文斯说：

> 真理目的论通过将一个目的（purpose）归于每个信念主体，力图解释信念的正确性条件（correctness condition）和证据在证成信念中的功能。如果这种谈论目的的方式不仅仅是空洞的比喻，被援引的目的概念就必须能在认知规范之外起到解释作用。并且真理目的论者想要使用的目的概念确实是我们日常所用的目的概念。于是，这种目的会以一些我们熟知的方式跟其他目的相互作用，因此，如果某主体带着仅当其为真才形成相应信念的目的，且确实形成了一个信念，那么他对这目的的追求应当以（类似）通常的方式受到他的其他目的和目标的制约。这正是在猜测活动

[①] Chignell, Andrew, "The Ethics of Belief", *The Stanford Encyclopedia of Philosophy*, Winter 2016 Edition, ed. by Edward N. Zalta, URL = <https://plato.stanford.edu/archives/win2016/entries/ethics-belief/>.

[②] Conor McHugh, "Belief and aims", *Philosophical Studies*, Vol. 160, No. 3, 2012, p. 428.

[③] David John Owens, "Does Belief Have an Aim?", *Philosophical Studies*, Vol. 115, No. 3, 2003, pp. 283-305. 欧文斯（David John Owens）现任伦敦国王学院（King's College London）哲学教授。

中所发生的情形，也是我们完全有理由将猜测当作是有目的的活动的原因。但是，被当作所有信念主体所共有的"目的"，我们却不能成功地将其当作是可以以我们所熟知的方式跟信念主体的其他目的相互作用的东西。这样，信念主体有着同样的一个目的的观念，还会剩下什么呢？真理目的论者不能仅仅通过解释相信（believing）和猜测（guessing）的区别来躲避这个问题，因为这些区别暗示的是我们的目的概念根本就不能适用于信念。[①]

在此，我们引用了欧文斯的这一大段论述，其表面的攻击对象是真理目标论（truth-aim theory），即信念以真理为其目标的理论[②]，该论证中很多细节问题我们并不打算进行分析，我们只是勾勒出欧文斯的论证思路可发展出的一个一般的论证结构，对此我们可称之为目标权衡论证：

（1）任何真正的目标都应当能够通过主体的权衡而跟其他目标相互影响、相互制约。（目标特征）

（2）如果信念真的有目标，而非仅仅是比喻意义上的目标，那么其目标应当可以通过权衡而跟信念主体的其他目标相互影响、相互制约。（符合推定，即信念目标应符合目标的一般特征）

（3）信念的目标不能通过权衡而跟信念主体的其他目标相互影响、相互制约。（排他性特征）

（4）因此，信念没有目标，或者说目标概念不适用于信念。（结论）

[①] David John Owens, "Does Belief Have an Aim?", *Philosophical Studies*, Vol. 115, No. 3, 2003, pp. 295-296.

[②] 这只是对"真理目标论"的一个极其粗略的界定，后文会有较为详细的介绍。

在此，我们所重构的欧文斯的论证思路，仅就逻辑的层面而言，它毫无疑问是正确的。但问题在于前提（1）和（3）是否正确，因为（2）不外是（1）的一个简单推论，即将（1）运用于信念而得到的一个推论，（4）是基于（2）和（3）运用命题逻辑的否定后件式而得出的逻辑结论。因此，信念是否有目标的问题，就转变成了目标的特征问题和信念目标是否具有排他性的问题了。如果欧文斯对目标的必要特征的辨认是正确的，他对信念目标的排他性的认定也是正确的，那么信念就没有真正意义上的目标，至多是比喻意义上的目标。

日常意义上的真正的目标确实可以相互影响、相互制约、相互平衡和协调，如果不满足这个条件，确实就不是日常意义上的真正的目标。比如你有今天去中央公园享受阳光的目标，你还有今天要整天待在家里完成学术研究任务的目标。这两个目标相互影响、相互制约而产生的结果至少有两种：折中或放弃一方。比如上午在家里完成一定量的学术研究任务，下午去中央公园享受阳光，这就是一种在两个目标之间进行权衡而采取的折中方案；放弃在家从事研究工作的目标，只满足去公园享受阳光的目标，这是放弃一方而满足另一方的方案。除开折中、放弃外，目标相互影响，可能还有其他一些方式[①]。由此可见，不同的目标会相互影响，这确实是目标的一个突出特征。但它是否是目标的必备特征呢？虽然我们没有确凿的证据来证实或证伪这一点，但日常意义上的目标确实是可以相互影响的，这是每个具有反思能力的人的日常经验。因此，我们至少可以初步认定欧文斯所辨认出的目标特征确为目标的一个必备特征。

现在的问题在于信念如果有目标的话，其目标是否可以跟信念主体的其他目标相互影响呢？即欧文斯所确认的信念目标排他性论题能

[①] 如果两个目标之间并不冲突，我们有可能考虑同时满足它们；如果相互冲突，有可能先满足其中的一个，然后考虑满足另外一个，等等。

否成立呢？信念目标的排他性论题是说，信念只考虑目标信念是否为真，不考虑其他任何因素，比如利益、情感或道德等非认知因素。对此，哲学家们有着非常不同的见解：有人认为信念目标与其他目标确实能相互影响[1]，也有人认为信念目标的排他性特征其实是一种幻觉[2]。至此，我们并没有彻底地证实信念确实有其独特的目标，但我们的确有初步的理由认为信念很可能有目标，倘若我们能具体地给出信念的目标，那么信念目标的有无问题就算得到了比较满意的解答。

二、信念以真理为目标

在信念目标的多重选项中，得到最广泛赞同的是真理目标论。第一个明确提出信念以真理为目标的哲学家是英国的威廉姆斯（Bernard Williams），他在论述信念的特征时说：

> 这些特征的第一个大致可以概括为：信念以真理为目标。但我说信念以真理为目标时，我心里明确地有三件事情。第一，相对于其他一些心灵状态或倾向，真（truth）与假（falsehood）是评价信念的一个维度。……这将我们引向这个标题下的第二个特征：相信 p 就是相信 p 是真的。……与之密切相关的第三点是：说"我相信 p"，通常，这本身就带有一个主张，即 p 是真的。[3]

在此，威廉姆斯所揭示出的真理目标论有三个基本论题：（1）真

---

[1] Asbjørn Steglich-Petersen, "Weighing the Aim of Belief", *Philosophical Studies*, Vol. 145, No. 3, 2009, pp. 395-405.

[2] Conor McHugh, "Belief and Aims", *Philosophical Studies*, Vol. 160, No. 3, 2012, pp. 425-439; Conor McHugh, "The Illusion of Exclusivity", *European Journal of Philosophy*, Vol. 23, No. 4, 2013, pp. 1117-1136.

[3] Bernard Williams, *Problems of the Self*, Cambridge: Cambridge University Press, 1973, pp. 136-137.

值评价论题，真与假是评价信念的维度；（2）必然联系论题，相信 p 就是相信 p 是真的；（3）真值承诺论题，我相信 p 意味着我断言 p 是真的。

我们该如何看待威廉姆斯的界定呢？首先，相对于其他诸多心灵状态而言，可进行真值评价确实是信念的一个突出特征。S 相信 p，S 本人可以问：信念 p 是否为真？其他任何人亦可以问：S 的信念 p 是否为真？但欲求、希望等心灵状态似乎不能进行同样的真值评价。S 欲求 p，S 希望 p，我们似乎不大好问相应的命题内容是否为真。因为欲求、希望等的评价维度是能否得到满足、能否实现，而非是否为真。换句话说，信念要求的是真值条件，而欲求、希望等其他命题态度要求的是满足条件或实现条件。其次，信念与真理确实有必然的内在联系，"S 相信 p"蕴含着"S 相信 p 为真"。如果 S 意识到 p 为假，那么他就不会相信 p。正是有这个特征，许多信念的维持或放弃才能得到合理解释：S 继续相信 p，是因为他继续认为 p 是真的；S 不再相信 p，是因为 S 不再相信 p 为真。最后，第一人称的信念宣称，如果不是欺骗性的谎言，那么"我相信 p"确实意味着我承诺"p 是真的"。说"我相信 p，但 p 是假的"，"我相信现在在下雨，但现在并没下雨"，这是很奇怪的说法，显得有些自相矛盾，此为著名的摩尔悖论（Moore's paradox）[①]，但这并不是形式逻辑上的矛盾。对于第三人称的信念描述却不存在类似的矛盾，"张三相信诸葛亮曾以草船借箭，但诸葛亮以草船借箭是虚构的故事"，这却没有任何矛盾。

威廉姆斯之后，很多哲学家使用了"信念以真理为目标"的表

[①] G. E. Moore, "A Reply to My Critics", in *The Philosophy of G. E. Moore*, ed. by P. Schilpp, La Salle, Ill.: Open Court, 1942, pp. 535-677; G. E. Moore, "Moore's Paradox", in *G. E. Moore: Selected Writings*, ed. by Thomas Baldwin, New York: Routledge, 1993, pp. 207-212. 关于摩尔悖论还可参见维特根斯坦：《哲学研究》，陈嘉映译，上海人民出版社 2001 年版，第 294—299 页。

述[①]，但他们并不像威廉姆斯那样用这个表述来囊括一组特征，而是以其指称信念的一个显著特征，即真理指向性（truth-directedness）[②]。威勒曼和威廉姆斯，都认为真理是构成性的目标，是信念之为信念必不可少的东西。真理指向的特征是"揭示信念之本质的东西，是将信念与其他命题态度区别开来的东西"[③]。为了解释"真理指向性"，威勒曼从澄清"它不是什么"开始，然后指出"它是什么"。首先，相信 p 蕴含相信 p 为真，这不是信念以真理为目标的真实意思。对此，威勒曼承认，相信 p 确实蕴含着相信 p 为真，但这并没有如人们所设想的那样将信念与其他命题态度区别开来。因为，"祝愿蕴含着祝愿什么为真，希望蕴含着希望什么为真，欲求蕴含着欲求什么为真，如此等等"[④]。其次，相信 p 蕴含着相信"p 是真的"，这也不是信念以真理为目标要表达的真实意思。因为，相信 p 并不蕴含相信"p 是真的"，相信 p，涉及的是信念主体对命题 p 的态度，而相信"p 是真的"，涉及的是信念主体对"p 是真的"所持有的态度，这是两个不同的命题态度，需要有不同的心灵表征。如果所有"相信 p"都蕴含着"相信'p 是真的'"，这会导致无限倒退的困境——你要相信"p 是真的"，这又得相信"'p 是真的'是真的"。[⑤] 最后，相信 p 蕴含着认为 p 为真（regarding-as-true）[⑥]，这仍然不是信念以真理为目标所要表达的意思。的确，"相信一个命题为真，蕴含着将其认作是真的，认作已然是一个

[①] 对此，可参阅 David Velleman, "On the Aim of Belief", in *The Possibility of Practical Reason*, ed. by David Velleman, Oxford: Oxford University Press, 2000, pp. 244-281; Ralph Wedgwood, "The Aim of Belief", *Philosophical Perspectives*, Vol. 36, No. 16, 2002, pp. 267-297; Pamela Hieronymi, "Controlling Attitudes", *Pacific Philosophical Quarterly*, Vol. 87, No. 1, 2006, pp. 45-74; Asbjørn Steglich-Petersen, "Weighing the Aim of Belief", *Philosophical Studies*, Vol. 145, No. 3, 2009, pp. 395-405。

[②] David Velleman, *The Possibility of Practical Reason*, Oxford: Oxford University Press, 2000, p. 244.

[③] David Velleman, *The Possibility of Practical Reason*, Oxford: Oxford University Press, 2000, p. 247.

[④] David Velleman, *The Possibility of Practical Reason*, Oxford: Oxford University Press, 2000, p. 247.

[⑤] David Velleman, *The Possibility of Practical Reason*, Oxford: Oxford University Press, 2000, p. 249.

[⑥] David Velleman, *The Possibility of Practical Reason*, Oxford: Oxford University Press, 2000, p. 248.

真理性的存在，然而欲求一个命题为真，蕴涵着将其当作是要使其为真的东西，当作一个将成的真理（as a truth-to-be）"①。即便如此可以将信念与意愿态度区别开来，但它仍无法将信念跟其他认知态度区别开来。比如，假定（supposing）或想象（imagining）。"想象 p，就是将 p 认作是对事物如何样的描述，而将 p 当作是对事物如何样的规定。因此，想象是将一个命题认作为真的一种方式。"② 这三个否定性的界定都在说一件事情，即它们都未能成功地刻画出信念的独特个性，或者说，未能实现信念这种心灵状态的个性化，即这三种界定方式都不足以将信念与其他所有心灵状态区别开来。

在此基础上，威勒曼提出了肯定性的界定，即信念是真理指向的接受。"相信涉及认为一个命题为真，其目标是，仅当这命题确实为真才将其认作为真。因此，相信一个命题，就是接受一个命题，其目的是接受一项真理。"③ 想象也涉及将一个命题认作为真，但这跟这个命题本身是否为真不相干，仅仅是将其当作为真，并不想正确地知道其真假。假定（supposing）也涉及将相关的命题当作是真的，但这不是因为这命题本身确实为真，因而将其当作真的来接受，而是为了论证或推理的需要而接受其为真，这跟信念是很不一样的。"将相信一个命题与想象或假定一个命题区别开来的是更窄更直接的目标，即仅当特定命题确实为真，而将其认作为真，从而正确地得到特定命题的真值。"④ 在威勒曼的理解中，"认为命题 p 为真"就等于说"接受命题 p"，相信、假定、想象等都是接受的表现形式，但只有相信这种接受才是指向特定命题自身真理性的接受。

---

① David Velleman, *The Possibility of Practical Reason*, Oxford: Oxford University Press, 2000, pp. 248-249.
② David Velleman, *The Possibility of Practical Reason*, Oxford: Oxford University Press, 2000, p. 250.
③ David Velleman, *The Possibility of Practical Reason*, Oxford: Oxford University Press, 2000, p. 251.
④ David Velleman, *The Possibility of Practical Reason*, Oxford: Oxford University Press, 2000, p. 252.

信念作为真理指向的接受，或者说，信念以真理为目标，可以落实到两个层面：一是落实到个体的层面（personal level）；二是落实到个体以下的层面（sub-personal level）。信念主体 S 意图"接受 p，仅当 p 为真"，无论事实上 S 接受 p 是否受到了该意图的控制，此即信念以真理为目标在个体层面的实现。"一个人有意地以真理为信念的目标而在判断中形成信念。他怀有'p 或非 p'这样的问题，想要接受其为真的那个选言支；为此，他接受证据或论证所指示的这个或那个命题；只要没有证据或论证质疑其真理性，他就继续接受那命题。"① 信念主体的一部分，如认知系统，而非整个人，被安排成保证"S 接受 p，仅当 p 为真"，无论 S 接受 p 事实上是否受到该认知系统的控制，此即信念以真理为目标在个体以下层面的实现。"设想个人的一部分，即认知系统，它以保证其为真的方式控制他的某些认知，即使得他的一些认知在回应证据或论证的过程中得以形成、修正或消除。为着真理目标而控制这些认知，可能是自然选择设计出的系统功能，或者是因教育和训练而获得的系统功能，或者是这两种情形的结合。无论如何，执行这种功能的系统都或多或少是自动的，而不依赖于主体的意图来启动或引导。"② 威勒曼之所以要区分这两个层面，意在说明，我们绝大多数信念的形成是自动自发的，而非有目标有意识地追求的结果，当然他亦不排除某些信念的形成确实带有有意追求的意图。如果信念目标是在个体层次以下的认知系统内落实的，那么我们是否真的能形成相信什么命题的意图，这是一个问题。

三、信念目标的解释功能

　　信念以真理为目标。此观念之所以引起哲学家们的广泛关注和讨

---

① David Velleman, *The Possibility of Practical Reason*, Oxford: Oxford University Press, 2000, p. 252.
② David Velleman, *The Possibility of Practical Reason*, Oxford: Oxford University Press, 2000, p. 253.

论，除开将目标理解为信念的构成性特征和个性化特征（即信念区别于其他心灵状态的根本特征）而外，哲学家们还赋予了真理目标论非常多的解释功能。

1. 解释随意相信的困难。每个人都不能或难以想相信什么就相信什么，即不可能或难以随意相信。假如你对美国现任总统拜登非常了解，现在有人给你一百万美元，让你真心相信拜登是个女人，你很想得到这一百万美元，但你能直接相信他就是个女人吗？答案是，不能。或许你钱迷心窍，可以通过一些迂回曲折的方式使得自己最终相信拜登是个女人，但这能否算作是随意相信（believing at will）呢？可能不算。因为你操纵的是证据或理由，而不是直接在随意操纵相信本身。就相信本身而言，我们是不能随意操纵的，我们办不到。威廉姆斯曾将相信与脸红作比较。为了脸红，你可能采取如下的策略：一是你可以让自己处于你预想到自己很可能会脸红的实际场合；二是通过想象尴尬的场景来让自己脸红；三是通过憋气使自己脸红。但这都不是在随意脸红，而是在随意行动（让自己处于可能会脸红的场合）、随意设想或随意憋气。不能随意脸红仅仅是一个偶然的事实（contingent fact），而不能随意相信却跟它非常不一样。因为它不是偶然的能力限制问题，而是有着逻辑上的必然理由，即它"跟信念以真理为目标联系在一起。如果我能随意获得信念，那么无论其真假，我都能相信它；而且，我知道无论其真假我都能相信它"[①]。也就是说，一方面真理是信念的构成性目标，即我在形成信念时有意识地或无意识地带有目标"S 相信 p，仅当 p 为真"；另一方面，随意相信却意味着可以"我知道 p 为假，但我相信 p"。这二者存在一定的矛盾。因此，如果真理目标论是正确的，那么不能或难以随意

[①] Bernard Williams, *Problems of the Self*, Cambridge: Cambridge University Press, 1973, p. 148.

相信，这个经验事实就能得到合理的解释①。

2. 解释信念的正确标准。S 相信 p，这是正确的，仅当 p 为真；S 相信 p，这是错误的，仅当 p 为假；S 悬置 p，这是正确的，仅当证据 e 不足以支撑 p 为真或 p 为假。这通常被看作是关于信念真假对错的标准。评价的标准就是信念的真值，S 相信 p，但 p 实际上是错的，这是 S 的信念 p 的一个缺陷。但是并非只有信念这种心灵状态才能接受真假评价，猜测、假设等认知状态也可以受到真假方面的评价。S 假设 p，S 猜测 p，但 p 是错的，这同样是 S 的假设或猜测的一个缺陷。虽然如此，但是，如果信念确实是以真理为目标，那么信念应以相应命题内容的真理性为标准来进行真假评价，这就会显得顺理成章。也就是说，真理目标论对信念的正确标准具有较强的解释力。当信念的目标实现了，那么它就是真的，当信念的目标未能实现，那么它就为假。因此，"很多哲学家认为信念受正确性标准的约束，即相信 p 是正确的，仅当 p 为真"②。虽然信念以真理为目标能够解释信念正确与否的标准问题，但这种解释是否必要仍有争论的余地，反对者可能会说，信念正确与否以其命题内容的真理性为标准，这本身就是无需解释的原初事实，设定一个信念的目标来解释信念的正确性标准，这显得有些多此一举。但是，即便信念的正确性标准无需设定一个目标来进行解释，并不等于信念以真理为目标的观念对其他现象的解释亦是多余的，更不等于信念的目标没有任何解释力。

---

① 当然，人们也可能提出质疑说，关于信念的真理目标论，并不能解释"我们不能随意形成信念"的事实，见 David John Owens, "Does Belief Have an Aim?" *Philosophical Studies*, Vol. 115, No. 3, 2003, pp. 283-305. 但我们认为，倘若信念以真理为目标，那么不能随意相信确实能得到理性上的解释，因为随意相信跟信念的内在目标相冲突，所以人们不能随意相信，这既是经验事实，亦是逻辑要求。

② Asbjørn Steglich-Petersen, "Weighing the Aim of Belief", *Philosophical Studies*, Vol. 145, No. 3, 2009, p. 395.

3. 解释摩尔悖论中的荒谬性。摩尔曾多次说到如下陈述的荒谬性："我相信他已出去，但他并没出去"①；"我不相信正在下雨，尽管事实上正在下雨"②。但摩尔同时观察到，如果将同样形式的语句用于过去时或用于第三人称却不会产生悖论，比如："那时我并不相信在下雨，尽管事实上正在下雨"，或者"摩尔不相信正在下雨，尽管事实上正在下雨"③。摩尔悖论实际上有两种形式："p，但我不相信p"，或者"p，但我相信非p"④。它们可分别用符号表示为：p ∧ ¬IBp；p ∧ IB¬p。⑤ 摩尔悖论并不是像 p ∧ ¬p（如：正在下雨，但又没下雨）这样的逻辑矛

---

① G. E. Moore, "Russell's Theory of Descriptions", in *The Philosophy of Bertrand Russell*, ed. by P. A. Schlipp, Evanston, IL: Northwestern University Press, 1944, p. 204. 在此之前他曾论述过同样形式的悖论性语句："上周二我去看了画展，但我不相信我去了。"（G. E. Moore, "A Reply to My Critics", in *The Philosophy of G. E. Moore*, ed. by P. Schlipp, La Salle, Ill.: Open Court, 1942, p. 543）

② G. E. Moore, "Moore's Paradox", in *G. E. Moore: Selected Writings*, ed. by Thomas Baldwin, New York: Routledge, 1993, p. 207.

③ G. E. Moore, "Moore's Paradox", in *G. E. Moore: Selected Writings*, ed. by Thomas Baldwin, New York: Routledge, 1993, pp. 208-209. 早在1903年出版的《伦理学原理》中，摩尔就已经注意到了后来在20世纪40年代被正式称作摩尔悖论的现象，在书中，他写道："人们常常指出，我不能在任何假定时刻将真实的东西和我认为如此的东西加以区别，这是真实的。但是，尽管我不能将真实的东西和我认为如此的东西加以区别，我却总是能够区别我说'一事物是真实的'一语的意思与我说'我认为如此'一语的意思。因为'我认为真实的东西仍可能是虚假的'这一想法究竟是什么意思，我是懂得的。"（G. E. Moore, *Principia Ethica*, Cambridge: Cambridge University Press, 1903, p. 132. 参见乔治·爱德华·摩尔：《伦理学原理》，长河译，上海世纪出版集团2003年版，第170页，译文略有改动。）摩尔悖论在此论述了"真实的东西"（what is true）与"我认为如此的东西"（what I think so）之间的关系，同时断言二者就有可能产生悖论，后来的摩尔悖论只是这一区分的一个特例。20世纪40年代也不只是摩尔注意到了这种悖论，比如同属剑桥道德科学俱乐部（Moral Science Club in Cambridge）的另一个成员 J. L. 奥斯汀在1940年提交给该俱乐部的论文中就非常明确地写道："'猫在席子上，但我不相信它在席子上'，这显得很荒谬。另一方面，'猫在席子上，而且我相信它在席子上'，这显得没什么意义。……'p，而且我相信p'显得没有意义，而'p，但我不相信p'显得不合理，第三个句子'p，但我过去可能没有相信p'，这显得相当合理。"（J. L. Austin, *Philosophical Papers*, 2nd edition, Oxford: The Clarendon Press, 1970, pp. 63-64）人们之所以接受以摩尔的名字来命名这种现象，这很可能跟维特根斯坦的推荐有关（参见维特根斯坦：《哲学研究》，陈嘉映译，上海人民出版社2001年版，第294—299页）。

④ 有哲学家认为摩尔悖论是两个而非一个，因为这两种形式是相互独立的，见 John N. Williams, "Moore's Paradox: One or two?" *Analysis*, Vol. 39, No. 3, 1979, pp. 141-142. 关于摩尔悖论的详细讨论，可参见 Mitchell Green and John N. Williams (eds.), *Moore's Paradox: New Essays on Belief, Rationality, and the First Person*, Oxford: Oxford University Press, 2007。

⑤ "I"代表"我"，"B"代表"相信"。

盾，而是一些显得很奇怪、很不适当、很荒谬的语句。解释其荒谬性的路径可能有很多①，其中，从"信念以真理为目标"这一路径来解释摩尔悖论的哲学家亦不少②。摩尔悖论有如下的结构：

（1）p 是关于客观事实的描述。

（2）不相信 p，或相信非 p，是关于心灵表征的描述。

（3）心灵表征跟客观事实不是一回事。

（4）因此，断言 p 跟不相信 p 或相信非 p 并不构成逻辑上的矛盾，即从逻辑上讲，"我相信 p"并不蕴含着"p 是事实"，否则我就不可能有错误的信念，然而我们有些信念很可能是错误的，这是大家公认的事实；"p 是事实"也不蕴含着"我一定相信它"，否则我在信念问题上就像上帝一样，凡是真实的皆会相信。用符号来表示：IBp → p，这是错误的；p → IBp，亦是错误的。因此，摩尔悖论语句并不是逻辑上的自相矛盾。③

（5）摩尔悖论却显得很荒谬。

因此，哲学家们需要解释摩尔悖论中的荒谬性究竟来自何处。如果信念确实是以真理为目标，那么摩尔悖论中的荒谬性就能得到比较

---

① Hamid Vahid, *The Epistemology of Belief*, New York: Palgrave Macmillan, 2009, pp. 33-50.

② 比如 Peter Railton, "Truth, Reason, and the Regulation of Belief", *Philosophical Issues*, Vol. 5, 1994, pp. 71-93; Richard Moran, "Self-Knowledge: Discovery, Resolution, and Undoing", *European Journal of Philosophy*, Vol. 5, No. 2, pp. 141-161; Thomas Baldwin, "The Normative Character of Belief", in *Moore's Paradox: New Essays on Belief, Rationality, and the First Person*, eds. by Mitchell Green and John N. Williams, Oxford: Oxford University Press, 2007, pp. 76-89; Clayton Littlejohn, "Moore's Paradox and Epistemic Norms", *Australasian Journal of Philosophy*, Vol. 88, No. 1, 2010, pp. 79-100.

③ 倘若将"相信"换成"知道"，那么摩尔悖论语句就有可能构成逻辑矛盾。比如"我知道 p，但 p 为假"，这就是一个逻辑矛盾，因为知道在逻辑上蕴含着 p，因此，（1）¬p ∧ IKp；（2）IKp → p。（"I"代表"我"，"K"代表"知道"）由（1）和（2）可以推出一个矛盾式，即（3）p ∧ ¬p。因此关于知道的逻辑跟关于相信的逻辑是很不一样的。但将"相信"换成"假设"或"设想"，既不会矛盾，亦无不妥之处。比如"我假定 p，但 p 为假"，"我设想 p，但 p 为假"，这都是很适当的语句。

合理的解释。因为，信念以真理为目标，S 相信 p，其相信的心灵状态为自身设定的目标或目的就是 p 为真。换句话说，S 相信 p 就等于他对自己承诺了 p 为真。当然他的目的可能没达到，他的承诺可能落空。因此相信 p 并不一定蕴含 p 事实上为真，但他指向真理目标或承诺真理性却永远是事实。因为以真理为目标是信念之为信念的本质要求。换言之，真理是信念的构成性目标，无此目标就不构成信念这种心灵状态。因此，摩尔的悖论语句，一方面断言了 p 为真，另一方面又断言了我不相信 p 或相信非 p，这就等于说：

（1）S 自知他正有关于 p 的信念。
（2）S 自知他关于 p 的信念不以真理为目标。
（3）S 亦自知任何信念都要以真理为目标。

以上三个命题同时为真，这就显示出了信念主体 S 在关于 p 的信念问题上是不理性的，其信念状态出了问题，因此显得比较荒谬。

4. 解释信念考虑的透明性。何谓信念考虑的透明性？意思很简单，在我们考虑"我是否相信 p？"的信念问题时，我们关注的不是自己的心理状态，而是直接关注外部事实，我们的眼光不是向内，而是向外，我们将信念问题直接地转变为关于外部世界的事实性问题，即"p 是否为真？"的问题，通过回答事实性问题来回答信念问题。且看哲学家们自己的阐释："我们称为透明性的特征是这样的：考虑'是否相信 p'的问题必然让位于'是否 p'的事实性问题，因为后一个问题的答案将决定前一个问题的答案。即是说，回答'是否相信 p'这个问题的唯一方式就是回答'是否 p'这一问题。"[1] 信念考虑对事实性问题

---

[1] Nishi Shah and J. David Velleman, "Doxastic Deliberation", *The Philosophical Review*, Vol. 114, No. 4, 2005, p. 499. 亦可参阅 Nishi Shah, "A New Argument for Evidentialism", *The Philosophical Quarterly*, Vol. 56, No. 225, 2006, pp. 481-482; 或者 Nishi Shah, "How Truth Governs Belief", *The Philosophical Review*, Vol. 112, No. 4, 2003, pp. 447-448。

具有透明性,这是不争的事实,否则就不能算作是理性主体所持的信念。为何信念考虑具有这种透明性呢?或者说,如何解释这种透明性的由来呢?信念以真理为目标可以给出恰当的解释。因为,"我将自己当作是一个理性的主体,我意识到我的信念就是我意识到我对其真理性的承诺,即超越对自身心理状态的描述,承诺了事物的真实状态。这种承诺展现在如下的事实之中,我对自身信念的报道不得不遵循透明性条件,即我报道自身关于 X 的信念时,只考虑 X 本身"[①]。或者以规范的视角来看,仅当 p 为真才相信 p,这是信念的构成性规范,不遵守这样的规范就不是信念,这是信念以真理为目标的规范意义。因此,将是否相信的问题让位于是否为真的问题,既是信念之构成性规范的内在要求,亦是信念主体有意识地或无意识地遵循这种导向真理之规范的结果。[②]

5. 解释证据考虑的排他性。何谓证据考虑的排他性?在考虑"是否相信 p"的问题时,只有跟"p 是否为真"相关的证据才加以考虑,跟 p 的真假无关的其他因素一概不予考虑。证据考虑的排他性是得到哲学家们比较广泛认可的一个论题,即便是这一论题的反对者也会说,"当你思考是否相信某个命题 p 时,仅仅是跟 p 的真假相关的因素才被作为是否相信 p 的因素加以考虑,并且只有这些因素才激发你是否相信 p,这是一个得到广泛认可的看法"[③]。在此,证据考虑的排他性,只在我们完全有意识地考虑是否相信某个命题时才出现,即在

[①] Richard Moran, *Authority and Estrangement: An Essay on Self-Knowledge*, Princeton: Princeton University Press, 2002, p. 84.

[②] 有哲学家认为只有将信念目标理解为规范才能解释透明性(Nishi Shah and J. David Velleman, "Doxastic Deliberation", *The Philosophical Review*, Vol. 114, No. 4, 2005, pp. 497-534),也有哲学家认为将信念目标理解为实质性的目的亦能解释透明性,理解为规范反而增加了新的一些困难(Asbjørn Steglich-Petersen, "No Norm Needed: On the Aim of Belief", *The Philosophical Quarterly*, Vol. 56, No. 225, 2006, pp. 499-516)。

[③] Conor McHugh, "The Illusion of Exclusivity", *European Journal of Philosophy*, Vol. 23, No. 4, 2013, p. 1117.

有意识的信念形成过程中才出现，在无意识的信念形成过程中，并不会出现。排他性又可以分为弱排他性和强排他性。弱排他性是指"非证据因素不能成为激发信念的理由"；强排他性是指"非证据因素既不能成为激发信念的理由，亦不能成为抑制信念的理由"。① 这二者的区别何在？弱排他性是说，非证据因素不能激发相信 p 或非 p，但允许了抑制对 p 的相信或不相信的可能性；强排他性不仅排除了对 p 的相信或不相信，而且排除了抑制信念 p 的可能性。毫无疑问，即便你承诺给我一百万，只要我真的相信美国首都在夏威夷，我也不可能有此信念，因为没有任何证据能够支撑这个信念。证据考虑具有排他性似乎是事实②。如果信念的目标确实是真理，那么它如何解释这个事实呢？很简单，因为信念主体 S 相信 p，仅当 p 为真，所以 S 在思考是否相信 p 时，只考虑跟 p 是否为真相关的证据，而不考虑跟 p 是否为真无关的因素。但是也有哲学家认为信念以真理为目标，并不能解释证据考虑的排他性问题，因为理性主体会在不同的目标之间进行平衡，但信念的真理目标却拒绝与其他目标（如功利目标）之间达成妥协或平衡。因此信念没有目标，或者说目的论解释是错误的③。无论如何，证据考虑的排他性是需要信念目的论做出适当解释的一个问题。

6. 解释信念内容的规范性。信念内容的规范性是指：信念内容受

---

① Conor McHugh, "The Illusion of Exclusivity", *European Journal of Philosophy*, Vol. 23, No. 4, 2013, p. 1118.

② 仍然有哲学家反对这个论题，参见 Conor McHugh, "The Illusion of Exclusivity", *European Journal of Philosophy*, Vol. 23, No. 4, 2013, pp. 1124-1131；当然也有哲学家捍卫排他性论题，参见 Sophie Archerd, "Defending Exclusivity", *Philosophy and Phenomenological Research*, Vol. 94, No. 2, 2017, pp. 326-341。

③ David John Owens, "Does Belief Have an Aim?" *Philosophical Studies*, Vol. 115, No. 3, 2003, pp. 283-305; Selim Berker, "Epistemic Teleology and the Separateness of Propositions", *Philosophical Review*, Vol. 122, No. 3, 2013, pp. 337-393. 当然，这些反驳亦面临着一些反驳。

到"S应当相信p，仅当p为真"之类的规范制约[①]。为何会如此呢？因为信念的目标是真理，而信念规范有助于达到真理，即有助于信念目标的实现，因此信念主体应遵守此规范。在此，规范是达到目标的必要工具。当然，也可能从规范的角度来解释信念目标本身，倘若如此，信念规范就不是工具性的，而是构成性的，它是信念的构成性要素，不遵守相应的规范就构不成信念。

四、目标的目的论理解

对于信念以真理为目标，至少有两种理解：一是目的论理解；二是规范论理解。

目的论理解是将信念的目标理解为真实的目标，而非比喻意义上的目标。它将目标理解为两个层面：一是有意识的意向目标；二是无意识的自动目标，即功能目标。

意向目标是严格意义上的目标。信念以真理为目标，即S在形成信念时，具有求真除错的意图，或者说，S在形成信念时，带有"我相信p仅当p为真"的意图，该意图即为目标。目标有构成性目标（内在目标）与外在目标之分。比如S乘车去巫山的目标是回老家过年，在此，回老家过年，就是乘车去巫山的外在目标，没有这个目标，不影响乘车去巫山的行为仍然是乘车去巫山的行为；在此，去巫山，是乘车的外在目标，没有这个目标，乘车的行为仍然是乘车的行为。当哲学家们将目标归于信念时，他们认定的目标是内在的、构成性的。哲学家们将真理归为信念的目标，它可不是外在目标，而是内在的构

[①] 如何表达信念内容的规范性，甚至是否能有适当的表达都是有争议的问题，见 Krister Bykvist and Anandi Hattiangadi, "Does Thought Imply Ought?" *Analysis*, Vol. 67, No. 4, 2007, pp. 277-285; Clayton Littlejohn, "Moore's Paradox and Epistemic Norms", *Australasian Journal of Philosophy*, Vol. 88, No. 1, 2010, pp. 79-100。

成性目标，没有此目标就不是信念。如果你在信念形成过程中首要的目标是自己获得快乐，全然不考虑其是否为真，那就可能是幻想的心灵状态，绝不是信念这种状态。以真理为目标是信念的构成性目标，其大致的意思是该目标是信念的构成性要素，缺少这个要素，就不能构成信念。对此，我们可以将信念与隐藏东西（concealing）进行类比①。S_1将对象x隐藏起来不让S_2找到，在此，"不让S_2找到对象x"，这个目标是构成隐藏 x 这个行为类型的必备要素，没有这个目标，就不构成隐藏 x 的行为，正因为S_1有这个目标，其行为才可能构成隐藏 x 的行为。信念与其目标的关系类似于隐藏行为与其目标的关系，它们都是内在的构成性关系。目标可能实现了，也可能没实现。即便S_1隐藏的 x 被S_2找到了，但S_1的行为仍然可以算作隐藏 x 的行为类型。相应的行为类型的个例，并不能保证其行为类型的目标得到实现。但历史经验是，在通常情况下其目标是很可能实现的，这就足以将相应的行为算作相应的行为类型。"如果某人在实施一个行为的时候，以隐藏 x 为其目标，或者依照隐藏 x 的利益而行为，尽管没有成功，仍算作是一个隐藏 x 的行为。"② 与此类似，尽管信念的目标是指向真理，但 S 实际上未能成功地指向真理，形成了错误的信念，或有缺陷的信念，这依然算作是信念。如果我们认为信念的目标一定要实现才能构成信念这种心灵状态的话，那么太多事实上的信念都会被不适当地排除掉。

现在的问题是，很多信念都是无意识地形成的，比如多数知觉信念的形成，并没有一个类似"我相信 p 仅当 p 为真"的有意识的目标，而是认知系统自动形成的，没有有意识的控制或意图。我们应该如何理解这种信念的目标呢？在此，我们可以借助前面提到的潜意识的目

---

① Asbjørn Steglich-Petersen, "No Norm Needed: On the Aim of Belief", *The Philosophical Quarterly*, Vol. 56, No. 225, 2006, pp. 512-516.

② Asbjørn Steglich-Petersen, "No Norm Needed: On the Aim of Belief", *The Philosophical Quarterly*, Vol. 56, No. 225, 2006, p. 514.

标或无意识的目标来加以说明。在信念思考的背景下，即在明确地思考"我是否相信p"这个问题时，"相信p仅当p为真"这个目标是有意识的目标。但我们相当一部分信念的形成绝不是通过明确地思考这种信念问题而形成的，这个问题可能存在于潜意识中，也可能根本就没有这样的问题。潜意识的以真理为目标，可能是以往教育的内化，亦可能是以往的训练或经验的自动积累。无意识地以真理为目标，即认知系统的功能目的，主要是由生物进化或自然选择而形成的以真理为目标的自动机制，比如由知觉系统而自动形成的信念。

大致说来，认知系统 X 因其存在或运作使得信念 B 产生，B 的产生是 X 在那儿存在或运作的后果，B 在通常情况下为真，如果 B 在通常情况下为假，那么 X 的存在就没有必要，那么我们就可以说，X 的功能是产生真信念 B，致真是 B 的一个构成性要素，即以真理为目标是 X 产生 B 的功能目的。

达到真理虽然是认知系统的功能目的，但功能并非总是能够实现，在异常情况下，它极有可能功能失调。这并不影响它具有如此的功能目的，比如耳朵的功能是听声音，但有时会出错，这并不影响我们说，它确实有此功能目的。认知系统在无意识的过程中形成的信念通常为真，偶尔为假，这并不影响我们认定该信念形成系统的功能目的是致真除错，即此种信念仍然是以真理为目的的。

至此，我们可以简单地归纳一下信念目的的三种基本类型：

（1）有意识地思考信念问题，有意识地以真理为目标，即有意识的目标。

（2）信念形成系统在潜意识层面的运作形成的信念，以真理为目标是潜意识的，即潜意识的目标。

（3）信念形成机制在无意识层面的运作形成的信念，以真理为目标是无意识的，即无意识的目标。

有人将目标论者的论题概括为"信念是真理规制的接受。S 对 p 的接受是被真理规制的，当且仅当，它要么受到 S 的'接受 p 仅当 p 为真'的意图规制，要么受到追踪真理的认知机制规制，该机制'仅追踪为真的东西'"①。这种概括大致正确，但它忽视了潜意识的目标，或者应该将"意图"解释成包括有意识的意图和潜意识的意图两个层面。目标论的理解亦面临着不少哲学家的反驳，著名的反驳有两个：一是猜测类比反驳；二是目标论二难反驳。前者首先由欧文斯提出②，后者则由夏阿提出③。

　　猜测类比反驳，即通过将相信与猜测进行类比来反驳对信念目标的目的论理解。欧文斯的思路是：如果信念与真理的关系真像目的论者所认为的那样，信念以真理为目标，那么信念就跟猜测很相似了，猜测的目标确实是指向真理的，即猜测总是力图获得正确的答案。"猜测者有意要猜对。猜测的目标是获得相应的真理：一个成功的猜测是一个猜到真实状况的猜测，一个错误的猜测是失败的猜测。如果目标不是要猜对，就不是真正的猜测。……相信和猜测都满足上述'以真理为目标'的定义。"④但猜测跟相信却是很不一样的，如果只是注意猜测是以真理为目标，那么只能说"以真理为目标"未能将信念与其他认知状态完全区别开来。但目标设定未能实现信念的个性化，并不能否定信念有实质性的目标。但欧文斯的论旨并不止于此。他从两个观测点来刻画信念与猜测的区别：一是不同目标交互影响；二是意志的

---

① Josefa Toribio, "Is There an 'Ought' in Belief?" *Teorema*, Vol. 32, No. 3, 2013, p. 81.

② David John Owens, "Does Belief Have an Aim?" *Philosophical Studies*, Vol. 115, No. 3, 2003, pp. 283-305. 类似的反驳亦可参阅 Thomas Kelly, "Epistemic Rationality as Instrumental Rationality: A Critique", *Philosophy and Phenomenological Research*, Vol. 66, No. 3, 2003, pp. 612-640. 但凯利的这篇论文引起的关注度远不及欧文斯的论文。

③ Nishi Shah, "How Truth Governs Belief", *The Philosophical Review*, Vol. 112, No. 4, 2003, pp. 447-482.

④ David John Owens, "Does Belief Have an Aim?" *Philosophical Studies*, Vol. 115, No. 3, 2003, p. 290. "以真理为目标"显然也是猜测的内在构成性目标。

自主控制。

从前一个观测点来看,猜测的致真除错目标可以与行为者的其他目标进行协调或妥协,而信念目标却不会跟其他目标进行协调或妥协。"我们指向真理时,我们会选择使得我们利益最大化的猜测,从而猜测 p 对,这是理性的。"① 也就是说,猜测不是只考虑证据,而且会考虑其他功利目标,这对猜测而言是合理的。然而就持有信念而言,这却是不理性的。因为,在考虑相信什么的时候,只是考虑那些与信念内容真假有关的因素,"除此而外,信念似乎跟其他目标是绝缘的,一般而言,其他有目标指向的行为却不是这样的"②。因此,信念不能像其他有目标指向的行为一样有目标。沿着这种思路,我们可以发展出一个不依赖于猜测类比的一般论证,用以反对信念目的论,我们已称其为目标权衡论证,对此,前文已有所阐释,不再重述。

从另一个观测点来看,对于猜测我们可以发挥意志的控制作用,而对于相信我们却不可以像猜测那样发挥意志的控制作用。猜测可以通过权衡各种目标或目的而选择最有利的时机和方式进行猜测,对于相信这种心灵状态,我们却不可以选择何时结束探究而开始相信,更谈不上选择以什么样的方式进行相信。

> 就控制而言,猜测更像想象或假定,而不像相信。猜测是一种为着某个目的而执行的心灵行为(mental act),相信却不是为着某个目的而执行的心灵行为。猜测以真理为目的;考虑到他的其他目标或目的,猜测者将真理作为其目标,并且他能引导他的猜测指向真理。在非常明显的意义上说,这整个过程都是意志控制在发挥作用。如果我对信念形成所说的是正确的,那么信念完

---

① David John Owens, "Does Belief Have an Aim?" *Philosophical Studies*, Vol. 115, No. 3, 2003, p. 292.

② Conor McHugh, "Belief and Aims", *Philosophical Studies*, Vol. 160, No. 3, 2012, p. 430.

全不像猜测。信念有一个正确性的标准，但这个正确性的标准并没有设定一个目标，主体不可以借助问"他是否足以可能击中这个目标"而让他的信念指向这个目标。①

借助欧文斯的这一大段论述，可以勾勒出另一个反对目的论的大致论证结构，对此，我们称之为意志控制论证。

（1）目标的形成、实现方式和时机等是主体的意志可直接控制的。
（2）如果信念的目标是指向真理，其目标的形成、实现方式和时机等，都不是意志可直接控制的。
（3）因此，指向真理并非信念的目标，或者说信念并没有通常意义上的目标。

如何看待这个论证呢？是否相信 p 的问题不能直接通过意志来决定，这是不争的事实，但意志在信念的形成过程中还是可以起到一定的作用，对于是否将相应的信念问题纳入思考范围，是否愿意花费时间、精力和其他认知成本来确定 p 是否为真，至少它们都受到意志一定程度的控制，这也是不争的事实。假定只有全程受到意志控制的行为才有真正的目标，这似乎也难以成立。更重要的是，猜测是一种心灵行为（mental act），而相信是一种心灵状态（mental state），二者本来就不属于同一个品种，拿行为目标的特征来要求状态的内在目标，这本身就可能被指责为不合理。

反对目的论理解的另一个著名的论证是目的论的二难困境（teleological dilemma）论证。且看夏阿的论述：

---

① David John Owens, "Does Belief Have an Aim?" *Philosophical Studies*, Vol. 115, No. 3, 2003, p. 292.

目的论解释陷入了进退维谷的二难困境。一方面，目的论者必须承认真理指向的倾向是如此地弱化，以至于认可如下的典型情况，即由主观臆想等非证据过程引起的信念，在这种情形下，他不能捕捉到推理这种独特类型的信念形成过程中证据的排他性作用。另一方面，为了解释关于相信什么的推理中证据的排他性作用，目的论者必须强化真理指向的倾向，以便从推理中排除跟真理无关的因素之影响。然而，通过强化真理指向的倾向，目的论者就不能容纳主观臆想的情形，在此，非证据因素显然会影响信念。①

该论证我们可以分解为如下的推理过程：

（1）有意识的信念考虑皆只考虑涉及信念真假的因素。（透明性论题或证据考虑排他性论题）

（2）非证据因素对信念的形成有影响作用，确实存在由主观臆想而形成的信念，这种有缺陷的信念仍然是信念。（非证据因素影响论题）

（3）弱真理指向不足以解释（1），因为它承认非证据考虑对信念的影响。

（4）强真理指向不足以解释（2），因为它不能将由主观臆想而形成的信念算作信念。

（5）无论是弱真理指向的解释，还是强真理指向的解释，都不能同时解释（1）和（2）。

（6）因此目的论解释是错误的，需新的理论对（1）和（2）同时做出合理解释。

---

① Nishi Shah, "How Truth Governs Belief", *The Philosophical Review*, Vol. 112, No. 4, 2003, p. 461; Nishi Shah and J. David Velleman, "Doxastic Deliberation", *The Philosophical Review*, Vol. 114, No. 4, 2005, pp. 497-534.

我们该如何看待这个论证呢？首先（1）是第一人称的意识经验，确为事实。（2）也是事实，但这不是第一人称的意识经验事实，如果我体验到自己的信念 p 的形成过程是主观臆想（wishful thinking）的产物，那么我就会放弃信念 p，绝不会有意识地赋予它信念地位。因此（2）是第三人称的客观事实。承认透明性论题的强真理指向的解释，当然可以允许（2）刻画出的事实存在，你的信念 p 的形成实际上是受到了主观臆想的因果影响而形成的，但它在你的有意识的第一人称意识经验中并不会表现为主观臆想，否则你就会运用理性去撤销其信念地位，而将其归为一厢情愿的臆想。承认非证据因素影响的弱真理指向能解释（1），因为目的论的理解，不是在说第一人称的意识经验，而是在说第三人称的事实。在第三人称的客观事实上承认非证据因素的影响作用，绝不等于说在第一人称意识经验的层面也承认了非证据因素的影响作用，它完全可以不承认。强真理指向和弱真理指向应被理解为真理目标在不同层面的规制作用，前者是在第一人称意识经验的层面发挥作用，后者是在第三人称的客观事实的层面发挥作用，它们可分别解释不同层面的事实，这并不存在什么进退维谷的二难困境。

五、目标的规范性理解

规范论的目标理解是 21 世纪特别流行的看法。[1] 威勒曼在 2000 年刊发的《信念的目标》一文中坚持的还是目的论的目标解释[2]，但受夏

---

[1] Ralph Wedgwood, "The Aim of Belief", *Philosophical Perspectives*, Vol. 36, No. 16, 2002, pp. 267-297; Paul A. Boghossian, "The Normativity of Content", *Philosophical Issues*, Vol. 13, No. 1, 2003, pp. 31-45; Pascal Engel, "Belief and Normativity", *Disputatio*, Vol. 2, No. 23, 2007, pp. 179-203; Ralph Wedgwood, "Doxastic Correctness", *Aristotelian Society Supplementary Volume*, Vol. 87, No. 1, 2013, pp. 217-234. 这只是随便列举的几篇论文，绝不意味着只有这些文献，也不意味着规范论的解释只在 21 世纪才出现，但确实是在 21 世纪才变得特别流行。

[2] David Velleman, *The Possibility of Practical Reason*, Oxford: Oxford University Press, 2000, pp. 244-281.

阿的影响[1]，他在2005年就转变成了一个规范论者[2]。规范论者将"信念以真理为目标"理解为信念的构成性规范，而非实质性的目标或目的，目标概念只是一个比喻而已。S相信p仅当p为真，仅仅是构成信念概念或信念本质不可缺少的一个规范性要素，在这规范之外并不存在一个真正的目标或目的。对此，可以和下棋进行类比。[3]下棋的规则是下棋活动的构成性规范，因为如果不遵守相应的规范就不叫下棋。但交通规范就不是开车的构成性规范，因为即便你没有遵守交通规范的意识，你闯了红灯，你的活动仍然算作是在开车，只不过是在违规开车。但如果你在信念的形成过程中没有遵守信念规范的意识，而是你想相信什么就相信什么，那么你的心灵模式就不是信念状态的模式，而是想象、假设或其他什么状态。需要注意的是，你有遵守信念规范的意识，不等于你事实上确实做到了规范所要求的东西，否则就不会有错误的信念。第三人称意义上的错误信念，肯定还是属于信念，但是不可能有第一人称意义上的错误信念，比如S说"我相信今天是丁酉年正月初二，但这不是真的"，这就陷入了摩尔悖论。在第一人称的角度意识到了p是错误的，他也就不可能相信p了，p也就不可能是或不再是相应信念的命题内容了。在规范论者看来，信念目标之于信念就如下棋规则之于下棋活动，而不像交通规范之于开车。将信念的真理指向性解释为信念的构成性规范，就等于说，信念概念在本质上是一个规范性概念，而非事实性概念或实体性概念。比如S形成了一个信念"明天是丁酉年正月初三"，如果其命题内容为真，那么S就遵守了信念规范，即S做了规范要求他做的事情；如果命题内容为假，那么S就在事实上违反了信念规范，因而可以基于信念规范而责备S

---

[1] Nishi Shah, "How Truth Governs Belief", *The Philosophical Review*, Vol. 112, No. 4, 2003, pp. 447-482.

[2] Nishi Shah and J. David Velleman, "Doxastic Deliberation", *The Philosophical Review*, Vol. 114, No. 4, 2005, pp. 497-534.

[3] Ralph Wedgwood, "The Aim of Belief", *Philosophical Perspectives*, Vol. 36, No. 16, 2002, p. 268.

犯了错误。但如果 S 在形成该信念时，根本就没有遵守信念规范的意识，那么他自己就没法将其相应的观念归为信念。因此，维特根斯坦说："假如有一个动词，其含义是'错误地相信（to believe falsely）'，它将不会有任何有意义的第一人称现在直陈式。"① 如果 S 说，"我现在错误地相信 p"，这是有意识地在违反信念规范，当然他自己就不可能将其算作信念。

规范论者主张真理规范（truth-norm）是信念的构成性因素，即 S 应当（或被允许）相信 p 仅当 p 为真，这是信念的构成性因素。这规范对信念的形成是有效力的，相信者及其信念可以依照规范而得到评价，其信念是正确的，仅当它为真；其信念是错误的，仅当它为假。但这绝不意味着所有信念都必然满足信念的真理规范。真理规范是信念的构成性因素，而非真理规范的满足是信念的构成性因素。真理规范未能得到满足的情形大量存在，因而有大量的错误信念存在。

支持规范论的论证比较多②，比较著名的有正确性论证和透明性论证，但最著名的应该是透明性论证，当然这两个论证亦非毫不相干，其实它们都以何谓正确的信念为出发点，只是各自的侧重点不同而已。

---

① Ludwig Wittgenstein, *Philosophical Investigations*, trans. by G. E. M. Anscombe, P. M. S. Hacker, and Joachim Schulte, Malden, MA: Blackwell Publishing Ltd., 2009, p. 199e. 参见维特根斯坦：《哲学研究》，陈嘉映译，上海人民出版社 2001 年版，第 295 页。

② 有人将支持规范论的论证归纳为四个：一是蕴涵（Entailemt）论证；二是个性化（Individuation）论证；三是倾性论（Dispositionalism）论证；四是思考（Deliberation）论证，此即通常所说的透明性（Transparency）论证。（Conor McHugh and Daniel Whiting, "The Normativity of Belief", *Analysis*, Vol. 74, No. 4, 2014, pp. 700-704）另外还可能有最佳解释论证，即规范论能解释摩尔悖论、正确性标准、信念考虑的透明性等等。当然规范论亦有多种：一是主张信念的构成性规范是真理规范（norm of truth/truth-norm），即信念以真理为目标；二是主张信念的构成性规范是知识规范（norm of knowledge），即信念以知识为目标；三是主张信念的构成性规范是证据规范（evidential norm）；四是主张信念的构成性规范是证成规范（norm of justification）；五是主张信念的构成性规范是理性规范（norm of rationality）。或许还有其他主张。在此，我们只考虑真理规范，不仅因为这是哲学家们讨论的焦点，而且因为其他规范都可以从真理规范中引申出来，相对于其他规范而言，真理规范似乎更为根本一些。

韦奇伍德的正确性论证的思路可简化如下①：

（1）一个信念是正确的（correct），当且仅当其命题内容为真。（正确性标准或曰真理规范）
（2）所有真信念都必然是正确的，所有假信念都必然是错误的。
（3）正确性标准清楚地表达了信念的一个必然特征。
（4）因此正确性标准是信念不可或缺的本质性特征。

这个论证似乎非常合理，甚至似乎有些琐碎（trivial），它却未能证明真理规范就是信念的本质性构成因素。就正确性标准而言，虽然它赢得了多数哲学家的赞同，但它究竟是不是一个必然真理呢？对于相信一个客观错误的命题，是不是不正确的呢？这至少是有争议的。比如现在身体还比较健康的人，都会相信自己明年还会过春节，每个健康的人都这么相信，但不可能每个人的信念都是真的，肯定会有一些意外情况发生，但毫无疑问，每个人都持有这样的信念，这是相当合理的，相当正确的。换一个说法，规范性特征 C 随附于非规范性特征 T，但这非规范性特征 T 是否只能是真理呢？是否会有功利性的或实用性的特征参与其中呢？我们认为至少有这种可能性。正确性（correctness）有一个程度问题，环境不同、目的不同，正确性的标准就不一样，之所以如此，就是因为实用因素被考虑进来了。即便信念正确与否完全依赖于其命题内容是否为真，那也不能由此推出规范性就是信念的本质性特征：

公元 79 年的维苏威火山爆发是一件恐怖的事情，但这并没有

---

① Ralph Wedgwood, "The Aim of Belief", *Philosophical Perspectives*, Vol. 36, No. 16, 2002, pp. 267-297.

使得公元 79 年的维苏威火山爆发是一种规范性现象。这可自然地从规范的随附性（normative supervenience）推出。非规范特征足以使规范特征个例化，但这并没有使得非规范特征成为规范特征。没有理由认为同样的道理不能适用于信念。有时相信 p，这是正确的；p，并且如果 p 那么 q，有时相信这个事实，会使得我们应该得出结论，我们相信 q。但这本身不应该使得我们得出结论说，相信比维苏威火山爆发更加具有规范性特征。能够被认作是合理的或正确的，并不能使得某事物成为规范性的。因此，满足规范概念，并不足以使其在本质上具有规范性。①

由此可见，即便（3）是正确的，但也不等于正确性标准即真理规范是信念的本质性特征，可以对信念进行规范性评价是一回事，规范是信念本身的本质性特征是另外一回事。也就说，（3）推不出（4）。

另一个支持规范论的论证，即透明性论证，在前面我们有所论述，但侧重点不是它如何支持了规范论。因此，还有必要进一步澄清。透明性论证的逻辑实际上是一种最佳解释推理，其最基本的模型是：

（1）现象 Q。
（2）E 提供了对 Q 的最佳解释。
（3）因此，E 很可能为真。②

我们将此模型用于刻画夏阿和威勒曼提出的透明性论证。信念思考可以分为第一人称信念思考（doxastic deliberation）和第三人称信念

---

① Asbjørn Steglich-Petersen, "Against Essential Normativity of the Mental", *Philosophical Studies*, Vol. 140, No. 2, 2008, p. 279.
② Lewis Vaughn and Chris MacDonald, *The Power of Critical Thinking*, 3rd Canadian Edition, Ontario: Oxford University Press, 2013, p. 363.

思考。前者即信念主体自己思考是否相信 p 的问题;后者是某个信念主体思考别人是否相信 p 的问题。透明性是指在第一人称信念思考的背景下,"是否相信 p"的问题直接让位于"p 是否为真"的问题。但在第三人称信念思考的背景下,张三"是否相信 p"的问题,并不直接让位于"p 是否为真"的问题,因为该问题并不一定能通过我思考"p 是否为真"而得到解答。在夏阿看来,透明性是一个必然真理:

> 在第一人称信念思考即思考相信什么的视角范围内,人们无法将这两个问题分开。说这两个问题无法分开,我的意思是:一个人不让自己回答"p 是否为真"的问题,他就不能决定"是否相信 p"这个问题的答案。人们确实可以反思自身可能出错,并意识到自己的某些信念可能是假的。但只要他正在有意地思考相信什么的问题,这两个问题就必须被看作是可以且能够由同样的一套考虑来回答的。思考的焦点从信念到真理的无缝转换,并非人类心理的怪癖,而是第一人称信念思考之本性的强制性要求。①

"是否相信 p"的信念问题对"p 是否为真"的事实性问题是透明的,思考的焦点从信念转化为真理,这是直接的、必然的转换,没有任何中介性的思考,也没有任何替代性方案。在确认了第一人称信念思考的透明性是必然真理之后,一方面,规范论者用它攻击目的论者,另一方面,用它来证成规范论主张。透明性如何构成了对目的论的反驳,前面所说的反对目的论的二难困境论证已有所交代。透明性论题对规范论的支持可以概括如下:

---

① Nishi Shah, "How Truth Governs Belief", *The Philosophical Review*, Vol. 112, No. 4, 2003, p. 447.

（1）在第一人称的信念思考中,"是否相信p"的问题直接地、必然地让位于事实性问题"p是否为真"。(透明性,即最佳解释推理模型中的"Q现象")

（2）信念概念的一个构成要素是:信念p是正确的仅当p为真(即信念的正确性标准是真理,这是一个概念真理;或者说,一个接受p的状态算作一个信念,仅当它受到真理的规范。此为真理规范,即最佳解释推理中的"E")。

（3）在信念思考过程中,人们的思维受到"是否相信p"这个问题的引导。

（4）因此,在信念思考过程中,人们必然使用到信念概念。

（5）因此,在信念思考过程中,人们必然意识到潜在的信念p是正确的仅当p为真。[概念真理（2）的运用]

（6）因此,在信念思考过程中,人们"是否相信p"的问题必然变成"p是否为真"的问题。[（5）的推论]

（7）因此,（1）得到了有效的解释。

（8）目的论不能有效地解释（1）。[（3）、（4）、（5）、（6）、（7）、（8）一起构成了最佳解释推理模型中E对Q的最佳解释]

（9）因此,（2）很可能为真(即规范论很可能为真)。(此为最佳解释推理模型中的结论)[1]

我们该如何看待这个论证呢？首先,（8）是很可疑的,目的论或许也能解释透明现象,对此,前面讨论目的论时已有所说明。其次,（7）亦是很可疑的。因为即便（2）是一个概念上的必然真理,即便信念主体对信念概念有正确的理解,即（5）成立,这也不意味着（6）

---

[1] Nishi Shah, "How Truth Governs Belief", *The Philosophical Review*, Vol. 112, No. 4, 2003, pp. 447-482.

成立，因为意识到规范是一回事情，规范能成为动因而启动其所要求的思维或行为又是另外一回事情。S 承诺做 φ 仅当 S 打算做 φ，这是关于承诺的一个概念上的必然真理。但 S 承诺了做 φ，并不一定会有做 φ 的实际行为，承诺未能信守，这是常有的事情。信念也与此相类似。因此从（2）、（3）、（4）、（5）并不能推出（6），规范论并不能有效地解释（1）。因此，有人论证说："如夏阿和威勒曼所论证的，信念思考中的透明性，蕴含着构成性地支配信念的正确性规范吗？并非如此，因为它不合理地预设了规范判断与源自规范判断的动机之间的紧密联系；它忽视了我们对真理的兴趣；在不同的背景下，我们对信念证成度的关注是不同的，对此，它不能合理解释。"[①] 信念概念的规范要求，并非必然能启动人们如此想或如此做；规范论者似乎认为在信念形成过程中，人们关注的焦点是遵守规范，但实际上人们关注的焦点是真理；不同背景下的信念形成，有不同证成需要，因而有不同程度的证据考虑，这并非简单的真理规范就能解释清楚。

六、信念以知识为目标

信念以知识为目标或规范是近十多年来不断引起哲学家们研究兴趣的一个话题[②]，其中最有影响力的是英国哲学家威廉姆森，在此引

[①] Asbjørn Steglich-Petersen, "No Norm Needed: On the Aim of Belief", *The Philosophical Quarterly*, Vol. 56, No. 225, 2006, p. 499. 较为相似的反驳，可参阅 Conor McHugh, "Normativism and Doxastic Deliberation", *Analytic Philosophy*, Vol. 54, No. 4, 2013, pp. 447-465。

[②] Timothy Williamson, *Knowledge and Its Limits*, Oxford: Oxford University Press, 2000; David Owens, *Reason without Freedom*, London: Routledge, 2000; Jonathan E. Adler, *Belief's Own Ethics*, Cambridge, MA: The MIT Press, 2002; Pascal Engel, "Truth and the Aim of Belief", in *Laws and Models in Science*, ed. by D. Gillies, London: King's College Publications, 2005, pp. 77-97; Alexander Bird, "Justified Judging", *Philosophy and Phenomenological Research*, Vol. 74, No. 1, 2007, pp. 81-110; Conor McHugh, "What Do We Aim at When We Believe?" *Dialectica*, Vol. 65, No. 3, 2011, pp. 369-392; Declan Smithies, "The Normative Role of Knowledge", *Noûs*, Vol. 46, No. 2, 2012, pp. 265-288.

证他的两段著名论述：

> 一个人应当断定（或相信）p 仅当他知道 p。这就可以合情合理地主张信念以知识为目标。这也会跟证据解释协调一致，即相信 p 而不知道 p 就超出了一个人的证据。除了言语行为，还将规则概念运用于心灵行为，对此，我们尽管有些不安，但"信念受知识规范的支配"的观念，至少跟"信念受真理规范支配"的观念一样明白易懂。①

> 如果一个人相信 p 大致就像他知道 p 似的对待 p，那么在这个意义上，知道对于相信就是首要的。知识为相信设定恰当性标准。这并不意味着所有情况下的知道都是典型的相信，因为一个人可能知道 p，但在一定的意义上，他像不知道 p 似的对待 p，即是说，他不以人们通常对待其所知的方式来对待 p。然而可做一个大致的概括，离知道 p 越远，相信 p 就越不适当。在这个意义上说，知道是最好的一种相信；纯粹的相信是一种弄糟了的知道。简言之，信念以知识为目标（而非仅仅是真理）。②

威廉姆森认定信念以知识为目标，这源自他对知识的本质及知识与信念之关系的独特理解。传统的知识分析路径，是将知识分析成多种要素的复合，从柏拉图③到葛梯尔之前的哲学家，通常将知识分

---

① Timothy Williamson, *Knowledge and Its Limits*, Oxford: Oxford University Press, 2000, p. 11; 可参阅蒂摩西·威廉姆森：《知识及其限度》，刘占峰、陈丽译，人民出版社 2013 年版，第 13 页，译文有改动。

② Timothy Williamson, *Knowledge and Its Limits*, Oxford: Oxford University Press, 2000, p. 47; 可参阅蒂摩西·威廉姆森：《知识及其限度》，刘占峰、陈丽译，人民出版社 2013 年版，第 57—58 页，译文有改动。

③ 参见柏拉图《美诺篇》(Meno) 97e-98a,《柏拉图全集》（第 1 卷），王晓朝译，人民出版社 2002 年版，第 532—533 页；《泰阿泰德篇》(Theaetetus) 201c-202d,《柏拉图全集》（第 2 卷），王晓朝译，人民出版社 2002 年版，第 737—738 页。

析为有证成的真信念：S 知道 p，当且仅当，（1）S 相信 p，（2）p 是真的，（3）S 的信念 p 是有证成的。在葛梯尔指出此三要素分析未能成功地揭示出知识的充分必要条件之后①，当代知识论的主流依然是沿着传统分析的路径，将知识还原为诸多要素的复合，通常是在传统分析的基础上添加一个可以克服葛梯尔难题的条件，简称葛梯尔条件（Gettier condition）②。威廉姆森的知识论彻底抛弃了传统知识论的分析路径，他认为知识概念不能分析成信念和其他要素的复合，因为知识概念本身是原初性的，不可分析的，知道先于相信，知识先于信念，不可能成功地将知识分析成其他更加基本的概念。相反，应将信念、证成等其他认知概念理解为知道或知识的衍生物，这被称作知识优先（knowledge first）的知识论路径。③ 知识可以用于解释其他认知概念，而非其他认知概念可用来成功地解释知识。因此，信念要用知识来界定或解释：S 相信 p，就是 S 像知道 p 似的对待 p。据此，相信 p 的最佳状态就是知道 p；相信 p 的最坏状态就是毫无根据的相信，或者说，离知道最远的相信，这种相信是一种"弄糟了的知道"（botched knowing）。射击的目标是靶心，信念指向的靶心就是完全的知道。糟糕的射击就是未击中靶子，糟糕的信念就是偏离了知识。因此，信念的目标绝非仅仅是真理，而是知识。

信念以知识为目标④的论证，主要有断言论证、辩解论证、价值论证等。

1. 断言论证。断言论证是诉诸断言（assertion）与信念的内在关系而提出的论证。人们的直觉是，在通常情况下，除非 S 知道 p，否则

---

① Edmund L. Gettier, "Is Justified True Belief Knowledge?" *Analysis*, Vol. 23, No. 6, 1963, pp. 121-123.
② Richard Feldman, *Epistemology*, Upper Saddle River, NJ: Prentice Hall, 2003, p. 87.
③ Timothy Williamson, *Knowledge and Its Limits*, Oxford: Oxford University Press, 2000, p. v.
④ 为了简便，在此我们不刻意区分对目标的目的论解释与规范论解释，因此，说"目标"二字的时候，既包括目的论解释，也包括规范论解释，但主要是在规范论意义上说的。

他不应断言 p。当然在一些比较特殊的情况下，S 尽管不知道 p，他断言 p 却是合理的，比如你并不知道你明天是否会被人辱骂一番，但你相信你明天不会被人辱骂，这却是合理的。断言与信念有着内在的联系。虽然，断言既非信念的必要条件，亦非充分条件。[①] 因为我们有大量的信念没有通过任何断言而表达出来，即便你作出了一个断言，你也可能是出于编造谎言的需要，但是，如果 S 真心实意地断言 p，那么他必然相信 p，因为断言是表达信念的基本形式。正因为如此，S 说"正在下雨，但我不相信正在下雨"，这类话语是非常荒谬的。当 S 真心实意地断言"正在下雨"时，他就必须相信正在下雨。根据断言与信念的内在关系，我们可以推测，制约断言的规则极可能是制约信念的规范，断言的目标极可能是信念的目标。断言的规范是：

S 应断言 p，仅当 S 知道 p。[②]

与此相类似，信念的规范是：

S 应相信 p，仅当 S 知道 p。[③]

对此，我们还可以从更深的一个层面来看，断言（assertion）作为一种外在的言语行为，其对应的内在心灵行为是判断（judgment），而判断正是当下信念的一种形式。[④] 由于断言 p 和当下相信 p，都指向

[①] Bernard Williams, *Problems of the Self*, Cambridge: Cambridge University Press, 1973, p. 140.

[②] "一个人必须：断言 p 仅当他知道 p。"（Timothy Williamson, *Knowledge and Its Limits*, Oxford: Oxford University Press, 2000, p. 243）

[③] "一个人应该相信 p，仅当他知道 p。"（Timothy Williamson, *Knowledge and Its Limits*, Oxford: Oxford University Press, 2000, pp. 255-256）

[④] Alexander Bird, "Justified Judging", *Philosophy and Phenomenological Research*, Vol. 74, No. 1, 2007, pp. 81-110.

共同的判断 p，因此，推测断言与信念在一定的层面有着相同的规范，即断言或相信 p，仅当知道 p，这是理所当然的。

对断言论证的批判至少可以有两个着力点：一是针对断言的规范是知识；二是针对断言与信念的内在关联。

断言的规范是知识，这能否成立呢？对此，已有一些否定性的看法。[①] 断言 p 至少可以分三种情形：（1）知道 p 而断言 p；（2）不知道 p 而断言 p；（3）知道非 p 而断言 p。（1）是比较常见的情形；（3）不可能是真实的断言，而是另有目的的谎言。关键在于（2），我不知道明天的天气状况，但我凭感觉断言"明天重庆渝北区是晴天"（命题 p），这是否是合理的断言呢？这要看我的实践目的，如果 p 的真假会对实践目的造成非常重大的影响，可能我们的断言显得太草率了；如果 p 的真假对实践目的有所影响，但不是特别重要，断言 p 可能是合理的。如果这个说法是合理的，那么我们有可能主张断言的规范是真理而非知识，或者也有可能主张断言的规范是证成（即有正当的理由）而非知识：

　　S 应断言 p 仅当 p 为真，

或者

　　S 应断言 p 仅当 S 对 p 的断言是有证成的。

将知识或知道作为允许做出断言的规范条件，似乎显得太严格了，要求太高了。

[①] Jessica Brown, "The Knowledge Norm for Assertion", *Philosophical Issues*, Vol. 18, 2008, pp. 89-103.

断言 p 虽然意味着相信 p，但是就此主张二者应该遵守的规范就是相同或相似的，这也会受到一些挑战，因为断言是一种外在的言语行为，而相信只是内在的心灵状态，二者的性质完全不同。断言要受到语言习惯、交流规则、社会习俗等诸多因素的限制，而信念似乎并不必然受到这些因素的限制。"与信念不同，断言是潜在的证词的来源，并且也易于当作证词来对待，这或许是最重要的区别。"[①] 也就是说，断言涉及对自己和他人承担的责任，而信念却不以同样的方式涉及责任。因此，支配断言与信念的规范不应是同样的知识规范。

2. 辩解论证。辩解论证是诉诸为合理的错误信念提供辩解理由的事实来证明信念以知识为目标或规范，展开这种论证的便捷方式是借助思想实验：

> 设想关在笼子里的动物是一头被精心地伪装成斑马的骡子，但约翰的心灵状态跟他通过视觉知道它是斑马的状态没有区别。因为它不是斑马，所以他不知道它是斑马。约翰相信它是一头斑马，这不对吗？"不"，这个答案可借如下的理由而得到辩护：基于他的证据，约翰完全有理由相信那是一头斑马。我们可以马上承认：依照约翰的证据，那动物是一头斑马的可能性很大。这至少是相信其为斑马的部分辩解理由（excuse），尽管这本身与他知道他不知道那是一头斑马是一致的（考虑买彩票的情形）。一个更好的辩解是，他不可能知道他不知道那是一头斑马。实际上，依据约翰的证据，他知道那是一头斑马的可能性很大。但为什么认为那不仅仅是一个辩解呢？提出一些辩解是为了减轻冒犯；辩解并没有使得冒犯行为不是不对的。如果那不是不对的，实际上就

[①] Daniel Whiting, "Nothing but the Truth: On the Norms and Aims of Belief", in *The Aim of Belief*, ed. by Timothy Chan, New York, NY: Oxford University Press, 2013, p. 187.

无需辩解。尤其是，如果约翰知道那是一头斑马，他相信那是一头斑马，就无需任何辩解。

将这个例子改变一下，设想笼中的动物真是一头斑马，尽管为了省钱，园中的其他动物被替换成了精心伪装的家畜（对此，约翰不知道）；同样，约翰的状态跟他通过视觉知道它是斑马的状态没有区别。就通常的观点来看，他仍然不知道那是一头斑马。跟前面一样，他相信那是一头斑马，他可作同样的辩解。依照他的证据，他知道那是一头斑马，这种可能性很大。考虑到他实际上不知道那是一头斑马，他相信那是一头斑马，这仍需要一些辩解理由，这种情况下，他相信那是一头斑马，这是不对的。对照他知道那是一头斑马的情形，在这种情形下，他相信那是一头斑马，这是得到彻底证成的，不仅仅是辩解。①

在此，威廉姆森比较了三种情形：

（1）有证据地相信 p 但不知道 p，而且 p 为假，即合理地相信错误的命题。

（2）有证据地相信 p 但不知道 p，而且 p 为真，即合理地相信正确的命题。

（3）知道 p 而相信 p。

（1）、（2）两种情形都需要为自己相信 p 提供辩解理由，无论 p 是真是假。需要提供辩解理由，这就说明：在这两种情况下，相信 p 都是不对的。只有（3）不需要任何辩解，其本身就有彻底的证成。前

---

① Timothy Williamson, "Knowledge, Context, and the Agent's Point of View", in *Contextualism in Philosophy: Knowledge, Meaning, and Truth*, eds. by Gerhard Preyer and Georg Peter, Oxford: Oxford University Press, 2005, p. 109.

两种情形与最后一种情形相比,有何区别?根本的区别在于,前两种情形都是不知道 p,最后一种情形是知道 p。据此,可以推断,知道或知识是相信或信念的保证,"如果一个人知道 p,那么他相信 p,就简直不会有错;相反,如果一个人不知道 p,那么他相信 p,这可能就是不对的"①。换句话说,信念的目标或规范是知识:S 应相信 p 仅当 S 知道 p。

辩解论证会面临什么样的反驳呢?在(1)的情形下,约翰合理地相信错误的命题,这确实需要纠正,因为"那是一头斑马"这是假的。这只能证明真理是信念的目标或规范。在(2)的情形下,约翰合理地相信正确的命题,在威廉姆森看来,这还有错,需要纠正。其实在这种情形下,约翰相信"那是一头斑马",这并没有什么错误,就这个信念本身而言,也无需任何纠正。在此,有错的或者需要纠正的,仅仅是约翰的相关背景信念。②约翰不知道除开他看到的那头斑马而外,其他的都是伪装成斑马的骡子,因此他很可能相信"其他看起来一样的动物,也是斑马",这背景信念是错误的,因此需要纠正。如果约翰相信"那是一头斑马",这个信念既是有证成的,又是真的,因此就这个信念本身而言,没有任何错误,那么威廉姆森的辩解论证就难以成立。

3. 价值论证。价值论证是诉诸真信念与知识的价值比较来证明信念以知识为目标。知识比单纯的真信念更有价值,其价值可能既包括理论解释价值,亦包括实践价值。依照威廉姆森的思路,证成、判断、断言、信念等都可以由知识而得到解释,却不能诉诸真信念而得到解释;在实践推理中,知识比单纯的真信念更加稳固,更能启动相

---

① Timothy Williamson, "Knowledge, Context, and the Agent's Point of View", in *Contextualism in Philosophy: Knowledge, Meaning, and Truth*, eds. by Gerhard Preyer and Georg Peter, Oxford: Oxford University Press, 2005, p. 108.

② Daniel Whiting, "Nothing but the Truth: On the Norms and Aims of Belief", in *The Aim of Belief*, ed. by Timothy Chan, New York, NY: Oxford University Press, 2013, p. 196.

应的行为。因此有哲学家说:"对一个行为者而言,知识比真信念更好。……缺少知识,任何事情都会失败",因此,"信念的目标是知识而非真理"。[1] 这种论证能否成立呢?很难成立。因为,即便知识确实比真信念更好[2],这也不能证明信念的目标就是知识。不能因为 A 比 B 更好,就认定 B 要以 A 为目标或规范。我们仍然觉得要求信念除开满足真理条件而外,还要满足证成条件、葛梯尔条件等等,这似乎有些过分了。[3]

---

[1] Alexander Bird, "Justified Judging", *Philosophy and Phenomenological Research*, Vol. 74, No. 1, 2007, p. 95.

[2] 关于知识的价值问题,可参见 Duncan Pritchard and John Turri, "The Value of Knowledge", *The Stanford Encyclopedia of Philosophy*, Spring 2014 Edition, ed. by Edward N. Zalta, URL = <https://plato.stanford.edu/archives/spr2014/entries/knowledge-value/>。

[3] 虽然证成(justification)、德性(virtue)、理解(understanding)、生存和快乐等,也被一些哲学家当作信念的目标,但这些选项的影响远不及"真理"和"知识"这两个选项的影响大,因此我们不予讨论。

第四章　证据主义

信念目标是从目的论或规范论两个角度来解释信念状态应该遵守的规则，证据主义可看作是从达到目标的方式或途径来阐释信念状态应该遵守的规则或规范。证据主义的规范要求大致是一个人的信念应与证据相符。自启蒙运动以来，证据主义一直是西方知识论的主流思想。比如，洛克讲：

> 真正的真理之爱，有一种无误的标记，就是，他对一个命题所发生的信仰，只以那个命题所依据的各种证明所保证的程度为限，并不超过这个限度。不论谁，只要一超过这个同意底限度，则他之接受真理，并非由爱而接受，他并非为真理而爱真理，他是为着别的副的目的的。……任何真理，如果不以自明的强光，解证的力量，来盘踞人心，则能使我们同意的各种论证就只有能使那种真理成为可靠的那些证据和尺度，而且我们对那种真理所有的同意，亦只应以那些论证在理解中所提示的证据为衡。我们对一个命题所赋予的信任或权威，如果超过了它从支撑它的那些原则和证明所得到的，则我们已经说不上是为真理而爱真理了。[①]

[①] 洛克：《人类理解论》（下册），关文运译，商务印书馆1997年版，第696—697页。

休谟持有大致相同的看法，他说："一个聪明人就是使他的信念和证据适成比例。"① 后来，克利福德（William K. Clifford）在其经典论文《信念伦理》中以毋庸置疑的口吻宣布："无论何人，无论何处，相信没有充分证据的事情，始终是错误的。"② 不同形式的证据主义在当今哲学界亦赢得了众多的支持者。③ 证据主义并非一种单一的主张，其内部亦有诸多分歧。按信念规范的依据，我们可以将其分为全盘证据主义、认知证据主义、概念证据主义等三种。④ 全盘证据主义最重要的代

---

① 休谟：《人类理解研究》，关文运译，商务印书馆 2007 年版，第 98 页。
② William Kingdon Clifford, *Lectures and Essays*, Vol. 2, London: Macmillan and Co., 1901, p. 175.
③ 参见 Jonathan E. Adler, *Belief's Own Ethics*, Cambridge, MA: The MIT Press, 2002; Earl Conee and Richard Feldman, *Evidentialism: Essays in Epistemology*, Oxford: Clarendon Press, 2004; Trent Dougherty(ed.), *Evidentialism and Its Discontents*, Oxford: Oxford University Press, 2011; Nishi Shah, "A New Argument for Evidentialism", *Philosophical Quarterly*, Vol. 56, No. 225, 2006, pp. 481-498; Allen Wood, "The Duty to Believe According to the Evidence", *International Journal for Philosophy of Religion*, Vol. 63, No. 1/3, 2008, pp. 7-24。在此只是略举几例而已。
④ 有人将证据主义分为严格证据主义（strict evidentialism）与温和证据主义（moderate evidentialism）：前者是说，在任何时间任何地方，任何人的信念都应该以其拥有的相关证据为根据；后者是说可以有例外，因此温和证据主义者"认为在某些情况下，信念主体可以合理地允许没有充分证据而形成相应的信念"。(Andrew Chignell, "The Ethics of Belief", *The Stanford Encyclopedia of Philosophy*, Winter 2016 Edition, ed. by Edward N. Zalta, URL = <https://plato.stanford.edu/archives/win2016/entries/ethics-belief/>) 但这并非严格证据主义与温和证据主义的标准定义，不同的学者会在不同的意义上使用这一对术语，比如，有学者将严格证据主义理解为："对于信念的所有规范性理由都是证据性理由"（Andrew E. Reisner, "A Short Refutation of Strict Normative Evidentialism", *Inquiry*, Vol. 58, No. 5, 2015, p. 477）；也有学者主张："依照严格证据主义，证据是一个信念有证成的唯一标志，据此，S 的信念 p 在时间 t 是有证成的，当且仅当 S 在时间 t 的证据支持 p，且 S 基于此证据而相信 p"（Karyn L. Freedman, "Quasi-evidentialism: Interests, Justification and Epistemic Virtue", *Episteme*, pp. 1-14. doi:10.1017/epi.2015.66）。还有人将证据主义分为绝对证据主义（absolute evidentialism）和可取消的证据主义（defeasible evidentialism），绝对证据主义可刻画为："对于任何人 S，任何命题 p，任何时间 t，如果证据支持 S 在时间 t 相信 p，那么就应该在时间 t 相信 p；如果证据在时间 t 不支持 S 在时间 t 相信 p，那么 S 就不应该相信 p"；可取消的证据主义可刻画为："对于任何人 S，任何命题 p，任何时间 t，如果 S 的证据在时间 t 支持相信 p，那么 S 在时间 t 应该相信 p，除非 S 的其他做法是被许可的"。（Jeff Jordan, *Pascal's Wager: Pragmatic Arguments and Belief in God*, Oxford: Oxford University Press, 2006, pp. 45-46）这些主张看似相似，实则差别巨大，但我们的任务不是要探究每个学者的不同用法，而是要对证据主义的核心主张和典型论证进行批判性的审查。

表人物是克利福德；认知证据主义最核心的代表是费尔德曼（Richard Feldman）；概念证据主义核心代表人物是阿德勒（Jonathan E. Adler）和夏阿（Nishi Shah）。对此，我们将逐一进行考察，在此之前，我们需要有一个预备性的区分，即信念的证成有一些相当不同的类型，至少有三种：认知证成、道德证成和实用证成。

一、证成信念的三种理由

信念的证成是有理由的。当然这个理由无需要求信念主体自己有明确的意识，也无需要求信念主体可以陈述出其理由，更无需要求信念主体可以基于一定的理由进行论证。如果信念的证成要求信念主体对其理由有明确的意识，那么我们在睡梦中就不可能拥有绝大部分的信念，然而，即便我睡着了，我仍然相信二加二等于四，而且我的这个信念是得到证成的；如果要求信念主体必须能够陈述其理由，那么还不会正确陈述理由的小孩或婴儿，就不可能拥有任何得到证成的信念，然而，即便是一两岁的小孩，当他看到奶瓶的时候，他相信那是他的奶瓶，这却是得到证成的信念，虽然他不可能会说："因为我看到它了，所以我有那信念"；如果信念的证成要求一定要能够给出论证或证明，那么所有尚未学会进行恰当论证的小学生，都不可能拥有得到证成的信念，然而事实并非如此，不会进行论证的小学生已拥有相当多的有证成的信念。[①]

当代哲学家比较一致地将证成信念的理由归纳为三种：一是认知理由；二是道德理由；三是实用理由。与此相对应，信念的证成也有三种，即认知证成（epistemic justification）、道德证成（moral

---

① 在此，我们回避了关于信念证成的外在论与内在论的争议，因为这个问题本身较为复杂，倘若在此加以讨论，会占用很大篇幅，从而冲淡了主题。

justification）和实用证成（pragmatic justification）①。相应的义务也有三种：认知义务（epistemic obligation）、道德义务（moral obligation）和实用义务（pragmatic/prudential obligation）。这些不同的理由、不同的证成、不同的义务，相互之间有何关系，这是当代哲学家们在处理知识论问题时会遇到的一个重要问题。不回答这个问题，就难以清楚地刻画出认知证成和认知义务的特征。

  认知理由、道德理由和实用理由，分别从三个不同的角度来评价信念的合理性。证成（justification）和义务（obligation）都是价值评价概念。符合义务的要求或履行了相应的义务，其相应的信念也就是有证成的。认知理由通常被理解为相信一个命题为真的理由，证据的功能就是提供认知证成的理由；道德理由通常被理解为对一个命题的相信在道德上具有正当的理由，行为是否符合相应的道德规范，可提供道德证成的理由；实用理由是对一个命题的相信可能带来好处或避免不利的理由，后果考虑、利害权衡就是在对一个信念进行实用证成。一个命题可能在这三个角度同时是有证成的，也可能从某个角度来看是有证成的，而从另外的角度来看却是不能得到证成的；从某个角度来看，相信某个命题可能是信念主体的义务，而在另外的角度看来却不是。比如，有人告诉你，你的妻子有外遇，而且你也有证据表明她经常跟一个你不认识的男人在一起，但你们已经共同生活了十五年，而且感情一直都比较好，她也一直很支持你的工作，照顾家庭也尽心尽力。在这种情况下，你应该相信你的妻子有外遇，还是应该不相信？相信她有外遇，很可能在认知上是有证成的，至少初步看来，你有认知上的义务相信她有外遇了。但你又想起了你们结婚时的共同承诺："无论何时都要相互信任，绝不相互猜疑。"似乎你相信你妻子

---

① 关于实用证成（pragmatic justification），还有另外两种常见的表达，即实践证成（practical justification）和审慎证成（prudential justification）。这些表达，虽然字面上有些差异，但知识学家们在讨论知识论的相关问题时，都将其当作同义词来使用。

有了外遇，在道德上又是缺乏证成的，你有不相信你妻子有外遇的初步义务。同时，你知道：你是一个无法有效隐藏自己想法的人，相信一件事情，很快就会通过行动表现出来，而且很容易激动。倘若你真的相信你妻子有外遇，那么你就忍不住要责备她、恨她甚至打她，这会导致情感破裂、家庭解体，而且由于男女比例失衡，你很可能再也没有机会组建一个完整的家庭了，更重要的是小孩的成长会受到影响。因此你相信你老婆有外遇，这是很不明智的，你的信念在实用上是缺乏证成的，你在实用考虑上有不相信你老婆有外遇的义务。认知上的理由、证成和义务，关注的焦点通常认为是信念的真假，其价值目标是真理；道德上的理由、证成和义务，关注的焦点是善恶，其价值目标是德性；实用上的理由、证成和义务，关注的焦点是利弊，其价值目标是功利。如果这三种理由、三种证成、三种义务，时常是相互矛盾的，那么将它们混在一起而笼统地主张信念主体有何义务，这将是难以让人接受的。

二、全盘证据主义

有一种可能性是说，无论从认知的角度、道德的角度，还是功利的角度来看，信念的证成都靠证据，或者说相信的程度应该与证据保持一致。是否有哲学家这样主张呢？我们尚未发现有哲学家在明确地区分了这三个角度之后，仍然明确地捍卫这种主张。但却有哲学家在未明确区分这三个角度的前提下，笼而统之地坚持彻底的证据主义，其典型代表是克利福德，哲学家们通常将其归为严格证据主义（strict evidentialism）。虽然他确实是严格的证据主义者，不承认有任何例外，但其他许多证据主义者也不承认任何例外，不过他们的证据主义可能只是限于认知方面，而不涉及其他方面，这也可称作严格证据主义。因为他们认为一切信念在认知上的证成都依赖于证据，没有例外。所以"严格证据主义"的标签,不能将克利福德考虑所有因素之后而坚持的证据主义与其他只考虑认知因素的证据主义区别开来,然而我们认为这个区分又是至关重要的,否则,就会将不同层面的问题混为一谈,失去合理解决问题的前提。因此,我们特意将克利福德式的立场命名为全盘证据主义,即不加区分地综合考虑认知、道德和实用因素的证据主义。

全盘证据主义集中体现在克利福德原则:

> 无论何处,无论何人,相信没有充分证据的任何东西,始终是错误的。①

克利福德在《信念伦理》一文中是如何提出该著名原则的呢?他是借助对两个故事的分析而提出的。一个是船主的故事,另一个是煽动者(agitator)的故事。② 这两个故事的逻辑结构一样,用来阐述的问题也一样。所以后来的哲学家们一致地忽略了后一个故事,而只说前一个故事,即便是专门研究《信念伦理》一文的专著(《克利福德与〈信念伦理〉》③)也未曾提到后一个故事,这就使得未读原文的学者误以为作者只讲了关于船主的故事。在此,为了叙述的简明,我们也遵循这一传统"习俗"。船主的故事内容如下:

> 一位船主正准备派一艘满载移民的船出海航行。船主知道这船已经老旧,而且它一开始就建造得不是太好,在去过许多海域、

---

① William Kingdon Clifford, *Lectures and Essays*, Vol. 2, London: Macmillan and Co., 1901, p. 175.
② William Kingdon Clifford, *Lectures and Essays*, Vol. 2, London: Macmillan and Co., 1901, pp. 165-166.
③ Timothy J. Madigan, *W. K. Clifford and "The Ethics of Belief"*, Newcastle: Cambridge Scholars Publishing, 2009.

经历过许多风浪之后，它经常需要维修。有人还向他表示过这船可能不再适合航行的疑虑。这些怀疑使他很苦恼，很不高兴。他也曾想，或许他应该对这船进行彻底的检查和整修，虽然这会花上一大笔钱。然而，在这船起航之前，他成功地克服了这些郁郁寡欢的愁绪。他在心中暗自说道：这船安全地航行了这么远的航程，也经受住了这么多的大风大浪，设想它这次不能安全地返航，是没多大意义的。他相信上帝不会不护佑这些为了寻求更好生活而背井离乡的不幸家庭。他打消了所有小肚鸡肠式的疑虑，即关于造船者和承包人是否诚实可信的疑虑。就这样，他坦然而真诚地坚信这船彻底安全，完全适合航海。他怀着轻松的心情目送了这船驶离港口，并衷心地祝愿这些背井离乡者在人生地不熟的新家获得成功。但这船后来在大海中沉没，船主则得到了保险公司的理赔，而且没有任何流言蜚语。①

第一个可能的疑虑。船主的故事可能并不能证明证据主义原则就是对的，因为船主的过错不在于其证据的充足与否，也不在于其信念的对错与否，而在于其行为引起的严重后果，即未对老旧的船舶进行彻底检修就仓促载人出海，使得可怜的移民们全都葬身大海，他当然应对移民的死亡负责。一句话，这个例子表明的是人们应对意愿行为的后果负责，而不是对信念的由来（origin）负责，不是对证据与信念之间的证成关系负责。对此，可称之为行为后果疑虑。

克利福德会如何澄清这个疑虑呢？

让我们将这个例子稍微改变一下。假定那船一点儿都不老旧，

---

① William Kingdon Clifford, *Lectures and Essays*, Vol. 2, London: Macmillan and Co., 1901, pp. 163-164.

而且它也安全地完成了航行任务，此后又多次安全地出海。这是否会减少船主的罪责呢？一点儿都不会减少。①

克利福德的这个看法可能违反了许多人的直觉。在船舶沉没海底的情况下，船主没有充分证据的信念是错误的，而且导致了十分严重的行为后果，即大量生命的丧失；在船舶安全返航的情况下，船主没有充分证据的信念是正确的，而且行为后果也是好的，即安全地将大量移民送到了目的地。显然，至少相当多的人的直觉是：前一种情况的发生可以归责于船主，他应对这起海难负责；但在后一种情况下，船主可能没有任何罪责，似乎还有功劳。这种直觉当然是伦理学上的后果主义的直觉。

但克利福德似乎持有一种康德式的义务论伦理学。② 在船安全航行的情况下，克利福德说：

> 一旦采取了一个行动，它是对的就永远是对的，它是错的就永远是错的；无论偶然性的结果是善抑或恶，都不可能改变行为的对错。在船没有沉没的情况下，船主并不是无辜的，只是他的罪责未被发现而已。③

可见，克利福德认为行为的对错跟后果无关，只与行为本身的性质相关。这是典型的义务论。在此，克利福德的行为（action）④ 究竟是指什么？备选答案有：船主派船出海航行的行为；不全面检修船舶

---

① William Kingdon Clifford, *Lectures and Essays*, Vol. 2, London: Macmillan and Co., 1901, p. 164.
② 之所以是"似乎"持有康德式的义务论伦理学，因为克利福德的《信念伦理》中又充满了后果主义的论证，因此无法准确地断言他究竟是持有义务论的观点还是后果主义的观点。
③ William Kingdon Clifford, *Lectures and Essays*, Vol. 2, London: Macmillan and Co., 1901, pp. 164-165.
④ William Kingdon Clifford, *Lectures and Essays*, Vol. 2, London: Macmillan and Co., 1901, p. 164.

的消极行为；做出决策的行为；抑制住他的疑虑的行为；决定相信证据不充分的信念的行为。① 在《信念伦理》一文中，他从未清晰地界定过他的行为概念，也从未明确地分析过船主的故事中究竟有哪些行为，船主应对自己的行为负责，究竟是指哪个或哪些行为，在他的论述中亦不明朗。照常识的理解，其应该是未进行全面检修就仓促派船出海的复杂行为。

第二个可能的疑虑。有人可能会说，船主的过错在于没有彻底检查船的状况是否适合出海航行就仓促地派船出海。错在行为，而非信念本身，亦非信念的由来。对此我们可以称之为行为疑虑。克利福德是如何解答此疑虑的呢？

> 错误不在被断定的信念，而在随后的行为。……首先，我们承认，到目前为止，关于那事例的这种看法是正确的和必要的。它是正确的，因为，即便一个人的信念坚定不移，以至于他不可能有其他的想法，但他对由这信念所想到的行为仍有选择的自由，因此，不能逃避调查其信念强度之根据的义务；它是必要的，因为那些还不能控制自己情感和思维的人，必须有一条处理公开行为的简易法则。②

在此，我们再次看到了克利福德的义务论色彩，他承认船主在行为上有错，应承担责任，即便你别无选择，或者还不能控制自己的信念，但你仍然可以控制自己的行为，即你仍然可以调查所持信念的依

---

① 相信一个命题，通常不会看作是行为，而仅仅是自然而然出现的状态，但克利福德显然是意志论的支持者，粗略地说，他预设了人的意志可以支配信念的形成。在这个前提下，信念的形成可以看作是一种心灵行为（mental act），当然它仍然不是通常意义的外在行为。

② William Kingdon Clifford, *Lectures and Essays*, Vol. 2, London: Macmillan and Co., 1901, pp. 167-168.

据，你仍然有依照义务法则而做出外部行为的责任。值得注意的是，在此，克利福德承认船主在行为上负有责任，但他强调的行为不是派船出海的行为，而是未对信念之依据进行调查研究的行为。

第三个可能的疑虑。船主要对其过错负责，不是因为其证据不充分，而是因为其信念的命题内容是错的。对此，我们可以称之为内容错误疑虑。克利福德的澄清如下：

> 对与错的问题跟他的信念的由来（origin）有关，而跟信念的内容无关；不是它是什么，而是他是如何得到它的；不是它被证明为真或为假，而是他是否有权（right）基于他面前的证据而相信什么。①

可见克利福德认为，即便行为结果是善的，引起行为的信念是正确的，但其信念是没有充分证据的，船主仍然是不对的，对错评价的对象在于信念的由来，而非其内容的真假和后果的善恶。

第四个可能的疑虑。你可能会说船主的信念有非常重要的一些特征，但很多无足轻重的信念并不具有这些特征，是否拥有这些信念，这些信念是否有充分的证据支持，信念主体是否将其信念植根于这些证据之上，这都不太重要，因此不存在要承担任何责任的问题。比如，我随便看了一眼小王头上的头发，于是相信他头上的头发的根数是奇数。这个信念是无足轻重的，我想不到该信念会造成任何有意义的后果，这类信念的形成即便没有充分的证据，似乎也无需受到指责。但在克利福德的例子中，船主的信念却具有如下一些特征：

> 那没有证成的信念是错误的；涉及的命题在实践上很重要；

---

① William Kingdon Clifford, *Lectures and Essays*, Vol. 2, London: Macmillan and Co., 1901, p. 165.

涉及的人有特殊的职责；那错误的信念导致惊人的损害后果；那信念是自己故意诱导而出的。①

因此克利福德原则可以运用于满足这些条件的信念之形成，这似乎是合理的，但要求所有的信念之形成，无论多么琐碎无聊的信念之形成，皆应当受到克利福德原则的支配，这似乎太过了。对此，我们可以称之为琐碎信念疑虑。克利福德会如何解答这种疑虑呢？

> 根据不充分的证据而相信，或者通过压制怀疑和回避调查研究而抱有信念，这已被判定为是错误的。……一个人所持有的任何信念，无论其看似多么的琐碎无聊，无论信念持有者的地位多么的卑微，实际上都不会是无足轻重的，都不会不对人类的命运产生影响，因此，我们别无选择，只能将我们的判定扩展到所有的信念。②

一切人的一切信念都应由证据主义的规则来支配，没有任何例外。任何人的任何信念，如果不是建立在充分证据的基础之上，都无权相信。即便是关于鸡毛蒜皮的琐碎信念，也必须有充分的证据。克利福德坚持如此彻底的证据主义，有何依据呢？

1. 任何信念都会影响行为。

> 一个人真的相信立即促使他行动的信念，他就已经以渴求的

---

① Susan Haack, "'The Ethics of Belief' Reconsidered", in *Knowledge, Truth, and Duty: Essays on Epistemic Justification, Responsibility, and Virtue*, ed. by Matthias Steup, New York: Oxford University Press, 2001, p. 26.

② William Kingdon Clifford, *Lectures and Essays*, Vol. 2, London: Macmillan and Co., 1901, pp. 169-170.

目光注视着那行为，而且他早已在心里干了那事。如果一个信念不能立即见诸公开的行动，它会储存起来，以便指导未来。它会成为信念总体的一部分，在我们全部生活的每时每刻，这信念之总体都是连接行为与感受的纽带，这个紧密联系在一起的有机整体，其中任何一部分都不能离开其余部分而单独存在，但每增加一个新的信念，其整体的结构就会发生变化。[①]

在此，克利福德区分了信念影响行为的多种情况：一是立即引起行为的信念；二是储存在记忆中影响未来行为的信念；三是通过影响信念总体而间接地影响行为和感受的信念。信念可以直接或间接地影响行为，这是事实。但是否任何新的信念，无论多么的琐碎无聊，都会影响信念之整体结构，从而间接地影响未来的行为和感受，这至少仍有待进一步证实。我仍然无法设想，我相信一头牛身上的毛的根数为奇数或偶数，这会如何改变原有信念之总体的结构，也无法设想它对我未来的行为如何发挥影响。

2. 信念会影响能力、习惯和性格。

我们每次让自己因不足为信的理由而相信，我们都是在削弱我们的自控力，削弱质疑的能力，削弱我们周全而公正地衡量证据的能力。维护和支持错误的信念，以及因此而导致的致命性的错误行为，使我们都饱受痛苦。一旦这种信念能使人愉悦，深重而广泛的邪恶就会养成。一旦轻信的性格得到了拥护和支持，养成因不足为信的理由而相信的习惯，并使得这习惯长期固化不变，那么就会引起更加深重、更加广泛的邪恶。[②]

---

① William Kingdon Clifford, *Lectures and Essays*, Vol. 2, London: Macmillan and Co., 1901, pp. 168-169.

② William Kingdon Clifford, *Lectures and Essays*, Vol. 2, London: Macmillan and Co., 1901, p. 173.

在此，克利福德分析了基于不充分的证据而形成信念的危害：一是损害了一些非常根本的知性能力，即控制自己的思维的能力、批判性质疑的能力、公正地权衡证据的能力；二是促使信念持有者养成轻信的性格特征，假如持有证据不足的信念，能给相信者带来愉悦或其他好处，那么这类信念对人们本应养成的公正严谨的性格之损害，尤其严重；三是轻信的性格特征和习惯会带来更加严重的恶习，即欺骗和造假，尤其是当一个社会制度化地要求人们对某一些没有充分证据的东西加以相信，并大力鼓动、颂扬和维护轻信的特征和习惯时，相信者就会被包裹在"虚假和欺诈的重重迷雾"①之中。信念形成方式可能会影响到人的能力、习惯和性格，这是没有疑问的。但是否没有充分证据的任何一个信念的形成都会带来这些严重的后果呢？我们认为，很可能不是。而且无论轻重缓急，任何一个信念的形成，都需要有充分的证据支持，都需要调查研究，都需要排除合理怀疑，这是否又会养成一种多疑的习惯或性格特征呢？倘若多疑的性格特征得到广泛的拥护和支持，这是否又会导致人与人之间信任程度的降低呢？我们认为，至少有这种可能。

3. 任何信念都不是私人的事情。

任何情况下，一个人的任何信念都不是只与他自身有关的私人事务。为社会目的而由社会创造的关于事物进程的一般观念，指导着我们的生活。我们的词汇、短语，我们的思维形式、思维过程、思维模式，都是一代一代地塑造和完善起来的共同财富；它是世代相传的传家宝，作为珍贵的藏品和神圣的托付而传递给下一代，它并非不变，它在不断地得到丰富和净化，带有每代人自身手艺的明显印迹；每个人，只要他跟别人交谈，他的每个信

---

① William Kingdon Clifford, *Lectures and Essays*, Vol. 2, London: Macmillan and Co., 1901, p. 174.

念，无论好坏，都会融入这份传家宝。我们应为创造子孙后代生活于其中的世界而贡献力量，这既是极大的荣幸，亦是极大的责任。①

信念会储存在语词中，会塑造我们的思维模式，会通过交流而传递给下一代，会影响下一代生活于其中的那个世界，这都是毫无疑问的。但问题在于，是否每一个人的每一个信念，都起到如此重要的作用呢？对此，至少克利福德未能提供令人信服的答案。

4. 信念关系到人类的命运。

> 知道任何事物的一切，就是知道在所有情况下如何应对它。……系于知道感（sense of knowledge）的力量感（sense of power），使得人们渴求相信，而害怕怀疑。②

> 当这种力量感建立在一个真信念（true belief）之上，而这真信念是通过调查研究而正当地挣得的，那么这力量感就是最高最好的快乐。因为那时我们就可以恰如其分地感觉到：它是共同的财富，它对别人和我们自己都是有益的。因此，我们可以感到高兴，不是因为我知道了使得我更安全更强大的秘诀，而是我们人类能更好地掌握世界了。我们会强大，这不是为了我们自身，而是为了人类，为了人类的力量。但是，如果根据不充分的证据而接受信念，那快乐就是盗窃而来的。借助给我们一种我们并不真正拥有的力量感，它不但欺骗了我们自己，而且它是有罪的，因为它是无视我们对人类的责任而窃得的。这种责任就是，我们要像防范瘟疫一样防范没有充分证据的信念，这些信念会很快地控

---

① William Kingdon Clifford, *Lectures and Essays*, Vol. 2, London: Macmillan and Co., 1901, p. 169.
② William Kingdon Clifford, *Lectures and Essays*, Vol. 2, London: Macmillan and Co., 1901, pp. 171-172.

制我们自身的肌体，然后在整个城镇蔓延开来。①

没有充分证据的信念，其危险不仅仅是它会使得人类相信错误的东西，尽管这危险已足够大了，而且它还使得人类容易轻信，从而失去了验证和探究的习惯，这样，人类必将重新陷入野蛮状态。②

信念确实关乎人类命运，比如相信正义、相信公理、相信科学、相信民主、相信法治、相信和平，等等，这些信念的相关内容都是人类用血泪与生命换来的，关系到人类社会模式的基本架构。没有充分证据的信念确实容易导致错误，基于错误的信念而行动，最有可能导致行动失败，也会削弱我们对世界的掌控程度，还可能导致容易轻信的社会风气。但这并不能证明每一个证据不充分的信念都可能有这种恶果。

归纳一下克利福德的论证：

（1）信念会影响行为。
（2）信念会影响能力、习惯和性格。
（3）信念不是私人的事情。
（4）信念关系到人类的命运。
（5）因此，任何人都有"对我们所信的一切提出质疑的普遍义务"③。
（6）因此，"无论何处，无论何人，相信没有充分证据的任何东西，始终是错误的"④。

该论证的总体框架显然是一种目的论的论证，或者说后果主义的

---

① William Kingdon Clifford, *Lectures and Essays*, Vol. 2, London: Macmillan and Co., 1901, p. 172.
② William Kingdon Clifford, *Lectures and Essays*, Vol. 2, London: Macmillan and Co., 1901, p. 174.
③ William Kingdon Clifford, *Lectures and Essays*, Vol. 2, London: Macmillan and Co., 1901, p. 171.
④ William Kingdon Clifford, *Lectures and Essays*, Vol. 2, London: Macmillan and Co., 1901, p. 175.

论证。对于该论证的四个前提我们已略有不同看法。因此，克利福德的论证能够支持的结论似乎只能是：

> 对自身、他人或社会有重要影响的信念，我们必须有充分的证据，对此，相信任何没有充分证据的东西都始终是错误的。

克利福德的论证似乎很难支持他自己的结论：

> 任何人的任何信念都必须要有充分的证据，否则，始终是错误的。

因此，我们似乎可以说克利福德原则太过苛刻，即在任何时候，任何人的任何信念都要满足证据充分的要求，这太过严厉，要求太高了。对此，我们可以称之为"过严反驳"。这种反驳显然有一定道理，但克利福德的信徒是否可能找到合理的理由进行辩护呢？对此，我们稍后加以讨论。在此，我们需要先考察一下哲学家们对克利福德原则的其他批判。

克利福德原则自发表以来[1]，一直遭到各种批判和质疑，我们尚未见到对它的全面捍卫，当然我们也尚未见到对它的全面否定，因为我们的信念形成应该遵循一定形式的证据规则或者至少部分信念的形成必须要满足证据要求，这是每个人都必须承认的经验事实。批判克利福德原则最著名的文章是詹姆斯（William James）的《信念意志》一文[2]。由于詹姆斯的看法我们在第五章会专门讨论，因而在此略过。

---

[1] 1876年4月11日，克利福德在伦敦以《信念伦理》("The Ethics of Belief")为题向"形而上学学会"（Metaphysical Society）的成员发表了演讲，随后该文于1877年1月刊印在《当代评论》(*Contemporary Review*, XXXLX)。

[2] 《信念意志》("The Will to Believe")一文最初是詹姆斯在"耶鲁与布朗大学哲学俱乐部"（Philosophical Clubs of Yale and Brown Universities）发表的演讲，随后刊载于1896年6月的《新世界》(*The New World*)。

马迪根在其博士学位论文中将克利福德的信念伦理受到的批判分为两大类：一是同代人的批判；二是当代人的批判。① 在此，我们不可能对如此众多的批评者的观点逐一进行考察。我们只分析一下四个主要批判：一是混淆认知证成与道德证成；二是自指性抵牾；三是充分证据的标准不清楚；四是信念的实用主义证成。② 对于第四个论题我们将推迟到下一章去讨论。

1. 混淆不同证成类型。在对克利福德的众多当代批评中，最多的批评就是他混淆了认知证成与道德证成，换句话说，他没有区分认知责任与道德责任，没有区分知识论问题与道德问题。因此他认为相信证据不充分的东西在道德上是错误的，这是不能成立的，但如果他说相信证据不充分的东西在知识论上是错误，这倒可以成立。

哈克（Susan Haack）在其经典论文《重审〈信念伦理〉》一文中写道：

> 在克利福德与詹姆斯的著名争论中，他们都没区分知识论的证成与伦理的证成，这种失败造成一种错误的印象：要么是克利福德在《信念伦理》中提议的过于苛求的道德解释，要么是詹姆斯在《信念意志》中提议的过于宽容的知识论解释，二者必居其一。③

如果我们区分了认知证成与道德证成，那么就会发现还存在其他

---

① Timothy J. Madigan, *W. K. Clifford and "The Ethics of Belief"*, Newcastle: Cambridge Scholars Publishing, 2009, pp. 86-162.

② 在此，我们主要考虑对克利福德的批评意见，但这绝不是说，没有哲学家支持或赞同克利福德的主张，布莱克伯恩就是克利福德的一个当代支持者。（Simon Blackburn, *Truth: A Guide for the Perplexed*, New York: Allen Lane, 2005, pp. 3-7）

③ Susan Haack, "'The Ethics of Belief' Reconsidered", in *Knowledge, Truth, and Duty: Essays on Epistemic Justification, Responsibility, and Virtue*, ed. by Matthias Steup, New York: Oxford University Press, 2001, p. 22.

选项,即在知识论上坚持克利福德的严格要求,而在道德上坚持詹姆斯的较宽容的要求。克利福德未能将两种不同的证成区别开来,自然也就不会区分"知识论上的错误"与"道德上的错误","但他从未论证说,这二者是同一的,甚至从未论证说,认知评价是伦理评价的一个亚种"①,所以克利福德的论证是失败的。克利福德的辩护者可能会说:虽然论证是失败的,但结论并不必然是错误的。但在哈克看来,不但克利福德的论证是失败的,其结论也一定是错误的。原因何在?

克利福德的论证依赖于"两个错误的预设:仅仅是潜在的危害,无论多么的遥远,都足以支持否定性的道德评价(假如信念主体对其无证成的信念是负有责任的);任何信念主体对其无证成的相信,总是负有责任。但是遥远的潜在危害不足以支持道德上的否定性评价。倘若可以支持的话,不但醉酒驾驶在道德上是有罪的,拥有一辆小汽车在道德上也是有罪的。对于无证成地相信,其主体并非总是负有责任。因为,无证成地相信,有时是认知不胜任(cognitive inadequacy)造成的"②。何谓认知不胜任呢?"信念主体已尽最大努力,但在相关问题上他最好的认知努力还是不够好,还是导致了一个没有证成的信念。"③ 由认知不胜任而导致的无证成的信念,"即便这信念是有害的,这也不适合道德上的否定性评价"④。在此,哈克的论述预设了一个得到广泛认可

---

① Susan Haack, "'The Ethics of Belief' Reconsidered", in *Knowledge, Truth, and Duty: Essays on Epistemic Justification, Responsibility, and Virtue*, ed. by Matthias Steup, New York: Oxford University Press, 2001, p. 26.

② Susan Haack, "'The Ethics of Belief' Reconsidered", in *Knowledge, Truth, and Duty: Essays on Epistemic Justification, Responsibility, and Virtue*, ed. by Matthias Steup, New York: Oxford University Press, 2001, p. 27.

③ Susan Haack, "'The Ethics of Belief' Reconsidered", in *Knowledge, Truth, and Duty: Essays on Epistemic Justification, Responsibility, and Virtue*, ed. by Matthias Steup, New York: Oxford University Press, 2001, p. 24.

④ Susan Haack, "'The Ethics of Belief' Reconsidered", in *Knowledge, Truth, and Duty: Essays on Epistemic Justification, Responsibility, and Virtue*, ed. by Matthias Steup, New York: Oxford University Press, 2001, p. 24.

的原则，即应该蕴含着能够。信念主体应该如何样，必须以他能够如何样为前提，否则就不应承担相应的道德责任。理性不能命令我们去做我们不可能做的事情。但哈克的意思绝不是说我们对任何无证成的信念都可以不承担责任。如果你的信念没有证成是由你的疏忽大意或自我欺骗等方式造成的，那当然在道德上是有责任的，应获道德上的否定性评价。因此，哈克认为，"基于不充分的证据而相信，在道德上并非始终是错的"，但"基于不充分的证据而相信，在知识论上始终是错误的，意思是说，基于不充分的证据而相信，在知识论上说，始终是得到无证成的信念"。①

哈克的反驳是否完全成立呢？或许克利福德的辩护者会说：认知不胜任不但可以区分个人的认知不胜任与文化的认知不胜任②，还应该区分为自觉的不胜任与不自觉的不胜任。如果一个认知主体，他意识到了自己能力上的或背景信念上的不胜任，他依然基于不充分的证据而相信，那他显然不但在知识论上是错误的，在道德上亦是错误的，因为他意识到了自己不胜任，他虽不能形成在知识论上有证成的信念，他总有能力搁悬信念，既不选择相信，也不选择不相信。对于不自知的不胜任，认知主体的相关的信念在知识论上是错误的，在道德上却不是错误的。但克利福德原则说，任何人相信任何没有充分证据的东西，这始终是错误的。其前提是认知主体要在一定层面知道正在考虑的命题"没有充分证据"，这个前提是不言而喻的，而且也是克利福德在船主故事及其后续论证中明确提到的，只是未将其主题化而已。在船主故事中，船主是意识到了船舶已经老旧，而且一开始就建造得不

---

① Susan Haack, "'The Ethics of Belief' Reconsidered", in *Knowledge, Truth, and Duty: Essays on Epistemic Justification, Responsibility, and Virtue*, ed. by Matthias Steup, New York: Oxford University Press, 2001, p. 28.

② Susan Haack, "'The Ethics of Belief' Reconsidered", in *Knowledge, Truth, and Duty: Essays on Epistemic Justification, Responsibility, and Virtue*, ed. by Matthias Steup, New York: Oxford University Press, 2001, p. 24.

够好，他有意地压制了种种疑虑，最终形成了适合再次航海的信念。在后来的论证中，克利福德说，"听信偏见和激情的声音"，"而非借助耐心的调查研究而挣得"的信念，认知主体是无权相信的①，这显然不是不自觉的认知不胜任的情况。随后，他又说："根据不充分的证据而相信，或者通过压制怀疑和回避调查研究而抱有信念，这已被判定为是错误的。"② 在此，压制怀疑和回避调查研究，显然是对"根据不充分的证据而相信"的解释性说明。因此，克利福德的"证据不充分"概念应该作第一人称的内在主义理解，即自己意识到或至少很容易意识到自己的证据不充分，而非第三人称的外在主义理解，即他自己"能否意识到"证据充分与否，这跟证据是否充分毫不相干，只有第三人称的客观事实上的可靠性才跟证据是否充分相关。将外在主义或客观主义的立场加于克利福德的论证，恐怕是难以成立的。况且内在主义的证成思路是克利福德能够接触到的主流的知识论立场，外在主义的思路是晚近的事情③。因此，我们似乎可以将克利福德原则更加准确地表述为：

> 无论何处，无论何人，意识到没有充分证据，或很容易意识到没有充分证据，但仍然相信，这始终是错误的。

这个意义上的克利福德原则，我们觉得是可以得到辩护的。尽管它仍然没有区分认知证成与道德证成，但加上"意识到或很容易意识到"这个条件之后，就能够证明该条件下的认知错误总是一种道德上

---

① William Kingdon Clifford, *Lectures and Essays*, Vol. 2, London: Macmillan and Co., 1901, p. 166.
② William Kingdon Clifford, *Lectures and Essays*, Vol. 2, London: Macmillan and Co., 1901, p. 169.
③ 外在主义的证成思路是在回应葛梯尔难题的过程中逐步形成的，而葛梯尔难题是1963年才出现的（Edmund L. Gettier, "Is Justified True Belief Knowledge?" *Analysis*, Vol. 23, No. 6, 1963, pp. 121-123），那时，克利福德已经去世84年了。

的不负责任。①

2. 自指性抵牾。克利福德犯有自指性抵牾的毛病或错误，这种看法在当代哲学家中虽不像指责他混淆了不同证成种类那样流行，但也是一种非常严厉的指责。

> 克利福德对证据的普遍要求，其首要问题是：这普遍要求不能满足其自身的要求。克利福德为我们提供了两个迷人的事例来支持他的主张（一个船主故意派遣了一艘不适合航行的船舶去航海，在第一个事例中，那船沉没了，在第二个事例中，那船完成了航行任务）。这两个事例有力地证明了：在类似的情况下，合理的信念需要证据。一些信念的理性接受，需要有证据，这没有人不同意。但所有情况下的所有信念都需要有证据吗？这是一个极其过分的要求，事实上这要求自身就有没足够的证据来支持。②

---

① 不少哲学家都指责克利福德未能区分认知证成与道德证成，因而陷入谬误。在此我们再略举两例。马丁（Michael Martin）说："克利福德忽视了一个重要的观点。他用以论证的纯粹认知上的理由，本身是道德上的理由。因此，具有讽刺意味的是，在信念证成中不应用功利性的理由，却显然是基于一种功利性的理由，即如此做而带来的道德上不可接受的后果。而且克利福德本应该论证：根据纯粹的认知理由而相信，这是一种独立的知识论上的义务。"（Michael Martin, *Atheism: A Philosophical Justification*, Philadelphia: Temple University Press, 1990, p. 31）换句话说，认知证成只能基于纯粹认知上的理由，认知责任只能基于认知义务；道德证成只能基于道德理由，道德责任只能基于道德义务。克利福德将二者混淆了，他用功利性的道德理由来证明认知责任。在介绍了船主故事后，寇德（Lorraine Code）说："在此，克利福德相信他自己是在做严格意义上的道德判断，因此在一定程度上掩饰了先前没有保证的认知策略所产生的有罪行为。"（Lorraine Code, *Epistemic Responsibility*, Hanover, New Hampshire: Brown University Press, 1987, p. 73）信念形成属于知识论的领域，行为及其后果属于道德的领域，克利福德将二者混在一起了。

② Kelly James Clark, "Without Evidence or Argument", in *Readings in the Philosophy of Religion*, ed. by Kelly James Clark, 2nd edition, Ontario: Broadview Press, 2008, p. 203. 克拉克（Kelly James Clark）在此犯了一个事实性的错误，克利福德在《信念伦理》的第一部分确实举了两个例子，一个是船主的例子，另一个是煽动者（agitaor）的例子。每一个例子都有两个版本，即目标信念为真的情形与目标信念为假的情形。克拉克将船主故事的两种结局，理解为是两个不同的例子，显然他忽略了在船主故事之后，克利福德紧接着又讲了内容不同但逻辑结构完全一样的另一个故事。但这个小的瑕疵，并不会影响到克拉克的论证是否有效的问题。

克利福德原则本身没有足够的证据支持。对此，克拉克（Kelly James Clark）试图通过一个思想实验来证明。设想一个人以克利福德的方式来考虑证据问题。其证据要么是一些由感官经验而来的信念；要么是一些具有自明性的逻辑或数学信念。雨后第二天，他列举出了他所有源自经验的信念以及逻辑和数学上的信念：

（1）天是蓝的；草是绿的；大多数树木都比大多数蚱蜢要高；……①

（2）二加二等于四；每个命题要么为真，要么为假；在欧几里得几何中，三角形的内角和等于180度；……②

从这两组命题能够推出克利福德原则吗？即（1）和（2）作为证据能证明如下的结论吗？

（3）无论何处，无论何人，相信没有充分证据的任何东西，始终是错误的。

答案似乎是不能，（1）和（2）跟（3）之间没有形成恰当的证据支持关系。"所有这些被当作证据的命题，跟结论没有任何关系。克利福德对于证据的普遍性要求不能满足其自身设定的标准！因此，依照克利福德自己的标准，普遍的证据要求是不合理的（irrational）。"③克拉克的论证预设了证据最终都是信念，源自感官知觉的信念、逻辑

---

① Kelly James Clark, "Without Evidence or Argument", in *Readings in the Philosophy of Religion*, ed. by Kelly James Clark, 2nd edition, Ontario: Broadview Press, 2008, p. 203.
② Kelly James Clark, "Without Evidence or Argument", in *Readings in the Philosophy of Religion*, ed. by Kelly James Clark, 2nd edition, Ontario: Broadview Press, 2008, p. 203.
③ Kelly James Clark, "Without Evidence or Argument", in *Readings in the Philosophy of Religion*, ed. by Kelly James Clark, 2nd edition, Ontario: Broadview Press, 2008, p. 203.

信念、数学信念等。但从所有这些信念的总体中并不能推导出克利福德原则。该原则要求所有信念都应该有充分的证据，但该原则本身作为信念却没有充分的证据，因此依照克利福德原则的要求，该原则自身是不合理的。对此，我们称之为"自指性抵牾论证"。

克拉克不但认为克利福德原则是不合理的，而且有证据表明它很可能是错误的。①

（1）人的精力和时间有限，不可能去检测每个信念是否符合克利福德的证据要求，因而我们的大多数信念实际上都源自他人的证言。

（2）人的认知能力有限，"人类能证明的事物是有限的"，比如："还没有人有能力证明他人存在。还没有人有能力证明我们不是五分钟之前才被创造出来的。"②

（3）"推理必须有起点"，如果每一个信念都需要有充分的证

---

① Kelly James Clark, "Without Evidence or Argument", in *Readings in the Philosophy of Religion*, ed. by Kelly James Clark, 2nd edition, Ontario: Broadview Press, 2008, pp. 203-204.

② Kelly James Clark, "Without Evidence or Argument", in *Readings in the Philosophy of Religion*, ed. by Kelly James Clark, 2nd edition, Ontario: Broadview Press, 2008, p. 204. 他人存在的问题，对于一般的常识而言，根本不是问题，但对哲学家而言可能有所谓"他心问题"，即我们怎么知道他人也有心灵呢？如果他人没有跟我自己类似的心灵，那他人其实并非真的是人，只不过是人皮囊而已。如果我们是通过类比推理而得知他人有心灵的，那么，由于类比论证本身具有较大的可错性，因而不能确证他人是否有心灵。在此，我们略过对这个问题的讨论，有兴趣的读者可参见 Bertram F. Malle, and Sara D. Hodges (eds.), *Other Minds: How Humans Bridge the Divide Between Self and Others*, New York: The Guilford Press, 2005; Alec Hyslop, "Other Minds", *The Stanford Encyclopedia of Philosophy*, Spring 2016 Edition, ed. by Edward N. Zalta, URL = <https://plato.stanford.edu/archives/spr2016/entries/other-minds/>. 世界是五分钟之前才产生的，这个假设是罗素在1921年出版的《心的分析》中提出来的。他说："如果假定，世界事实上是五分钟以前产生的，并且其居民'记得'一种完全不真实的过去，那么这并非是逻辑上不可能的。不同时刻的事件之间并无逻辑上的必然联系，所以现在或未来所发生的任何事情都不能否证这个假设，即世界是五分钟以前开始的。"（罗素：《心的分析》，贾可春译，商务印书馆2009年版，第135页）对于这个假设，我们当然无法在逻辑上彻底驳倒它，但罗素的意思绝不是说，这种怀疑论的假设很可能是真的，而是说，这种假设在抽象的逻辑层面是无法驳倒的。

据，这会导致无穷倒退，从而没有任何有证成的信念，因此，"必须有一些我们只是接受并将其作为推理之根据的真理"①。

（4）因此，我们没有义务要基于充分的证据才相信，因为应该蕴含着能够，然而我们根本不可能有时间、精力和足够的认知工具去考察信念的充分证据，即便有足够的时间、精力和认知工具，也不可能要求每一个信念都有足够的证据，因为这样会陷入无穷倒退。

该论证，我们可以称之为"不可能论证"，但这绝不是说对所有信念都不可能要求有充分的证据支持，而仅仅是说，不可能对所有的信念都要求有充分的证据支持。该论证可以看作是对自指性抵牾论证的一个补充。前者是说，普遍的证据要求不合理，因为要求者自身却不满足其要求；后者是说不可能，即便它是合理的，也不可能得到落实。

对于这两个论证，我们应如何看待呢？它们驳倒了克利福德原则吗？当然没有。

首先，克利福德原则的支持者对于自指性抵牾论证，可以做如下反驳：克利福德原则，当然有充分的证据支持。这证据就是前面所论及的四点：任何信念都会影响行为；信念会影响信念主体的能力、习惯和性格；任何信念都不是私人的事务；任何信念都直接或间接地关系到人类之命运。因此，抱有任何信念都应该有充分的证据。没有充分证据就相信，这对自身和人类的伤害实在太大了。这是一个目的论的论证，并非是一个演绎论证。演绎论证并不是充分证据的必要条件。克拉克对充分证据的理解是错的，他误以为：一个信念是有充分证据的，那么这个信念就必须能够从另外的信念或信念之总体中逻辑地推

---

① Kelly James Clark, "Without Evidence or Argument", in *Readings in the Philosophy of Religion*, ed. by Kelly James Clark, 2nd edition, Ontario: Broadview Press, 2008, p. 204.

导而出。克利福德原则的证明是借由目的论证或曰实践推理而实现的，绝非克拉克所误解的那种理论理性的逻辑推理而实现的。因此，克拉克式的自指性抵牾论证难以成立。

其次，克利福德的辩护者对于"不可能论证"可做如下回复：个人的时间、精力和认知能力都是有限的，这完全正确，但这并不影响任何信念都应有充分的证据，因为他人的证言也是非常重要的证据，没有任何理由要求充分证据只能是由自己的直接经验产生的信念或逻辑的、数学的信念。况且，个人的时间、精力和能力有限，并不等于无限发展着的整个人类的时间、精力和能力亦是有限的。累积起有充分证据的信念恰好是不断发展的整个人类的任务，并非仅仅是任何单个人的认知义务。我们没有绝对不可能错的证据来证明他人存在或世界不是五分钟之前才产生的，但我们却有极为充分的证据证明他人存在，证明"五分钟世界"之假设是不符合事实的。充分证据并非绝对不可能错的证据。克利福德原则的知识论要求，不是"绝不可能错"的要求，而是"合乎认知理性"的要求。将怀疑论的假设当作人类认识能力的界限，这是相当荒谬的。我们赞同任何推理都有起点，否则会陷入无限后退的困境，但克利福德原则完全可以避免这种假想的无限后退，因为事实上，我们有相当一部分信念是知识论上的基础信念，它们可以是推理的起点，而它们自身却不源自任何推理，而是源自感官知觉或理性洞见。因此，"不可能论证"的三个前提都难以成立。

3. 充分证据的标准不清楚。克利福德原则虽然并非只是针对宗教信念[①]，但通常被哲学家们误解成只是针对宗教信念而言的，所以当代哲学家因瓦根（Peter van Inwagen）在专门论述克利福德原则的论文中

---

① 克利福德的《信念伦理》一文列举的例子涉及派船出海、鼓动闹事、历史事件、科学试验、宗教人物等等，绝非只是针对宗教的。（William Kingdon Clifford, *Lectures and Essays*, Vol. 2, London: Macmillan and Co., 1901, pp. 163-205）任何一个仔细阅读过全文的人，都难以将克利福德的《信念伦理》一文当作专门攻击宗教信仰的檄文。

说:"正如克利福德原则所表明的,'每个人都知道'他的目标是宗教信念。(毫无疑问,论著选集的编者都知道这一点。《信念伦理》一文,几乎恰好出现在关于宗教哲学的每一论著选集中。它却从未出现在任何一本关于知识论的论著集中。)"① 因此,因瓦根对克利福德的批判主要也是从宗教信念的合理性的角度来考虑的,其核心问题是宗教信念是否应该满足克利福德原则的要求?"充分证据"标准所认可的证据究竟是一些什么样的证据?

要么你接受克利福德原则,要么不接受。如果不接受,游戏结束。如果接受,在克利福德原则下,要么你认为宗教信念在知识论上是不正确的,要么不是不正确的。如果它在知识论上不是不正确的,游戏结束。如果它在知识论上是不正确的,在克利福德原则下,你会认为其他一些重要领域的信念在知识论上也是不正确的吗?尤其是哲学信念和政治信念。如果你认为是,那么,就这些领域的信念而言,你是一个怀疑论者,一个哲学的和政治的怀疑论者(并且很可能在其他诸多领域也是一个怀疑论者)吗?如果不是,为何不是?如果你认为,在克利福德原则下,只是宗教信念这一个重要的领域犯有错误,即是说,你接受了差别论题,

---

① Peter van Inwagen, "It Is Wrong, Everywhere, Always, and for Anyone, to Believe Anything upon Insufficient Evidence", in *The Possibility of Resurrection and Other Essays in Christian Apologetics*, Oxford: Westview Press, 1998, p. 36. 在此,因瓦根显然是犯了一个事实性的错误。至少在因瓦根撰写该论文的20多年前就有学者将克利福德的《信念伦理》一文收入纯粹知识论的专集之中(Robert R. Ammerman and Marcus G. Singer [ed.], *Belief, Knowledge, and Truth: Readings in the Theory of Knowledge*, New York: Charles Scribner's Sons, 1970, pp. 39-45),不过,这不是全文,只是收录了第一部分,但哲学家们对《信念伦理》一文的关注通常也只是其第一部分;在此之后,亦有哲学家将该文收录在专门的知识论文集之中(如 Louis P. Pojman, *The Theory of Knowledge: Classic and Contemporary Readings*, 3rd edition, Belmont, CA: Wadsworth, 2003, pp. 515-518),依然只收录了第一部分。对于波伊曼将该文收录进知识论文集,因瓦根是知道的,因为他在注释中有所说明,参见 Peter van Inwagen, *The Possibility of Resurrection and Other Essays in Christian Apologetics*, Oxford: Westview Press, 1998, p. 43。

你将如何捍卫这个立场呢？你是否接受我对差别论题的选言式的表达："要么宗教信念应该接受比其他类型的信念更加严格的知识论标准，这其他信念类型的典型是哲学信念和政治信念，要么，如果它们接受跟其他信念同样的知识论标准，它们在这标准下的通常结果会更糟，即比包括哲学和政治信念在内的多数其他类型的信念更糟"？如果不接受，那么你会如何表述差别论题（你将如何捍卫你对差别论题的表述）呢？如果你接受我对差别论题的选言表述，你将接受哪个选言支？你对那个选言支的辩护是什么呢？在你构想的辩护中，请记住解释你所理解的证据。"证据"完全由可当众核查的东西（照片和指针读数）构成，或者证据能够满足用公共语言进行描述的要求（或许包括感觉、记忆）。①

我们可以将该论证的主要内容图示如下（见图4.1）：

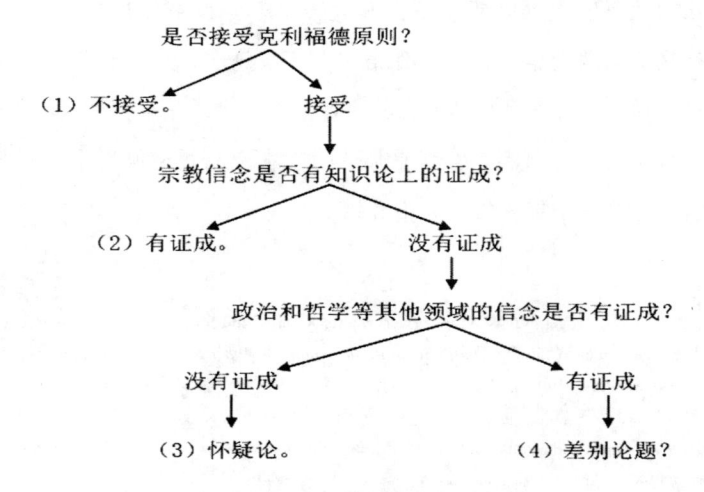

```
              是否接受克利福德原则？
            ↙              ↘
      （1）不接受。        接受
                            ↓
                  宗教信念是否有知识论上的证成？
                      ↙              ↘
                （2）有证成。       没有证成
                                      ↓
                        政治和哲学等其他领域的信念是否有证成？
                            ↙              ↘
                        没有证成           有证成
                          ↓                  ↓
                    （3）怀疑论。        （4）差别论题？
```

图 4.1　因瓦根的差别论题论证

---

① Peter van Inwagen, "It Is Wrong, Everywhere, Always, and for Anyone, to Believe Anything upon Insufficient Evidence", in *The Possibility of Resurrection and Other Essays in Christian Apologetics*, Oxford: Westview Press, 1998, pp. 41-42.

因瓦根的这个差别论题论证并不是要直接挑战或否定克利福德原则，其针对的是如下论证的结论：

（1）根据克利福德原则，只要没有充分的证据，对任何命题的相信都是没有证成的。

（2）没有人有关于上帝存在等宗教命题的充分证据。

（3）因此，任何人关于上帝存在等宗教命题的相信，都是没有证成的。

该论证可称之为"宗教无证成"论证。因瓦根不能接受这个结论。但他并没有直接否定前提（1），他试图直接挑战的只是前提（2）。

克利福德原则与宗教信念的关系可以归纳为如下四种情况：（1）不接受克利福德原则，那么没有什么可说的，游戏直接结束；（2）接受克利福德原则，但认为宗教信念跟其他诸多信念一样，都是有证成的，也没有什么需要进一步探究的，游戏结束；（3）接受克利福德原则，并且认为宗教信念是没有证成的，包括政治的、哲学的等其他诸多领域的信念也是没有证成的，这导致怀疑主义的心态，对于怀疑论者，也无需多说，游戏结束；（4）接受克利福德原则，但认定宗教信念是没有证成的，哲学和政治等其他领域的信念却是有证成的，这就必须要对这种差别作出解释，其解释必须预设差别论题：要么宗教信念的证成标准应比其他信念的标准更加严格，要么在所有领域用一样的标准，但在一样的标准下，宗教信念比其他领域的信念表现得更加糟糕，即更加没有证成，否则就没法解释这样的结果，即宗教领域的信念没有证成，而其他领域的信念却有证成。但差别论题能否成立呢？如果能够成立，我们应该接受这个选言命题的哪个选言支呢？对此，虽然因瓦根并没有给出明确的结论，但他认为对差别论题的解释必然涉及对证据的理解。

哪些东西可算作证据呢？因瓦根考虑了三种情况：

（1）证据＝法庭和实验室意义上的证据。对此，我们称之为"可当众核查的证据"。

> 如果"证据"是法庭和实验室意义上的证据（照片、誓词文本、专家证人的意见、仪表读数记录，甚至论证，如果论证像公共的可获得的文本一样简单，并且任何人只要阅读并理解了适当的文本，就可以"拥有"构成其论证的证据），那么"这证据"显然不能支撑起我们哲学的和政治的信念。①

（2）证据＝可当众核查的证据＋逻辑推理＋私人的感官经验＋感官经验之记忆。对此，可简称为"公共语言可描述的证据"。

在此，尽管可算作"充分证据"之证据的范围，得到了极大的扩展，但是，"'这证据'不能支撑起我们哲学的和政治的信念，这似乎依然为真。……它不足以证成我们绝大多数哲学的和政治的信念，或者我们哲学的和政治的信念确定无疑地会有比实际情况大得多的统一性"②。然而，因瓦根实际上认为一些人的哲学信念和政治信念确实是有证成的，即有充分证据的，然而事实上，我们在哲学的和政治的信念方面却存在着巨大的分歧。

（3）证据＝公共语言可描述的证据＋洞见或其他一些不可言表的要素。对于后者，我们可以简称为"不可言表的证据"。

---

① Peter van Inwagen, "It Is Wrong, Everywhere, Always, and for Anyone, to Believe Anything upon Insufficient Evidence", in *The Possibility of Resurrection and Other Essays in Christian Apologetics*, Oxford: Westview Press, 1998, p. 40.

② Peter van Inwagen, "It Is Wrong, Everywhere, Always, and for Anyone, to Believe Anything upon Insufficient Evidence", in *The Possibility of Resurrection and Other Essays in Christian Apologetics*, Oxford: Westview Press, 1998, pp. 40-41.

如果"证据"可以包括"洞见"（insight）或其他一些不可言表的要素，……一些人的一些哲学的和政治的信念，可借助他们能获得的证据而得到证成。（正如我已说过的，这种观点是我认为最有吸引力的，或者最不令人讨厌的。）但是，如果以这种方式来理解证据，怎么会有人确信一些人的宗教信念不能通过他们可获得的证据而得到证成呢？①

因瓦根对证据的分析，我们可以归纳为如下论证：

（1）克利福德原则所要求的证据，要么是能说服任何理性者的、可当众核查的证据，要么是能够用公共语言进行描述的证据，要么是除开语言可描述的证据而外，还要包括语言不可描述的证据，比如不可言表的洞见。

（2）如果证据的范围只能是可当众核查的证据才能算作克利福德原则所要求的证据，那么无人能满足克利福德原则的要求，因而我们绝大多数的信念都是没有证成的。在此情况下，只是指责宗教信念没有证成，这是虚伪的。

（3）如果证据的范围扩展到可用公共语言表达的证据，那么哲学的和政治的信念依然是难有证成的。在这种情况下，只是指责宗教信念没有证成，这仍是虚伪的。

（4）如果证据的范围扩展到包括不可言表的证据因素在内，那么一些哲学的和政治的信念就可以得到证成。与此同时，宗教的信念亦可以获得证成。

（5）因此，要么对宗教信念的指责是一种虚伪，要么宗教信

---

① Peter van Inwagen, "It Is Wrong, Everywhere, Always, and for Anyone, to Believe Anything upon Insufficient Evidence", in *The Possibility of Resurrection and Other Essays in Christian Apologetics*, Oxford: Westview Press, 1998, p. 41.

念跟其他领域的信念一样可以满足克利福德原则的证成标准。

（6）因此，"差别论题"不能成立。

如何看待因瓦根的论证呢？因瓦根并没有否定克利福德原则，只是说其"充分证据"之标准或范围是有相当大的解释空间的，如果将个人洞见等不可言表的因素考虑在内，哲学、政治、宗教等领域的信念都可以满足"充分证据"的要求；如果不将不可言表的证据算在"充分证据"的范围之内，那么不但宗教信念难有证成，哲学和政治等其他领域的诸多信念亦是没有证成的，没有充分的理由对宗教信念要求更加严格的证据标准。

克利福德确实未曾界定过何谓"证据"、何谓"证据充分"或"证据不充分"等问题，更没有解释何谓"证据支持"的问题，这当然是不可否认的缺陷。因瓦根借助这些缺陷来为宗教信念进行辩护，也是合情合理的策略。但这个辩护是否成功呢？我们认为因瓦根的辩护是不成功的。如果将不可言表的神秘洞见亦算作证据，那么就没有任何信念是没有证成的了。任何荒唐透顶的信念，相信者都可以说，你无法获得我所获得的证据，在你看来某个信念是不合理的、没有证成的，但我却拥有无法向你言传的洞见作为证据，因而相应的信念具有知识论上的合理性，即它是有证成的。我们并不完全否认洞见（insight）对信念有证成功能，但洞见至少可以区分为理性洞见与神秘洞见。我们认为理性洞见在原则上是可以言表的，交流的双方如果有相同的背景信念和除开理性洞见之外的其他证据，那么通过说理或情景体验等方式，是可以说服没有该洞见的理性者接受相应的洞见的。

显然，因瓦根是从知识论的角度来审视克利福德原则的，而非伦理学的角度。克服克利福德证据原则的缺陷，更加准确地阐释知识论上的证据主义，这正是当代知识论的一项重要任务。

三、认知证据主义

当代认知证据主义（epistemic evidentialism）的代表人物有齐硕姆①、哈克②、柯尼和费尔德曼③。齐硕姆在《刘易斯的信念伦理》一文中提出了如下的"实践三段论"：

> 任何人只要有证据，接受相应的结论就可得到保证。
> 我正好有那证据。
> 因此，我接受那结论是有证成的。④

在此，齐硕姆不外是说，只要有证据，我就有权相信，相信的权利或义务只跟证据与结论之间的支撑关系相关，跟意志或利益无关。当然对此可能有不同的解释：有可能将齐硕姆的主张理解成严格证据主义，即 S 有权相信 p，当且仅当 S 有充分的证据，波伊曼将此立场归于齐硕姆："一个人应该相信某些命题，当且仅当它们获得了充分的证据支持"⑤；也有可能将其理解为温和证据主义，即如果 S 对非 p 没有充分的证据，S 有权相信 p。我们认为在信念伦理上，将齐硕姆理解为

---

① Roderich M. Chisholm, *Perceiving: A Philosophical Study*, New York: Cornell University Press, 1957; *The Foundations of Knowing*, Minneapolis: The University of Minnesota Press, 1982; *Theory of Knowledge*, 3rd edition, New Jersey: Prentice-Hall, Inc., 1989.

② Susan Haack, *Evidence and Inquiry: Towards Reconstruction in Epistemology*, Cambridge, MA: Blackwell Publishers, 1993.

③ Earl Conee and Richard Feldman, "Evidentialism", *Philosophical Studies*, Vol. 48, No. 1, 1985, pp. 15-34（此文是他们二人合作阐明证据主义的开山之作，具有很大的哲学影响）; *Evidentialism: Essays in Epistemology*, Oxford: Clarendon Press, 2004（这是他们二人有关证据主义的论文集）。

④ Roderich M. Chisholm, "Lewis' Ethics of Belief", in *The Philosophy of C. I. Lewis*, ed. by Paul Schilpp, La Salle, Illinois: Open Court, 1968, p. 226.

⑤ Louis P. Pojman, "Believing, Willing, and the Ethics of Belief", in *The Theory of Knowledge: Classic and Contemporary Readings*, ed. by Louis P. Pojman, 3rd edition, Belmont, CA: Wadsworth, 2003, p. 548.

温和证据主义者是比较适当的,因为他曾明确说:"一个命题在被证明有罪之前,应该当作是无辜的。仅当我们对一个命题的矛盾命题有充分证据时,我们接受这个命题才是不合理的。"① 严格证据主义的信念伦理采取的是"有罪推定"原则。

> 知识论上的有罪推定原则:除非有充分证据证明一个命题是无辜的,否则有权认定它很可能是有罪的,即有权不相信它,甚至有义务不相信它。

温和证据主义采取的是"无罪推定"原则。

> 知识论上的无罪推定原则:对于任何一个命题,除非有充分的证据证明它是有罪的,否则我就有权相信它是无辜的,即有权相信。②

迈兰(Jack W. Meiland)认为齐硕姆的"这个三段论很好地阐明了证据主义"③,而费尔德曼认为,齐硕姆只是"暗示了证据主义","明确捍卫证据主义"的是他自己和柯尼。④ 谁的评价更公正呢?应该说都是公正的,齐硕姆确实有关于证据的一些经典的说法,但他确实没有明确而系统地提出并捍卫证据主义。

---

① Roderich M. Chisholm, *Perceiving: A Philosophical Study*, New York: Cornell University Press, 1957, p. 9. 齐硕姆对"知道"的论述亦可以显示其证据主义立场,他说:"'S 知道 h 为真'意味着:(ⅰ)S 接受 h;(ⅱ)S 对 h 有充分的证据;(ⅲ)h 为真。"(Roderich M. Chisholm, *Perceiving: A Philosophical Study*, New York: Cornell University Press, 1957, p. 16.)

② 关于知识论上的有罪推定与无罪推定,可参见文学平:《信念与证据:上帝存在信念的合理性概念及其对和谐社会的启示》,《宗教学研究》2009 年第 2 期,第 195—200 页。

③ Jack W. Meiland, "What Ought We to Believe? Or the Ethics of Belief Revisited", *American Philosophical Quarterly*, Vol. 17, No. 1, 1980, p. 19.

④ Richard Feldman, "Evidence", in *A Companion to Epistemology*, eds. by Jonathan Dancy, Ernest Sosa, and Matthias Steup, 2nd edition, Malden: Wiley-Blackwell, 2010, p. 349.

哈克提出了一种融合基础主义与融贯论的"基础融贯论"(foundherentism),其核心观点是:

> 一个人相信某物在某个时间是否被证成,如果被证成,在何种程度上被证成,这取决于他的证据在那个时间相对于那个信念是多么好。证成有程度之分;它是相对于时间的;它是个人的,尽管不是主观的;它既有准逻辑的因素,又有因果的因素。①

虽然基础融贯论的核心是要解答证据支持的本质和认知证成的结构问题,但如果从信念伦理的角度来看,哈克依然是严格的证据主义者,即"相信没有充分证据的东西,这在知识论上始终是错的"②,但这并不意味着相信没有充分证据的东西,在道德上一定犯了什么错误,或者在实践上一定是不对的。哈克明确地区分了不同类型的证成。虽然哈克提出了新颖的基础融贯论,但是哲学家们在谈到证据主义的时候却很少提到她,或者说她那独特的证据主义并没有引起哲学家们的广泛认同。③

当代哲学家中明确而系统地阐释和捍卫证据主义的,确实是费尔德曼和柯尼最为显眼。他们合作完成了当代证据主义的经典论文《证据主义》④以及其他一些相关论文⑤,但比较而言,费尔德曼对发展证据

---

① 苏珊·哈克:《证据与探究》,陈波等译,中国人民大学出版社2004年版,"中译本序言",第2页。
② Susan Haack, "'The Ethics of Belief' Reconsidered", in *Knowledge, Truth, and Duty: Essays on Epistemic Justification, Responsibility, and Virtue*, ed. by Matthias Steup, New York: Oxford University Press, 2001, p. 28.
③ 在国内比较有影响的《布莱克威尔西方哲学辞典》在解释"证据主义"一词时指出:"证据主义在齐硕姆的哲学中是潜存的(implicit),费尔德曼和柯尼却明确地阐述了它"(Nicholas Bunnin and Jiyuan Yu, *The Blackwell Dictionary of Western Philosophy*, Malden: Blackwell Publishing, 2004, p. 234),没有提到哈克。
④ Earl Conee and Richard Feldman, "Evidentialism", *Philosophical Studies*, Vol. 48, No. 1, 1985, pp. 15-34.
⑤ Earl Conee and Richard Feldman, *Evidentialism: Essays in Epistemology*, Oxford: Clarendon Press, 2004.

主义的功劳似乎更大一些，在哲学界的影响也更大一些。就我们所见到的文献而言，在阐述证据主义的时候，凡是提到柯尼的，都会一并提到费尔德曼，但在提到费尔德曼的地方，却不一定会提到柯尼。费尔德曼论述证据主义的著作也确实比柯尼要多一些，直接从证据主义的立场来阐释信念伦理的也是费尔德曼。[①] 因而我们在此只以费尔德曼为核心来进一步论述其证据主义的信念伦理：一是证据主义核心命题；二是何谓证据；三是何谓拥有证据；四是何谓证据支持；五是认知证据主义面临的主要反对意见；六是认知证据主义对克利福德式的全盘证据主义的回应。

1. 认知证据主义的核心命题。费尔德曼和柯尼在他们的经典论文《证据主义》一文中，第一次明确地论证了证据主义的核心命题，并在以后的著作中不厌其烦地强化该命题：

> 在时间 t，主体 S 对于命题 p 的信念态度 D 在知识论上是有证成的，当且仅当，拥有对命题 p 的态度 D 跟 S 在时间 t 拥有的证据相吻合。[②]

对此，我们称之为证据主义之核心命题的"证成表述"，该命题不是对"知道"或"知识"概念的分析，也不是对"信念"概念的分析，而是对知识论上的信念证成概念的总体描述。相信、不相信、悬置等不同形式的信念态度之认知证成，或者说，信念态度在知识论上的合理程度，取决于相信者当时所拥有的证据的质量。相信的态度可以有认知证成，不相信或悬置的态度亦可以有认知证成。因此，根据费尔

[①] Richard Feldman, "The Ethics of Belief", *Philosophy and Phenomenological Research*, Vol. 60, No. 3, 2000, pp. 667-695; "Modest Deontologism in Epistemology", *Synthese*, Vol. 161, No. 3, 2008, pp. 339-355.

[②] Earl Conee and Richard Feldman, "Evidentialism", *Philosophical Studies*, Vol. 48, No. 1, 1985, p. 15.

德曼和柯尼的意思,证据主义的证成表述又可以分解为以下三个命题:

(1) S 在时间 t 有证成地相信命题 p,当且仅当,S 在时间 t 的所有证据总体上是支持命题 p 的。

(2) S 在时间 t 有证成地不相信命题 p,当且仅当,S 在时间 t 的所有证据总体上是支持非 p 的。

(3) S 在时间 t 有证成地悬置对命题 p 的相信,当且仅当,S 在时间 t 的所有证据总体上既不支持命题 p,也不支持命题非 p。

除开"证成表述"而外,费尔德曼还在十五年之后明确地给出了证据主义核心命题的"义务表述"。由于我们关注的焦点是信念伦理,因此,我们会更加重视证据主义的"义务表述",虽然"证成表述"与"义务表述"并没有实质性的不同,二者可以相互化约。

(O2) 对于任何个人 S、时间 t 和命题 p 而言,如果 S 在时间 t 对命题 p 有任何信念态度,并且 S 的证据在时间 t 支持命题 p,那么对于 p,S 在知识论上就应该有受 S 在时间 t 的证据支持的信念态度。[1]

对这个证据主义的"义务表述",我们仍然可以分解成三个义务命题:

(4) 如果 S 在时间 t 相信命题 p,并且 S 在时间 t 的证据总体上支持命题 p,那么 S 在知识论上就应该相信 p。

(5) 如果 S 在时间 t 不相信命题 p,并且 S 在时间 t 的证据总

---

[1] Richard Feldman, "The Ethics of Belief", *Philosophy and Phenomenological Research*, Vol. 60, No. 3, 2000, p. 679.

体上支持命题非 p，那么 S 在知识论上就应该不相信 p。

（6）如果 S 在时间 t 悬置对命题 p 的相信，并且 S 在时间 t 的证据总体上既不支持命题 p，也不支持命题非 p，那么 S 在知识论上就应该悬置相信 p。

将证据主义的义务表述分解为这三个命题，虽然比最初的表述似乎清晰一些，但仍有歧义："如果 S 在时间 t 对命题 p 有任何信念态度"，那么就有相应的认知义务，这里的"有任何信念态度"究竟是"已经拥有"还是"将要拥有"呢？如果是"已经拥有"，那么随之而来的认知义务就只是起到了一个单纯的评价作用，即一个人已经做了某事，再评价说"他应该如此做"。如此一来，认知义务就成了"马后炮"或"事后诸葛亮"，不能起到指引和规范信念状态形成的作用。如果"有任何信念态度"实际上的意思是"将要拥有"，那么认知义务就可以起到指引和规范的作用，当然同时也能起到评价作用。我们认为只有后一种情况才是真正的认知义务。费尔德曼所认为的认知义务，究竟是哪种情况呢？且看他自己的解释：

> 如果某人对某个命题打算（is going to）采纳任何态度，那么，如果他当下的证据支持该命题，他就应该相信它；如果他当下的证据反对该命题，他就应该不相信它；如果他当下的证据是中立的（或接近中立的），他就应该悬置对它的判断。一个人可能从未考虑某个命题，并且不打算形成关于该命题的任何态度。在这种情况下，（O2）并不意味着此人应该有对那命题的任何态度。①

---

① Richard Feldman, "The Ethics of Belief", *Philosophy and Phenomenological Research*, Vol. 60, No. 3, 2000, p. 679.

由此可见，证据主义核心命题之义务表述中的"有任何信念态度"实际上是"将要有任何信念态度"，而非"已经拥有"，因此，为了更加准确地表述证据主义的认知义务，我们将其分解为如下三个命题：

（7）如果 S 在时间 t 打算相信命题 p，并且 S 在时间 t 的证据总体上支持命题 p，那么 S 在知识论上就应该相信 p。

（8）如果 S 在时间 t 打算不相信命题 p，并且 S 在时间 t 的证据总体上支持命题非 p，那么 S 在知识论上就应该不相信 p。

（9）如果 S 在时间 t 打算悬置对命题 p 的相信，并且 S 在时间 t 的证据总体上既不支持命题 p，也不支持命题非 p，那么 S 在知识论上就应该悬置相信 p。

对此，我们可称之为证据主义之核心命题的"实质义务表述"，因为它是对于将要进行的信念形成过程负有认知上的义务，这种义务就会对相应的信念状态的形成起到实质性的引导和规范作用，而不仅仅是事后追认的名义上的义务。这种实质上的认知义务，不是说只要有充分的证据在手，就一定有义务相信相应的命题，即证据主义的实质义务表述，不是如下的意思：

（O1）对于任何命题 p、时间 t 和个人 S，S 于时间 t 在知识论上应该有受 S 在时间 t 的证据支持的、关于命题 p 的信念态度。[1]

对此，我们可称之为"过重义务表述"，因为该表述蕴含着过重的认知义务：只要你当下有充足的证据，那么你就应该相信，然而就普

---

[1] Richard Feldman, "The Ethics of Belief", *Philosophy and Phenomenological Research*, Vol. 60, No. 3, 2000, p. 678.

通人的认知能力而言，这显然是办不到的。对此，费尔德曼有清醒的认识：

> 假如一个人有确凿的证据支持某一命题 q。而且，q 有大量明显的逻辑结论，甚至是无限多的明显结论，这些结论都得到了他拥有的证据支持。比如，他的证据会支持 q 与其他任何命题构成的选言命题，至少是支持 q 与 S 能理解任何命题构成的选言命题。（O1）似乎意味着 S 应该相信所有这些选言命题。这些选言命题中有许多都会是琐碎无聊的命题；有许多可能是没有什么实践意义或理论意义的。在某种意义上说，相信这些命题可能是有证成的，即那人对这些命题有很好的证据支持，但他应该相信这些命题，这却不是真的。如果这样做，那将是信念主体对认知资源的过于愚蠢的使用。①

对任何一个信念主体而言，一个人拥有的证据可能支持很多命题，这些命题加上另外一些他理解了的命题就可以构成无限多的选言命题，我们当然没有理由认为他应该相信所有这些无穷无尽的选言命题，而且每个人的时间、精力和认知资源都是有限的，每个人都倾向于将有限的时间、精力和认知资源分配到一些相对重要的事情上去，不可能让一些没有多大实践价值或理论价值的信念状态来挤占各种有限的资源。因此，（O1）表述的认知义务是不切实际的，它让信念主体承担了过重的认知义务，在这个意义上说，（O1）是错误的。但（O2）并不会导致同样的过重义务，因此证据主义赞同的是（O2）而不是（O1）。

证据主义的认知义务究竟是要求我们去做什么，还是许可我们去

---

① Richard Feldman, "The Ethics of Belief", *Philosophy and Phenomenological Research*, Vol. 60, No. 3, 2000, pp. 678-679.

做什么呢？如果是要求（requirements）我们必须做什么的话，那么即便我们没有意愿去做，我们也是必须去做的；如果是许可（permissions）的话，我们没有意愿去做什么，那认知理性是无法命令我们去做的，要是我们有意愿去做什么事情，那认知理性可以许可相应的行为。要求与许可的主要差别在于：要求的特点是促成原本可能不会发生的事情，对于某种信念态度的形成，即便我们不想去形成，认知理性却会要求我们形成；许可的特点在于赞同原本就可能发生的事情，不予以阻止，不设障碍，如果我们本来就不打算形成关于某一事态的信念状态，那么认知理性的许可或赞同在这件事情上也就失去了用武之地。费尔德曼所理解的认知义务（epistemic oughts）究竟是要求还是许可？且看他自己的论述：

> 知识论的原则表述的是要求你去相信什么东西，还是许可你去相信什么东西，这是一个有些让人迷惑的问题，但（O2）有助于澄清这个问题。假定一个不重要且未被考虑的命题，可以非常明显地从你的证据得出。正因刚才陈述的理由，这个事实与（O2）一起，并不意味着你应该相信它。但是（O2）也并不意味着：如果你对那命题形成任何信念态度，它就应该成为信念。因此，它不只是说，"相信那命题"是被允许的，而是说，那是唯一被允许的。如果你有任何信念态度，它是你应该拥有的态度。因此，没有任何态度是知识论上要求的，但只有一个态度是知识论上许可的。①

费尔德曼的这段论述至少有三层意思：首先，知识论原则陈述的

---

① Richard Feldman, "The Ethics of Belief", *Philosophy and Phenomenological Research*, Vol. 60, No. 3, 2000, pp. 679-680.

认知义务没有要求信念主体形成任何信念态度；其次，它也不是许可你形成任何信念态度；最后，它是只许可你形成唯一的一种信念态度。

但问题是，有些情况下，似乎两种不同的信念态度都是应该得到许可的，就如道德上的两种行为不相容，但任何一种行为都是道德上允许的。比如你有一笔钱，可以全部捐给科研机构，也可以全部捐给慈善团体，就是不允许捐给犯罪团伙。但全部捐给科研机构与全部捐给慈善团体，这却是两个不相容的选项，全部捐给了这个，就不能捐给另一个了，但捐给其中的任何一个都是道德许可的。知识论上的许可是否也是如此呢？根据费尔德曼的意思，知识论上的许可与道德许可是很不一样的。"对于一个命题的两种信念态度都可得到许可，（O2）排除了这种可能性。"[1] 费尔德曼否定了知识论上有信念状态的两可状态存在。[2]

如果支持 p 和支持非 p 的证据相当，那么不是相信 p 或非 p 都可以，而是应该悬置对 p 的相信。

如果证据既在一定程度上支持 p，又在一定程度上支持 q，但 p∧q 不可能为真，此时既不应相信 p，也不应相信非 p，既不应相信 q，也不应相信非 q，唯一正确的选择是悬置对 p 和 q 的相信。比如有充分的证据表明只有一个人杀了人，但证据又同等程度地指向两个嫌疑人，此时只能是悬置判断；又如，两个盒子里边只有一个盒子有炸弹，但仅有打开一个盒子的时间，A 盒子里有炸弹，或 B 盒子里有炸弹，这两个命题哪个为真呢？你没有时间多想，径直打开一个盒子，此时你在知识论上的义务是悬置对这两个命题的判断，但你在道德上或实用上的义务却是直接打开任何一个盒子碰运气。

---

[1] Richard Feldman, "The Ethics of Belief", *Philosophy and Phenomenological Research*, Vol. 60, No. 3, 2000, p. 680.

[2] Richard Feldman, "The Ethics of Belief", *Philosophy and Phenomenological Research*, Vol. 60, No. 3, 2000, pp. 680-681.

如果有少量的证据支持命题 p，这证据支持未能达到足够的强度，在这种情况下，信念主体是应该选择相信还是悬置相信，这是一个相当棘手的问题。但费尔德曼自己的倾向是："当证据支持超过了中立的程度，根本没有达到决定性支持的程度，你应该选择相信。"① 悬置对判断或相信的许可，这并不是证据主义的必然结论。

2. 何谓证据？为了搞清楚费尔德曼认知证据主义的核心命题，我们还需要继续追问三个问题：何谓证据、何谓拥有证据、何谓证据支持。先看何谓证据的问题。

证据是法学、知识论、科技哲学以及其他所有科学都必须关注的东西，聚焦证据是任何科学都应该做的事情。艾耶尔在总结 20 世纪的哲学时曾说："如果我们要用一个词来概括哲学发展已达到的这个阶段，那么选择'证据研究'这个词，比选择'语言研究'要好得多。"② 证据如此之重要，以至于当代哲学的标志就是"证据研究"，那么该如何界定证据呢？柯林伍德承认要给证据下一个定义"是非常难的"③。就常识的意义上说，证据是各种各样的事物。物理学家的证据可能是一组数据或图片；考古学家的证据可能是地下发掘出来的牙齿、骨头、化石等；历史学家的证据可能是在博物馆里找到的一堆文献或者出土文物；律师的证据可能是嫌疑犯的指纹、脚印或一把带血的刀。哲学家们又如何理解证据呢？④ 罗素曾认为证据是感觉与料（sense-data），即认知主体的当下意识中可直接体察到的东西，如颜色、形状、硬度、光滑度等等，它们构成我们对外部事物的心灵表象⑤；蒯因认为证据是

---

① Richard Feldman, "The Ethics of Belief", *Philosophy and Phenomenological Research*, Vol. 60, No. 3, 2000, p. 681.
② A. J. Ayer, *Philosophy in the Twentieth Century*, New York: Mntage Books, 1984, p. 18.
③ 柯林伍德：《历史的观念》，何兆武等译，北京大学出版社 2010 年版，第 275 页。
④ Thomas Kelly, "Evidence", *The Stanford Encyclopedia of Philosophy*, Winter 2016 Edition, ed. by Edward N. Zalta, URL = <https://plato.stanford.edu/archives/win2016/entries/evidence/>.
⑤ Bertrand Russell, *The Problem of Philosophy*, Oxford: Oxford University Press, 1912, pp. 46-47.

感觉接受器（sensory receptors）的刺激①；威廉姆森认为"一个人的证据就是他的全部知识"②。尽管哲学家们对证据的具体理解各不相同，但在当代知识论中都会一致认为证据就是使得信念有证成的一切东西。"证据概念与证成是不可分的。当我们在知识论的意义上谈论'证据'时，我们就是在谈论证成：一个东西是另一个东西的证据，仅当前者易于增强后者的合理性或证成。"③理性的思考者都倾向于尊重证据，当然实用的或道德的考虑亦可能使得认知理性失效。

费尔德曼当然赞同说证据是信念的证成者，但问题并不在于证据的功能，而在于证据的范围，或者说证据究竟是些什么东西？

> 至于什么东西构成证据的问题，似乎非常清楚：证据包括信念和感觉状态（sensory state），比如感觉很暖和，有看见蓝色的视觉经验。④

在此，费尔德曼将证据的范围限制在心灵之内，即信念和感觉状态，因此其证据主义是一种比较典型的内在论（internalism）。带血的刀可能是法庭上的证据，但不是费尔德曼所说的证据。为什么呢？带血的刀自身并不说话，它不能直接支持或反对任何命题，除非有人感知到了这把刀，形成了相应的感觉状态，这感觉状态可以作为证据直接证成"这有一把刀""刀上有血"等信念，这些信念加上其他诸多信念，它们一起作为证据就可证成有关案件的某种信念状态。在此，那

---

① W. V. Quine, *Ontological Relativity and Other Essays*, New York: Columbia University Press, 1969, p. 75.

② Timothy Williamson, *Knowledge and Its Limits*, Oxford: Oxford University Press, 2000, p. 221; 可参见蒂摩西·威廉姆森：《知识及其限度》，刘占峰、陈丽译，人民出版社2013年版，第279页。

③ Jaegwon Kim, "What Is 'Naturalized Epistemology'?" *Philosophical Perspectives*, Vol. 2, *Epistemology*, 1988, pp. 390-391.

④ Earl Conee and Richard Feldman, "Evidentialism", *Philosophical Studies*, Vol. 48, No. 1, 1985, p. 32, n. 2.

带血的刀不是知识论上的证据,但它却是引起可作为证据的感觉状态的原因。无需借助其他任何信念,而直接由感觉状态证成的信念,在知识论上通常称作基础信念。

有一个比较重要的看法是将证据限制在信念的范围之内,因为证据是要使得信念有证成,只有自身得到证成的东西才能将证成传递给信念,但只有信念是可得到证成的东西。知识论上的融贯论者皆是这种主张:"只有信念才能证成其他信念。除开信念,没有任何东西能起到证成作用。"① 然而,这种观点会遭到致命的反驳,即信念的证成跟外部事物的实际状况无关,从而导致信念的证成可彻底脱离经验世界。② 因此,费尔德曼反对将证据的范围限制在信念的范围之内,知觉经验等非信念状态亦可作为证据。

3. 何谓拥有证据? 一个人应该持有他当下总的证据支持的信念状态,当下的总证据是他当下拥有的所有证据,问题是什么样的证据才是他当下拥有的证据呢?

假定我的一个朋友琼斯告诉我:登普锐克瑞斯山(Precarious Peak)并不太费劲,也不太危险,我不用太费劲就能登上此山。假定琼斯知道我在这方面的能力,而且他也似乎是一个诚实的人。基于他的看法,我相信登上此山是我能做到的事情。对我而言,相信这个命题,似乎是合理的。不过,假定我没有想起他曾告诉我,我可以划着独木舟沿拉皮德河(Rapid River)顺流而下,但他知道这是我不可能做到的事情。他也刚从拟派出的高强度探险队伍中被赶了出来。如果你对我说:"记得琼斯何时对你说了划独木舟旅行的谎言吗?"我说:"是的,我怎么没想起那事儿呢?"一旦我想起

---

① Richard Feldman, *Epistemology*, New Jersey: Prentice Hall, 2003, p. 61.
② Richard Feldman, *Epistemology*, New Jersey: Prentice Hall, 2003, pp. 68-70.

了这个事情，对我而言，相信我能完成那登山任务就不再是合理的了，除非我有另外的信息支持说：琼斯这次没有撒谎。①

费尔德曼用这个例子刻画了一个重要的问题：琼斯过去对我说过谎，在我想到这事儿之前，它是我证成信念状态之证据的一部分吗？"这个例子暗示出了关于拥有证据的一个普遍性的问题：当一个人基于新获得的证据而相信某个命题，而他又在记忆中储存了他未想起的相反证据，如果可以的话，什么时候那相反的证据可以作为他当时的一部分证据呢？"② 对此问题至少有三种回答：

（1）无论何时所有储存在记忆中的相关事实都是相应主体所拥有的证据。对此，我们称之为"宽拥有论"。

（2）只有当下的心灵状态才是相应主体所拥有的证据，未回忆起的事实不是主体所拥有的证据；当记忆中的事实被回忆起来的时候，它才是相应主体所拥有的证据。对此，我们可以称之为"窄拥有论"。

（3）当下的心灵状态是相应主体所拥有的证据，部分还未想到的记忆中的事实也是相应主体所拥有的证据的一部分，条件是那记忆中尚未想到的内容可以"轻而易举地想起"（easily available）。对此，我们可称之为"折中论"。

如果我们采取"宽拥有论"，那么你已经遗忘并且无论如何也不可能想起的那些信念也是当下持有某个信念状态的证据，这显然不大合

---

① Earl Conee and Richard Feldman, *Evidentialism: Essays in Epistemology*, Oxford: Clarendon Press, 2004, p. 221.

② Earl Conee and Richard Feldman, *Evidentialism: Essays in Epistemology*, Oxford: Clarendon Press, 2004, p. 221.

理。比如你刚从报纸上看到了"毛泽东生于1893年12月26日",然而你的中学历史课老师曾经多次在课堂上讲到毛泽东的生日,当时你相信了并且记住了好长一段时间,但现在无论如何都想不起来你的历史老师曾谈到过毛泽东的生日。如果"宽拥有论"是正确的,那么你无法想起的关于"你的历史老师讲过毛泽东的生日"的信念,依然是你今天相信"毛泽东的生日是1893年12月26日"的一项证据。这似乎很不合理。

如果"窄拥有论"是正确的,那么你当下没有想到的信念都不是证据。比如在你睡着了的时候,你没有想到自己的生日,但这不能说你此时没有关于你自己生日是何时的信念,亦不能说你拥有此信念是没有任何证据的。因此宽拥有论和窄拥有论这两个极端都是难以成立的。然而费尔德曼曾倾向于捍卫窄拥有论[1],后来又倾向于捍卫一种较为温和的"折中论"[2]。我们必须将一些非当下的心灵状态算作信念主体所拥有的证据,但并不是全部非当下的心灵状态都可算作主体所拥有的证据。这个界限划到哪里合适呢?可轻而易举地想起(easily available)似乎是一个不错的界限,但问题在于这个界限是相当模糊的,因为一个人能够想起某个信念是跟提示的方式相关的。

> 如果我问童年时期的朋友,是否记得我们给邻居家的狗喷漆的事儿,我可能得到很尴尬的回答:"记得"。如果我问他,是否记得我们儿时的一些恶作剧,他可能想不到那事儿。那么,我们给邻居家的狗喷漆是否是可轻易想起的事儿呢?这似乎没有明确的答案。[3]

---

[1] Richard Feldman, "Having Evidence", *Philosophical Analysis*, ed. by David Austin, Boston: Kluwer Academic Publishers, 1988, pp. 83-104.

[2] Earl Conee and Richard Feldman, "Evidence", in *Epistemology: New Essays*, ed. by Quentin Smith, Oxford: Oxford University Press, 2008, pp. 88-89.

[3] Earl Conee and Richard Feldman, *Evidentialism: Essays in Epistemology*, Oxford: Clarendon Press, 2004, p. 232.

虽然我们还无法准确地界定"可轻易想起"的标准，拥有证据的概念还面临着一些困难，但这并不是反对证据主义的理由，其他一些证成理论也会面临同样的问题。这个困难只是证明一些认知评价本来就具有一定的模糊性。

4. 何谓证据支持？证据主义可能与各种证成结构理论相配合，如果将证据理解为因果关系，那么它可以跟可靠论融合；如果将经验纳入证据，那么它可以跟温和基础主义融合；如果将证据限制在信念，那么它可以跟笛卡尔式的基础主义、融贯论或无限论相互结合。[①] 仅就证成结构而言，费尔德曼的证据主义跟温和基础主义是一致的。证据支持不是要讨论整个证成结构的问题，而是讨论该问题的一个方面，即证据跟将要证成的信念状态之间有什么样的联系。

信念状态应跟证据的支持度相吻合，一种可能的理解是：如果证据 e 支持信念 p，那么 e 与命题 p 之间有着客观的逻辑联系，即 e 蕴含 p，或者 e 使得 p 很可能为真，或者 p 是构成 e 的最佳解释。如果只是将逻辑关系限制在演绎关系（e 蕴含 p），可称之为演绎关系论。这种主张的优势是，证据没错，信念就不可能出错；其缺点是，证据跟信念状态的目标命题之间有演绎关系的情况并不是太多，关于外部世界的信念状态都不大可能通过证据与命题之间的演绎关系而建立起来，因此演绎关系论会导致怀疑论的后果。如果证据与信念状态的目标命题之间的联系可以是归纳关系或最佳解释关系[②]，我们将其统称为归纳关系论。归纳关系论的优点是不至于导致怀疑论的后果；其缺点是证据为真，但其证成的信念却有可能为假。归纳关系论还可将演绎关系

---

① 关于证成的结构，可参见 Sven Bernecker and Duncan Pritchard (eds.), *The Routledge Companion to Epistemology*, New York: Routledge, 2011, pp. 233-267. 在此，三位学者分别考察了基础主义（foundationalism）、无限论（infinitism）和融贯论（coherentism）三种主要的证成结构。

② 我们将最佳解释推理（inference to the best explanation）视作归纳（induction）的一种类型。因为，我们对归纳的理解是：前提为真，结论就极有可能为真。演绎则是：前提为真，结论为假，这是不可能的。

也囊括在内，因为如果证据蕴含着信念状态的目标命题，当然证据也就使得将要证成的命题很可能为真。所以相比而言，归纳关系论比演绎关系论显得更加宽容，更加合理。但它依然面临着问题——证据 e 实际上可能蕴含着无限多的命题，或者证据 e 实际上可能使得无限多的命题很可能为真，而且有些命题可能相当复杂，以至于信念主体根本无法理解。因此，如果证据支持关系是指客观的演绎关系或概率关系，那么我们就可能有认知上的义务相信证据的所有逻辑后果和证据能直接或间接指示的所有概率很高的命题。然而，这显然是不可能的。因此，单纯证据与信念状态的目标命题之间的逻辑或概率联系，还不足以说明"证据支持"的意思。

逻辑或概率联系只是一个信念达到证成的客观条件。一个非常自然的想法是再加上一个主观条件的限制，从而排除掉那些复杂的逻辑后承和概率高的命题。

> 如果证据 e 为命题 p 提供了认知上的支持，那么 e 必须蕴含 p 或者使得 p 很可能为真，并且 S 必须"理解"（grasp）e 与 p 之间的联系。①

这种想法为"证据支持"的客观条件加上了一个主观限制，即认知主体"理解"那些联系，对此我们简称为理解论。理解论似乎很合理，因为如果 S 根本没有理解证据 e 与命题 p 之间的联系，即便它们之间的逻辑或概率联系是千真万确的，也不能说 S 对 p 是有证成的。但它依然面临严重的问题，即"过于理智化"（over-intellectualize）。②

---

① Richard Feldman, "Evidence", in *A Companion to Epistemology*, eds. by Jonathan Dancy, Ernest Sosa, and Matthias Steup, 2nd edition, Malden: Wiley-Blackwell, 2010, p. 350.

② Richard Feldman, "Evidence", in *A Companion to Epistemology*, eds. by Jonathan Dancy, Ernest Sosa, and Matthias Steup, 2nd edition, Malden: Wiley-Blackwell, 2010, p. 350.

这是什么意思呢？例如，一个五岁的小孩没有理解概率或可能性，但他根据太阳好多天一直都升起来了，从而相信"明天太阳还会升起来"，这是很合理的，即有证成的。但他并没有理解其证据与信念之间的归纳关系。理解论面临的另一个问题是它可能会导致无穷倒退，因为"理解"了的东西还需得到"理解"。因此，费尔德曼得出结论说："认知支持（epistemic support）的充分必要条件是什么，并没有一个普遍接受的看法。"① 此处的认知支持，即证据支持。

5. 三种反对意见。费尔德曼的认知证据主义虽然比较符合常识的想法，但依然面临诸多反对意见②，在此，我们只考虑他在《信念伦理》一文中回应过的三种反对意见。一是本应拥有的证据（evidence one should have had）反驳；二是收集证据之义务（duty to gather evidence）反驳；三是借由避开证据而变得理性（being rational by avoiding evidence）反驳。

本应拥有的证据的反驳可以通过一个例子来展示。

假定一个人在搜集证据方面粗心大意。假定我坚定地相信如下的命题：

G. 服用银杏补品是改善记忆的一种安全而有效的方式。

我已有适度的证据支持命题 G。接着我看了一眼一本信誉度较高的杂志的封面，里面有一篇关于银杏之优点的重要文章。我没有阅读那文章，因为我怕它会摧毁我所偏爱的那个信念。因此，我忽略了对证据的搜集，有证据是我应该拥有而实际上不拥有的。进一步假定，如果我读了那文章，我就会获得强有力的、反对命

---

① Richard Feldman, "Evidence", in A *Companion to Epistemology*, eds. by Jonathan Dancy, Ernest Sosa, and Matthias Steup, 2nd edition, Malden: Wiley-Blackwell, 2010, p. 351.

② 最近的一些反对意见与柯尼和费尔德曼的回应，请参见 Trent Dougherty (ed.), *Evidentialism and its Discontents*, Oxford: Oxford University Press, 2011。

题 G 的证据。尽管命题 G 得到了我所拥有的证据的支持，但我本应该有另外的证据，它使得我不应相信命题 G。因此，(O2) 在这种情况下产生了错误的结论。因为它意味着：我应该根据我所拥有的有限的证据来相信，而不是根据我忽略掉的更多的证据来相信。①

该例子可能还有许多细节需要澄清，但其基本的意思是：
（1）S 根据已拥有的证据 e 而相信 p。
（2）S 忽略掉了本应注意到的证据 e′。
（3）e′ 支持 S 相信非 p。
（4）因此，S 相信 p 是不合理的。
（5）然而在这种情况下，费尔德曼的认知证据主义却认为 S 相信 p 是合理的。
（6）因此，费尔德曼的证据主义是难以成立的。

对这种反驳，费尔德曼是如何回应的呢？他的核心意思很简单：

> 在调查中，我应该如何行为，我应该在哪里找证据，如此等等，无论对这些问题如何回答，总有一个绕不开的问题："此时我应相信什么？""在我有机会（或勇气）查看新的证据之前，我应该相信什么？"这是证据主义为其提供良好答案的固有核心问题。②

证据主义不否认理性的认知主体应查看新的证据，但这不是证据主义的认知义务，因为证据主义所处理的问题不是收集证据的问题，

---

① Richard Feldman, "The Ethics of Belief", *Philosophy and Phenomenological Research*, Vol. 60, No. 3, 2000, p. 687.

② Richard Feldman, "The Ethics of Belief", *Philosophy and Phenomenological Research*, Vol. 60, No. 3, 2000, p. 688.

而是"此时我应该相信什么"的问题，对该问题的回答毫无疑问只能是依据现有的证据来确定。

借用刚才的例子，可将收集证据之义务反驳陈述如下：

> 在刚才讨论的例子中，给定我所拥有的有限证据，我如其应该相信的那样相信，即使这是正确的，但还有我应该满足的其他认知要求。尤其是，在这例子的一些版本中，我应该去获得可以获得的更多证据。更一般地说，在更广泛的情况下，可能会想：就某人考虑到的那个命题而言，他应该收集更多的证据。仅仅依照他实际拥有的证据而相信，这是不够的。因此，证据主义忽视了一些重要的认知义务。①

该反驳可被分析成如下的简单推理：

（1）S在确定对命题p的信念态度时，应该尽可能地收集更多的证据。
（2）证据主义只要求S根据他实际拥有的证据而相信。
（3）因此，证据主义忽视了收集更多证据的义务。
（4）因此，证据主义难以成立。

对此，费尔德曼是如何回应的呢？其基本策略是区分共时理性（synchronic rationality）与历时理性（diachronic rationality），同时区分认知义务、实用义务和道德义务。共时理性考虑的是给定时刻的理性问题；历时理性考虑的是随时间而变化的理性问题。"最好将证据主义

---

① Richard Feldman, "The Ethics of Belief", *Philosophy and Phenomenological Research*, Vol. 60, No. 3, 2000, pp. 688-689.

当作一种关于共时理性的理论。它认为，在任何时刻，做知识论上合理的事情，就是依照你那一时刻所有拥有的证据而相信。它不考虑过一段时间如何进行调查研究的问题。它不考虑如下的问题：如何收集证据，什么时候该寻求更多的证据，如此等等。在我看来，这些历时问题不是知识论的问题，而是道德或实用的问题。"[①] 对于考虑中的命题应该收集更多的证据，然后确定如何相信，这似乎是非常合理的想法，但费尔德曼将证据主义处理的问题限制在共时问题上，对历时问题不做处理，因为历时问题不是知识论问题。"证据主义不提供'做什么'（what to do）的指导。在我看来，这并不是证据主义的缺陷，因为这种选择并不是基于认知理由而做出的。你应该调查研究什么问题，取决于你对什么问题感兴趣，取决于什么样的调查研究能够帮助你自己或他人生活得更好。关于这种道德或实用的问题，证据主义对它们保持沉默，并且我不明白为什么要关注它们。"[②] 在此，费尔德曼严格地分隔了认知问题与道德问题和实用问题，或者说，他认为理论理性与实践理性是可以分隔开来的：理论理性处理的是此时应相信什么的问题，实践理性处理的是随着时间的变化该如何行为的问题。

借由避开证据而变得理性之反驳可通过一个思想实验而得到较为清晰的表述。

> 在此陈述出的证据主义原则意味着：一个人可以尽可能多地摆脱证据，从而对实际上进入心灵的任何事情进行悬置，以此使自己达到高度合理的状态。如果一个人找到一种药物或机器，它可以清除掉他大脑中的记忆，并将他浸泡在一个可使他失去感官

[①] Richard Feldman, "The Ethics of Belief", *Philosophy and Phenomenological Research*, Vol. 60, No. 3, 2000, p. 689.

[②] Richard Feldman, "The Ethics of Belief", *Philosophy and Phenomenological Research*, Vol. 60, No. 3, 2000, p. 690.

知觉的大罐中，那么他将极少有关于任何事物的证据。因为他相信的东西极少，根据证据主义的标准，他的信念状态是高度合理的。然而，这似乎正好不是理性的状态。①

通过清除记忆和剥夺感官知觉的方式，使得自己的证据极少，因而相信的东西也极少，依据认知证据主义，其信念状态是高度合理的，然而这又显然是不合理的。因此，认知证据主义是错误的。

对这种反驳，费尔德曼的回答是："一旦失去证据，他就没有理由相信很多事情，在更加正常的环境中，他相信的那些东西，有很好的证成，如果在失去证据的条件下，他依然那样相信，反而是不合理的。"② 证据主义考虑的是在信念主体实际所处的环境中，就他实际所拥有的证据而言，他当下应该相信什么。因此，在失去知觉和记忆的条件下，信念主体相信的东西很少，这当然是合理的，如果还像正常条件下的信念那样丰富而有证成，却是无法理解的。但是一个人一开始就不应该回避证据或刻意清除证据，这跟证据主义要解答的认知义务问题无关，因为它是一个伦理问题或实用理性的问题。

6. 认知证据主义如何回应全盘证据主义？费尔德曼将其认知证据主义与克利福德的全盘证据主义之区别概括为三个方面：

首先，他可能在对基于不充分的证据而相信做道德评价。我想提出的主张考虑的是认知评价，而非道德评价。其次，基于不

---

① Richard Feldman, "The Ethics of Belief", *Philosophy and Phenomenological Research*, Vol. 60, No. 3, 2000, p. 690. 原文如下："If a person finds a drug or a machine that can erase memories from his brain and arranges to be immersed in a sensory depravation tank, he'll have very little evidence regarding anything." 其中的"depravation"（颓废/堕落）一词，可能是作者的笔误，应为"deprivation"（剥夺/丧失）一词，否则，就无法理解。

② Richard Feldman, "The Ethics of Belief", *Philosophy and Phenomenological Research*, Vol. 60, No. 3, 2000, p. 690.

充分的证据而相信,克利福德将其评价为错误(wrong),我想捍卫的主张是不应该基于不充分的证据而相信。……第三,在引用的那段话中,克利福德只是反对基于不充分的证据而相信。他没有说:当一个人有充分的证据,他就应该相信。然而,我要主张的正是这一点。①

克利福德说:"无论何处,无论何人,相信没有充分证据的任何东西,始终是错误的。"② 这究竟是在进行道德评价还是认知评价?抑或未区分道德、认知和实用的综合评价?这三种可能的解释方式,哪种更加合理呢?单凭这一句话难以有准确的结论,如果仔细阅读克利福德的全文,就会发现他主张其证据主义的理由,有道德的理由,有认知上的理由,也有行动效果上的理由,因此费尔德曼认为他只是在做道德评价,这是很不准确的。克利福德没有区分道德、认知与实用等三种不同的证成方式,这是有目共睹的事实,他提供的理由综合了道德、认知和实用等各个方面,因此我们更有理由将其认作是一种考虑到各种因素之后而得出的一个综合性的评价,既不是单纯的道德评价,亦不是单纯的实用评价,更不是单纯的认知评价,而是将它们三者都包含在内的一个综合评价,因此克利福德是一个全盘证据主义者。

虽然费尔德曼将克利福德的证据主义理解为道德评价很不准确,但他对自己的理论定位还是蛮清晰的:只考虑认知问题,不考虑道德问题或实用问题,因此我们称之为认知证据主义。

克利福德认为相信没有证据的东西是错误的,但他没有说这是何种意义上的错误,他可能是综合考虑认知、道德和实用之后,认为那

---

① Richard Feldman, "The Ethics of Belief", *Philosophy and Phenomenological Research*, Vol. 60, No. 3, 2000, pp. 677-678.

② William Kingdon Clifford, *Lectures and Essays*, Vol. 2, London: Macmillan and Co., 1901, p. 175.

是错误的。费尔德曼认为没有充分证据的东西是不应该相信的,但这个不应该只是知识论上的不应该。费尔德曼认为"不应该"与"错误"之间似乎有某种区别,但他并没告诉我们这区别是什么。其实这个区别并没有多大的实质意义,费尔德曼认为,在知识论的意义上说,不应该相信没有充分证据的东西,其意思也不外是说,相信没有充分证据的东西,在知识论上是错误的。因此,他在后来的《知识论》一书中说:"如果费尔德曼所说的是,相信没有充分证据的东西在知识论上是错误的,那么他在断言一个很多哲学家都认为是正确的一个观点。"① 如果将克利福德的"错误"一词,换成费尔德曼的"不应该",或者将费尔德曼的"知识论上的不应该"换成"知识论上的错误",都不会带来什么实质性的改变。

克利福德反对基于不充分的证据而相信,费尔德曼主张要基于充分的证据而相信,这似乎只是侧重点的不同,亦不是二者的实质性区别。我们当然可以说,克利福德原则还包含一种肯定的意思,即凡是基于充分证据而相信都是正确的;费尔德曼的认知证据主义亦包含着一种否定的意思,即凡是基于不充分的证据而相信,在知识论上都是不应该的。

四、概念证据主义

概念证据主义②认为,有充分的证据才相信,这是"信念"概念的基本含义,关于信念的证据主义是一种概念性真理(conceptual truth),

---

① Richard Feldman, *Epistemology*, New Jersey: Prentice Hall, 2003, p. 45.
② 概念证据主义(conceptual evidentialism),又被称作严格的规范证据主义(strict normative evidentialism),即"信念的全部规范理由都是证据理由"。(Andrew E. Reisner, "A Short Refutation of Strict Normative Evidentialism", *Inquiry: An Interdisciplinary Journal of Philosophy*, Vol. 58, No. 5, 2015, p. 477)

就如"单身汉是目前没有结婚的男人"一样是真的。概念证据主义的核心代表人物有两位①：一是阿德勒（Jonathan E. Adler）②；二是夏阿（Nishi Shah）③。夏阿认为证据主义可以构成对透明性特征的最佳解释。"一个信念 p 是正确的，当且仅当 p。这是关于信念的一个概念真理。这个规范真理蕴含着，只有证据才能作为信念的理由。尽管证据主义不是直接源自单纯的心理学真理，即我们不能因非证据性的理由而相信，但它直接源自关于信念的规范性概念真理，它解释了我们不能因非证据性理由而相信的原因。"④ 夏阿关于透明性特征的论证以及对信念目标的规范性解释，我们已经在第三章进行了处理，因而在此只考察阿德勒的证据主义观点。

阿德勒在《信念自己的伦理》一书中将其概念证据主义的核心论证归纳如下：

1. 如果一个人完全清醒地注意到他对 p 的相信，他就会认为他的相信有充足的理由，这是必然的。

因此，2. 一个人意识到他自己完全相信 p（而非较高程度地相信 p），同时意识到他自己相信 p 的理由是不充足的（不能充分支持 p），这是不可能的。

3. 一个人不能有如此意识，其理由是那样的思维明显陷入矛盾。

因此，4. "不能"是概念性的，并非仅仅是指没有能力，引

---

① 赞同概念证据主义的学者可能从（1）心灵状态的规范性或（2）信念与真理的密切联系来展开论证。（Inga Nayding, "Conceptual Evidentialism", *Pacific Philosophical Quarterly*, Vol. 92, No. 1, 2011, p. 39）

② Jonathan E. Adler, *Belief's Own Ethics*, Cambridge, MA: The MIT Press, 2002; "William James and What Cannot Be Believed", *Harvard Review of Philosophy*, Vol. 13, No. 1, 2005, pp. 65-79.

③ Nishi Shah, "A New Argument for Evidentialism", *The Philosophical Quarterly*, Vol. 56, No. 225, 2006, pp. 481-498.

④ Nishi Shah, "A New Argument for Evidentialism", *The Philosophical Quarterly*, Vol. 56, No. 225, 2006, p. 481.

起那矛盾的正是"信念"这个概念。

5. 那样相信的不可能性意味着,在第一人称意识中,我们意识到信念的要求,那要求是对自己相信的东西要有其为真的充分理由。

因此,6. 根据信念这一概念,一个人相信p,仅当他有p为真的充分理由。

因此,7. 一个人应该相信p,仅当他对p为真有充足的理由。①

该论证我们可以称之为"充足理由论证",因为其关键前提,即前提1,是他所谓"充足理由的主观原则":"当一个人注意到他的任何信念,他必须认为他的相信有充分或充足的理由。"② 这是他整个论证的起点。

阿德勒是如何证明其"充足理由的主观原则"的呢?他提供了三个论证:一是理性强制论证;二是矛盾论证;三是透明性论证。③

理性强制论证诉诸的是如下事实:

> 相信充足理由的主观原则,其理由是这样的事实:我们发现自己不得不(compelled)遵守它。这种强制性源自我们的认知,当我们注意到任何一个具体的信念,我们有权相信它,仅当它的基础是适当的(well founded)。我们遵循它,就是对我们理解信念之要求的一种反思,并非仅仅是关于我们自身的一种奇特的心理学真理。④

---

① Jonathan E. Adler, *Belief's Own Ethics*, Cambridge, MA: The MIT Press, 2002, p. 52.
② Jonathan E. Adler, *Belief's Own Ethics*, Cambridge, MA: The MIT Press, 2002, p. 25.
③ Mark Textor, "Has the Ethics of Belief Been Brought Back on the Right Track?" *Erkenntnis*, Vol. 61, No. 1, 2004, p. 129.
④ Jonathan E. Adler, *Belief's Own Ethics*, Cambridge, MA: The MIT Press, 2002, p. 27.

要理解阿德勒的论证,先要搞清楚,他的"信念"(belief)和"注意到"(attending to)分别是什么意思。信念是"一个人在相信中将其内容当作是真的(没有任何限制条件)。有一些容易跟信念混淆在一起的近邻概念(如信任、信仰、意见)"①。换言之,信念的典型形态是断言(assertion)。"注意到"一个信念,不只是说意识到一个信念的内容,而是"意识到信念被相信,并且问关于自己所信的'为什么'。我们通过寻求所信为真的理由来回应之"②。换言之,阿德勒考虑的不是相信本身,而是对"为何相信一个命题为真"或"凭什么相信一个命题为真"的清醒意识。

如果我们在相信任何命题 p 时,完全清醒地意识到"为何相信 p 为真",那么我们确实会感到有一种强制:如果没有充足的理由,我们就不得相信,或者说,如果我们意识到理由不充足,那么我们就需要寻找充足的理由;如果找不到充足的理由,那么我们就不得相信;如果找到了充足的理由,那么我们就会心安理得地相信。阿德勒认为"不能"相信没有充足理由的东西,这不仅仅是一个心理事实,不仅仅是心理层面做不到,而且是逻辑上的"不可能",或者概念上的"不可能",因为一想到"相信"这个概念并将其运用到任何命题之上,都意味着要有其为真的充足理由,充足理由是信念概念自身的强制性要求,即理性的强制要求。

阿德勒的这个论证,能否成立呢?不能成立。原因在于,作为一阶心灵状态的相信是一回事,而对信念的二阶反思是另一回事情。我们可能常常相信一些没有充分根据的东西,当我们在反思该信念的时候却总是能为其找到自认为充足的理由。③ 也就是说,阿德勒的理性强

---

① Jonathan E. Adler, *Belief's Own Ethics*, Cambridge, MA: The MIT Press, 2002, pp. 10-11.
② Jonathan E. Adler, *Belief's Own Ethics*, Cambridge, MA: The MIT Press, 2002, p. 29.
③ 对此,可参阅著名的心理学研究成果 Ricbard E. Nisbett and Timothy DeCamp Wilson, "Telling More Than We Can Know: Verbal Reports on Mental Processes", *Psychologicd Review*, Vol. 84, No. 3, 1977, pp. 231-259。

制论证只有反思"为何相信"的理由时才成立,对作为一阶心灵状态的信念本身的形成而言,其理性强制论证并不能成立。

矛盾论证实为归谬论证,诉诸跟摩尔悖论相似的语句展开:"恒星的数目是偶数,但我缺乏'恒星的数目是偶数'的充足证据。"[①] 为了表述方便,我们称之为"恒星命题",阿德勒是如何通过该命题证明其"充足理由的主观性原则"的呢?他说:

> 我相信恒星的数目是偶数。所有能向我保证该信念为真的东西就是该信念为真的充足证据(理由)。我缺乏充足的证据,因此我不能断定恒星的数量为真。因此,我不断定其为真。因此,我不相信恒星的数目是偶数。[②]

因此,根据阿德勒的解释,"恒星命题"是一个"明显的矛盾"(explicit contradiction)[③],相当于 p ∧ ¬ p。逻辑上的矛盾命题是永假命题。问题自然出在"我缺乏'恒星的数目是偶数'的证据"。由此他进一步得出结论说:

> 如果一个人完全清醒地认为他对 p 为真的证据或理由是充足的,那么他就相信 p,而且,如果一个人完全清醒地注意到他对 p 的相信,那么他会认为他对 p 为真的证据或理由是充足的,这都是必然的。[④]

这是对充足理由原则的重申:认为有充足理由就相信,相信就会

---

① Jonathan E. Adler, *Belief's Own Ethics*, Cambridge, MA: The MIT Press, 2002, p. 30.
② Jonathan E. Adler, *Belief's Own Ethics*, Cambridge, MA: The MIT Press, 2002, p. 30.
③ Jonathan E. Adler, *Belief's Own Ethics*, Cambridge, MA: The MIT Press, 2002, p. 30.
④ Jonathan E. Adler, *Belief's Own Ethics*, Cambridge, MA: The MIT Press, 2002, p. 32.

认为有充足的理由。该论证能够成立吗？难以成立。这整个论证的核心在于"恒星命题"是一个明摆着的矛盾命题。那确实是一个矛盾命题吗？如果确实是矛盾命题，其原因是它违反了"充足理由的主观原则"吗？先看第一个问题。阿德勒认为，"断言表达信念，信念是认为一个命题为真"①。断言可能确实表达了信念，但更确切的看法可能是断言表达了知识或知道，如果我们按照传统的知识三要素理解，知识就是有证成的真信念，那么断言表达了知识，就理所当然地表达了信念。倘若如此，S 断言"恒星的数目是偶数"，当然蕴含着 S 相信"恒星的数目是偶数"，保证信念为真的东西确实可以说是证据或理由；但即便相信的目标确实是真理，难道证据不充足，信念就不可能为真吗？当然不是。假如你去买彩票，中奖的几率是百万分之一，你却坚定地相信自己会中奖，其信念为真的证据相当弱，但你确实中奖了。难道这不可能吗？当然可能。也就是说，断言表达信念，相信是认为一个命题为真，这并不必然要求有充足的证据，当然，有充足的证据是好事。自认为没有充足的证据，也不必然意味着不能相信；相信也不意味着必然自认为有充足的证据。许多情况下，正因为是没有充足的证据，所以才需要相信，否则就是知道了，而非仅仅是相信。难道有神论者关于神存在的信念都是自认为有充足的证据的吗？当然不是，否则就没有单纯诉诸意志的信仰主义者了。因此，我相信恒星的数目是偶数，但我缺乏"恒星的数目是偶数"的充足证据，这并不是一个自相矛盾的命题。因此，矛盾论证是失败的。因此，一个人自认为拥有一个信念，同时又认为拥有该信念的理由是不充足的，这不是不可能的。

透明性论证的核心观点如下：

在意识到我自己相信 p 的过程中，为了相信它，我认为自己

---

① Jonathan E. Adler, *Belief's Own Ethics*, Cambridge, MA: The MIT Press, 2002, p. 30.

拥有充分证据，就是我知道它的充分证据。只有从这种立场出发，一个人才能透过他的相信而看到那所信的命题，即是说，透明地相信。任何更弱的一套理由，只能保证比完全信念更弱的态度，因此通过一个人的态度，他只能部分地看到其所信的命题，即不是透明地相信。①

这个论证预设了一个前提：一个人相信 p，就是自认为知道 p，信念的目标是知道。然而有可能我并不认为自己达到了知道的程度，而仅仅是相信。因此，如果该前提不能成立，那么整个论证也就难以成立。

阿德勒所认为的透明性是说："我们透过信念看到世界，不是看到我们的相信这种态度。"②他举例说："当我相信 p（如洋基队击败大都会队），那么，简单地说，事情对我是这样的：p（洋基队击败大都会队）。信念之日常的显著功能是引导行为，人们穿过态度而看见世界，而无需看那态度。"③简单地说，信念对于世界是透明的，我透过信念直接看事实，而不是看信念。我们承认完全自觉的理性信念具有透明性，但不是所有的完全信念（full belief）都具有透明性。阿德勒的"完全信念"就是"毫无保留地（all-out）接受一个命题"，与之相对的部分信念，就是"有条件地"（qualified）相信，比如"几乎确信"。④简单的、无条件的完全相信，是否都对世界透明呢？一个人可能完全相信上帝存在，但他却没法看到上帝存在的任何事实。因此存在不透明的完全信念。对阿德勒而言，部分信念本来就不具有透明性。

由此可见，阿德勒对"充足理由的主观原则"的论证，本身是缺

---

① Jonathan E. Adler, *Belief's Own Ethics*, Cambridge, MA: The MIT Press, 2002, p. 36.
② Jonathan E. Adler, *Belief's Own Ethics*, Cambridge, MA: The MIT Press, 2002, p. 236.
③ Jonathan E. Adler, *Belief's Own Ethics*, Cambridge, MA: The MIT Press, 2002, p. 11.
④ Jonathan E. Adler, *Belief's Own Ethics*, Cambridge, MA: The MIT Press, 2002, p. 40.

乏充足理由的。接下来，我们想看看，假设"充足理由的主观原则"能够成立，那么从该原则是否就能推导出他的概念证据主义呢？需要注意的是，对阿德勒而言，理由就是证据理由，"一个人对 p 的相信是适当的（即跟信念的概念是一致的），当且仅当，他的证据证明 p 为真"①。只有证据才是相信的理由，只有证据充分，理由才充足。

首先，依据充足理由的主观原则，一个人完全清醒地注意到自己相信 p，同时认为自己相信 p 的证据不充分，这是一个明显的矛盾，因此他"不能"这样认为。如前面关于矛盾论证的阐述，S 完全相信 p，但 S 认为保证 p 为真的理由不充足，这并不一定矛盾，这种情况也并不是不可能，有不少宗教信念、政治信念都缺乏充足的理由，但却得到毫无保留的相信。

其次，即便矛盾论证能够成立，人们的想法不能是矛盾的，但这种"不能"究竟是心理习惯上的，还是概念上的呢？"S 完全相信 p，但 S 认为 p 为真的理由不充足，这是不可能的"，这完全有可能是一个人在追求真理、追求知识的学习过程中养成的心理习惯，或者是说，信念可以引导行为，自认为有充足理由的信念比没有充足理由的信念更能引导行为获得成功，这种实践经验会促使人们养成一种尊重证据或理由的心理习惯，因此人们觉得相信没有充足理由的东西，似乎有些不顺畅，甚至有一种矛盾感。因此，将矛盾解释为源自信念概念本身，这至少是缺乏充足理由的。

最后，即便不能相信自认为没有充足理由的命题，这种"不能"是源自于概念上的不能，即信念概念要求相信不能没有充足理由，但这是否能得出最后的结论："一个人应该相信 p，仅当他对 p 为真有充足的理由"？② 如果这是不可能不如此的事情，就不是应该或不应该的

---

① Jonathan E. Adler, *Belief's Own Ethics*, Cambridge, MA: The MIT Press, 2002, p. 51.
② Jonathan E. Adler, *Belief's Own Ethics*, Cambridge, MA: The MIT Press, 2002, p. 52.

事情：应该蕴含着可能，应该也蕴含着有可能不如此，在心理上和逻辑上都不可能不如此的事情属于必然而非应该。因此无论如何，阿德勒的论证都是难以成立的。阿德勒的论证至多解释了，理想的完全相信是要求有充足理由的，或者说，如果 S 完全清醒地注意到他自己相信 p, 那么最好是要有相信 p 的充足理由。但这绝不是说，事实上的完全相信，都必须是自认为有充足的理由，更不是说，自认为没有充足的理由，就不可能相信，这不仅仅是能力上的做不到，而且是概念上的不可能、逻辑上的不可能。

第五章 实用主义

证据主义信念伦理最主要的外部竞争者是实用主义。实用主义的信念伦理可以划分为三种基本类型：一是独立于真理的实用主义，最著名的代表人物是詹姆斯[1]；二是依赖于真理的实用主义，最著名的代表人物是帕斯卡尔[2]；三是侵入认知的实用主义，最著名的代表人物是范特尔和麦格拉斯[3]。在具体分析这三种实用主义之前，我们还需要进一步讨论一下信念的理由。

一、证据理由与非证据理由

全盘证据主义认为只有证据才是证成信念的理由；认知证据主义和概念证据主义认为只有证据才是在知识论上证成信念的理由。实用主义认为非证据理由可以在一定层面证成信念。但没有任何实用主义者主张所有证成信念的理由都是非证据理由，因为这太违反人们的直觉、意识经验和科学事实了。但确实有证据主义者认为所有证成信念的理由都

---

[1] William James, "The Will to Believe", in his *The Will to Believe and Other Essays in Popular Philosophy*, New York: Longmans, Green & Co., 1897, pp. 1-31.

[2] 帕斯卡尔：《思想录》，何兆武译，商务印书馆 1997 年版。

[3] Jeremy Fantl and Matthew McGrath, "Evidence, Pragmatics, and Justification", *The Philosophical Review*, Vol. 111, No. 1, 2002, pp. 67-94.

只能是证据,而不能是非证据方面的考虑。非证据理由通常考虑的是两种:一是实用方面的理由,如相信命题 p 对我自己或其他人有好处,因此我该相信 p;二是道德方面的理由,如相信命题 p 符合通常的道德要求,因此我应相信 p。还可能有第三种非证据方面的理由,即审美方面的理由,如相信命题 p 可以满足我审美上的需要,因此我应相信 p。在讨论证据理由与非证据理由的时候,人们通常在广义上使用实用理由的概念,即将道德或审美方面的理由也看作是实用方面的考虑。因此有学者将证据主义与实用主义之间的矛盾归纳为两个"观察"。

  证据主义的观察:一个人不能故意基于非证据理由而相信什么事情,即不能完全有意识地将非证据理由作为他相信什么事情的理由。
  实用主义的观察:实践的理由和其他非证据理由对"一个人是否应该让自己相信什么事情的问题"有影响。[1]

赞同证据主义的论证我们已在第四章进行了较为详细的考察;支持实用主义的多种论证我们将在本章给出较为详细的考察。在此,我们首先要考察的是因实用理由而相信的可能性。为此,我们先看一下认知证据主义者费尔德曼提供的非证据理由证成信念的一个例子,虽然这不是知识论上的证成,但依然是某种形式的证成。

  一个人患有严重的疾病,很少有人能够战胜此病而康复。但此人不愿在疾病面前屈服。她确信她将是一个能康复的幸运者。信心会起帮助作用:那些乐观的人,其健康状况会有点好转,尽管,不幸的是,绝大多数患此疾病的人都未能康复。[2]

---

[1] Berislav Marušić, "The Ethics of Belief", *Philosophy Compass*, Vol. 6, No. 1, 2011, p. 35.

[2] Richard Feldman, *Epistemology*, Upper Saddle River, NJ: Prentice Hall, 2003, p. 43.

在这个病人康复的例子中，病人在知识论上显然没有充分的证据相信自己一定能够战胜疾病，但从有利于战胜疾病的角度看，患者相信自己"将是一个能康复的幸运者"，这确实有利于健康状况的好转，这是一个心理学或医学的事实。"如果乐观主义会起帮助作用，那就很难说她的乐观有什么不对之处。"① 也就是说，在费尔德曼这个认知证据主义者看来，基于实用的理由而相信，不但是可能的，而且在一定的层面也是无可指责的，甚至是应该的。

　　一个好朋友被控告有罪，你意识到了一些显示她有罪的证据。你也很了解这个朋友，并有证据表明这种犯罪行为跟她的性格不相符。你的朋友因犯罪指控而极度痛苦，她请求你支持她。出于对朋友的忠诚，鉴于证据的复杂性，你相信你的朋友无罪。②

在这个犯罪指控的例子中，你在知识论上，也显然没有充分的证据相信她是无罪的，但鉴于正反两方面证据的复杂性，出于对朋友的忠诚，你相信她是无罪的，这又是理所当然的，而且在道德上是值得肯定的。道德考虑在这个例子中起着重要的作用，"或许可以合理地说，在此，忠诚和友谊优先于证据"③。这依然显示了非证据的理由对我们的信念证成会起到一定的作用，有时甚至是决定性的作用。

哈曼曾将证据理由称为"认知理由"（epistemic reason），将非证据理由称为"非认知理由"（nonepistemic reason）。

　　认知理由：R 是相信 P 的认知理由，仅当 R 条件下 P 的概率大于非 R 条件下 P 的概率。

---

① Richard Feldman, *Epistemology*, Upper Saddle River, NJ: Prentice Hall, 2003, p. 43.
② Richard Feldman, *Epistemology*, Upper Saddle River, NJ: Prentice Hall, 2003, p. 49.
③ Richard Feldman, *Epistemology*, Upper Saddle River, NJ: Prentice Hall, 2003, p. 49.

>   非认知理由：在 R 条件下 P 的概率大于非 R 条件下 P 的概率，除开此种情况而外，R 是相信 P 的理由，那么 R 是相信 P 的非认知理由。①

即是说，除证据理由而外，所有其他的理由，都是非证据理由。出于积极的后果而相信，出于忠诚而相信，出于社会环境的压力而相信，出于维系情感的需要而相信等等，皆是因非证据性的理由而相信。许多信念都不是因单纯的证据理由或单纯的非证据理由而形成的，既有一定的证据性理由，又有一定的非证据理由，二者搅和在一起共同塑造人们的某个或某些信念，这是很常见的事情。

二、独立于真理的实用主义

哲学上的实用主义论证，可以追溯到柏拉图的《美诺篇》(86b-c)：

>   美诺　我似乎有理由相信你是正确的。
>   苏格拉底　是的。我不想发誓说我的所有观点都正确，但有一点我想用我的语言和行动来加以捍卫。这个观点就是，如果去努力探索我们不知道的事情，而不是认为进行这种探索没有必要，因为我们决不可能发现我们不知道的东西，那么我们就会变得更好、更勇敢、更积极。
>   美诺　在这一点上我也认为你的看法肯定正确。
>   苏格拉底　既然我们同意探索某些自己不知道的事情是对的，那么你是否打算和我一道面对这个问题："什么是美德？"②

---

① Gilbert Harman, *Reasoning, Meaning, and Mind*, Oxford: Clarendon Press, 1999, p. 17.
② 柏拉图：《美诺篇》(86b-c)，见《柏拉图全集》(第 1 卷)，王晓朝译，人民出版社 2002 年版，第 517 页。

这是苏格拉底在回应美诺悖论时与美诺的一段对话①。在此，苏格拉底认为，"变得更好、更勇敢、更积极"是我们想要的状态，探究我们不知道的事情，有利于促成我们想要的状态，我们可因这个实用性的理由去相信"探索某些自己不知道的事情是对的"。对此杰弗·乔丹（Jeff Jordan）给出了一个形式化的归纳②：

（1）做 α 有助于实现 β，并且
（2）实现 β 是你的利益之所在。因此
（3）你有理由做 α。

这种论证策略就是实用主义的论证模式。其意思相当简单，如果 β 是 S 的一个目标，做 α 有助于实现 β，那么在相同情况下，S 有一个实用性的理由去做 α。加上"在相同情况下"这一限制，目的是想说可能存在别的理由推翻某个特定的实用性理由。在实用主义的论证中，信念的形成被理解成一种行为，即一种"做"（doing）。

乔丹将实用主义论证分为两种类型：一是依赖于真理的实用论证；二是独立于真理的实用论证。③ 前者要求利益的获得要以相关的信念为真作为前提，所以叫依赖于真理的实用论证，它敏于真理，但不是证据主义意义上的敏于真理，只是说好处的获得依赖于相关信念为真；后者是说，利益的获得仅仅依赖于相信这种心灵状态本身，无论其命

---

① 关于美诺悖论，见柏拉图：《美诺篇》（80d-e），《柏拉图全集》（第 1 卷），王晓朝译，人民出版社 2002 年版，第 506 页。美诺悖论通常被理解为是在论证探究之不可能：你既不能探究你知道的东西，也不能探究你不知道的东西。因为对于你知道的东西，你无需去探究；对于你不知道的东西，你不知道自己在探究什么。对于美诺悖论的详细分析，请参见盛传捷：《"美诺悖论"的新思考》，《哲学动态》2016 年第 2 期，第 70—77 页。
② Jeff Jordan, "Pragmatic Arguments", in *A Companion to Philosophy of Religion*, eds. by Charles Taliaferro, Paul Draper, and Philip L. Quinn, 2nd edition, Malden, MA: Wiley-Blackwell, 2010, p. 425.
③ Jeff Jordan, *Pascal's Wager: Pragmatic Arguments and Belief in God*, Oxford: Oxford University Press, 2006, pp. 39-42.

题内容真假，只要相信相关的命题就能获得相应的利益，因此称为独立于真理的实用论证，它不关心真理，只关心相信与否。无论是依赖于真理的实用论证，还是独立于真理的实用论证，其所涉及的利益，既可以是相信者本人的利益，也可以是其他人的利益。

在此，我们先考虑独立于真理的实用论证，其最经典的文本是詹姆斯的《信念意志》一文。对此，我们将考查如下几点：一是詹姆斯的核心论题；二是詹姆斯对克利福德证据主义的反驳；三是对詹姆斯论题的三种解释；四是詹姆斯论题面临的主要反驳。

詹姆斯的核心论题。詹姆斯在《信念意志》一文的第四节明确地表述了其整个文章要捍卫的核心论题：

> 简单地说，我捍卫的论题是这样的：我们的情感本性可以决定数个命题间的抉择，这不但是正当的，而且是必须的，只要这样的抉择是一个就其本性而言无法在知性基础（intellectual grounds）上做出决断的真正的抉择；因为，在这样的情况下，说"别做决定，让问题保持开放"，这本身就是一个依据情感本性而做出的决定——就如赞同或反对的决定一样——并且面临着同样失去真理的危险。①

詹姆斯的核心论题通常被理解为一种特殊情况下的意志决定论：当某个抉择对某个人而言，符合"真正的抉择"和"无法在知性基础上做出决断"这两个条件时，此人使用情感本性来决定应该采取的信念态度，这不但是正当的，而且是必须的；只有在特殊情况下，情感才被允许去决定信念态度，如果不是真实的抉择，或者在知性基础上

---

① William James, "The Will to Believe", in his *The Will to Believe and Other Essays in Popular Philosophy*, New York: Longmans, Green & Co., 1897, p. 11.

足以形成相应的信念态度,那么情感就不应决定信念选择。为了更深入地理解詹姆斯的核心论题,我们需要回答三个问题:(1)何谓情感本性?(2)何谓真实的抉择?(3)何谓无法在知性基础上做出决断?

詹姆斯所谓"情感"指情感和意志等非知性因素,包括愿望(wish)、意志(will)、害怕(fear)、希望(hope)、成见(prejudice)、激情(passion)、模仿(imitation)、党派忠诚(partisanship)、个人因其所处的社会阶层和人群而带来的环境压力(circumpressure of our caste and set)等。对此,詹姆斯称之为意愿本性(willing nature)。① 他认为,"如果有人假定,离开了愿望、意志和情感偏好,知性洞见(intellectual insight)依然存在,或者只有理性(reason)才是决定我们的见解的东西,那他就完全违背了事实"②。非知性因素对信念的形成有着广泛的影响,而且往往隐而不显,以至于"我们发现自己事实上相信某种东西,却几乎不知道自己如何变得相信和为何相信"③。我们可能觉得自己的信念是建立在充分证据和逻辑推理等知性因素之上的,其实它很可能是不易察觉的非知性因素在心灵深处运作的结果。④

---

① William James, "The Will to Believe", in his *The Will to Believe and Other Essays in Popular Philosophy*, New York: Longmans, Green & Co., 1897, pp. 8-9.

② William James, "The Will to Believe", in his *The Will to Believe and Other Essays in Popular Philosophy*, New York: Longmans, Green & Co., 1897, p. 8.

③ William James, "The Will to Believe", in his *The Will to Believe and Other Essays in Popular Philosophy*, New York: Longmans, Green & Co., 1897, p. 9.

④ 在此,詹姆斯的想法跟弗朗西斯·培根的想法有些相似,培根在《新工具》中说:"人类理解力不是干燥的光,而是受到意志和各种情绪的灌浸的;由此就出来了一些'如人所愿'的科学。大凡对于他所愿其为真的东西,就比较容易去相信它。因此,他排拒困难的事物,由于不耐心于研究;他排拒清明的事物,因为他对希望有所局限;他排拒自然中较深的事物,由于迷信;他排拒经验的光亮,由于自大和骄傲,唯恐自己的心灵看来似为琐屑无常的事物所占据;他排拒未为一般所相信的事物,由于要顺从流俗的意见。总之,情绪是有着无数的而且有时觉察不到的途径来沾染理解力。"(培根:《新工具》,许宝骙译,商务印书馆2005年版,第26—27页)在此,培根的"理解力"就是詹姆斯的"知性洞见"或"理性"。虽然他们都看到意志和情感对信念的广泛影响,但培根认为意志和情感对信念的影响是要尽力避免的东西,而詹姆斯却认为意志和情感的影响在一定的范围内是正当的,甚至是必须的。

詹姆斯的论题其实可以分成两个层面的论题：一是事实描述层面的论题；二是价值规范层面的论题。就事实描述层面而言，非知性因素确实会影响我们的信念状态，既影响人们的议题设置（决定思考某个问题），也影响思虑的过程（沿着什么方向去思考，考虑到哪些证据，进行何种类型的推理等），还影响思虑的结束（思考到何种程度，达到何种效果才决定结束思考）。就价值规范层面而言，当面临真实的抉择时，没有充足的证据而相信，既合理，又应该。詹姆斯的重点在于价值规范论题，而非事实描述论题。因为价值规范论题会有较大争议，而事实描述论题并无太大争议，每个人只要认真反思自己已有的信念，就能发现不少意志和情感影响信念形成的实例。价值规范论题的前置条件是"真正的抉择"和"无法在知性基础上做出决断"。

詹姆斯认为，一个真正的抉择（genuine option）是一种活的（living）、强制性的（forced）、重要的（momentous）抉择。① 在两个假设（hypotheses）之间做决定谓之一个抉择（option/选择）。抉择有多种。它们可以是：（1）活的（living）或死的（dead）；（2）强制性的（forced）或可逃避的（avoidable）；（3）重要的（momentous）或不重要的（trivial）。在此，"假设"是指"任何可被我们相信的东西"②，相当于通常所说的命题。

一个抉择是活的，意味着它的两个假设都是活的。"一个活的假设，即被提出的假设作为真实的可能性对相关的人是有吸引力的。"③ 对接触到某个假设的人而言，认为该假设的内容为真，这对他是一件很有吸引力的事情，那么该假设对他而言就是活的；如果该假设对他毫

---

① William James, "The Will to Believe", in his *The Will to Believe and Other Essays in Popular Philosophy*, New York: Longmans, Green & Co., 1897, p. 3.

② William James, "The Will to Believe", in his *The Will to Believe and Other Essays in Popular Philosophy*, New York: Longmans, Green & Co., 1897, p. 2.

③ William James, "The Will to Believe", in his *The Will to Believe and Other Essays in Popular Philosophy*, New York: Longmans, Green & Co., 1897, p. 2.

无吸引力,他根本不会去相信该假设为真,那么该假设对他而言就是死的。"假设的死(deadness)与活(liveness)不是假设的固有属性,而是它与思考者个人之间的种种关系。这些关系是以此人的行动意愿来加以衡量的。一个假设的最大活性,意味着不可更改的行动意愿。实际上,这就意味着相信该假设;只要有采取行动的意愿,就有一些相信的倾向。"[①]詹姆斯举例来说,道教的教义对一个美国科学家而言,完全是死的,因为他的意愿本性不可能使得他具有按照道教教义行为的意愿,也就是说道教对他是没有吸引力的。但对于一个中国农村村民而言,社会文化环境却使得他有可能具有按照道教教义行为的倾向,道教对他是有吸引力的,因此道教的教义是活的。如果只有一个假设是活的,或者两个假设都是死的,那么这就不是一个活的抉择。如果我对一个美国中学生说:"成为通神论者或道教徒。"那么这是一个死的抉择,因为这相对于他们的教育背景和社会环境而言,这两个假设都是死的。如果我们对一个美国中学生说:"成为一个怀疑论者或基督徒。"[②]那么这就是一个活的抉择,因为相对于他们的教育背景和社会环境而言,这两个假设都是活的。判断一个抉择的活与死,关键是该抉择的两个假设是否都具有吸引力,当然吸引力又有一个程度问题,只要都有吸引力,抉择就是活的,"无论这种吸引力是多么的微弱"[③]。

一个抉择是强制性的,当在其所提供的选项之外"没有其他立足点(standing place)。凡以逻辑上完全的选言判断为基础的二难抉择,而且没有不选的可能,那就是这种强制性的抉择"[④]。举例来说,"选择

[①] William James, "The Will to Believe", in his *The Will to Believe and Other Essays in Popular Philosophy*, New York: Longmans, Green & Co., 1897, pp. 2-3.

[②] William James, "The Will to Believe", in his *The Will to Believe and Other Essays in Popular Philosophy*, New York: Longmans, Green & Co., 1897, p. 3.

[③] William James, "The Will to Believe", in his *The Will to Believe and Other Essays in Popular Philosophy*, New York: Longmans, Green & Co., 1897, p. 3.

[④] William James, "The Will to Believe", in his *The Will to Believe and Other Essays in Popular Philosophy*, New York: Longmans, Green & Co., 1897, p. 3.

出门带上雨伞，或不带雨伞"，这不是强制性的，因为你可以"根本就不出门，从而避免该选择"；"要么爱我，要么恨我"，"要么说我的理论是真理，要么说我的理论是谬误"，它们也不具有强制性，因为你可以对我和我的理论漠不关心，不爱不恨，不断言其为真，亦不断言其为假，只是不关心，不作判断而已。但詹姆斯认为，"要么接受（accept）这个真理，要么没接受它（go without it）"，这却是一个强制性的抉择，因为没有采取其他立场的可能性。[①] 这个抉择跟前面三个有何区别呢？为何詹姆斯会认为它具有强制性呢？前面三个基于选言判断的抉择都是可以轻易避免的，在其所提供的选项之外还有其他可供选择的处理方式。然而对于某项真理而言，除开"接受或不接受"之外，没有其他选择的余地，比如，你不关心它、不理睬它、不了解它、不知道它、不理解它，等等，都可算作是"没接受"的情形。因此，"要么接受这个真理，要么没接受它"，是一个强制性的抉择。因为，如果你不做出接受它的抉择，你就不可避免地选择了"没接受它"。按照詹姆斯的意思，强制性有两个条件：一是选项穷尽了论域内的一切可能，并且各选项之间是相互排斥的；二是悬置各个选项，等于不可避免地选择了其中一个选项。比如，对一个活着的人而言，"活着或者死去"，就是一个强制性的抉择，因为只要你不选择死去，那么你就不可避免地选择了活着，没有不死不活的第三条道路可供选择，即便你对生死漠不关心，你依然是在选择活着。

---

① William James, "The Will to Believe", in his *The Will to Believe and Other Essays in Popular Philosophy*, New York: Longmans, Green & Co., 1897, p. 3. 在此，"Either accept this truth or go without it"我们将其翻译成"要么接受这个真理，要么没接受它"。如果将后一个选项翻译成"要么不接受"，这就难以将其理解为是具有强制性的抉择，因为"接受"和"不接受"都预设了，你事先在一定层面知道了该真理的内容，然后有意识地做出接受或不接受的决定，倘若如此，不关心、不理睬、不了解、不理解、不知道等情形就处在"有意识地接受或不接受"之外，因而存在第三种选择的余地。然而"没接受"与"接受"却可以将一切情形都囊括在内，因而具有逻辑上的强制性。

当机会是独一无二的，或利害关系重大的，或做出的决定是不可撤销的，那么相应的抉择就是重要的（momentous）；"相反，当机会不是独一无二的，当后果是无足轻重的，或者，当做出决定之后，发现该决定是愚蠢的，该决定还可被撤销，那么该抉择就是不重要的（trivial）"①。举例来说，你究竟是跟张三结婚还是跟李四结婚，这通常是一个重要的抉择，婚姻可能关系到你一生的家庭生活，因而意义重大；哲学课教授问你"究竟是相信伦理学上的后果主义，还是非后果主义"，这种通常不是一个重要的抉择，因为即便你后来发现自己的决定是不明智的，你还可以改变你的想法，而且不会付出什么成本。

詹姆斯并不认为只要面临真正的抉择，靠意志来决定相信与否都是合理的，只是在无法基于知性基础而做出决定这一个特定情形下，凭意志而相信才是正当的，即凭意志而相信需要相关议题具有知性上的开放性（intellectually open），即"无论证据还是论证都不能无可置疑地决定相应的议题"②。换言之，在没有充分证据的情况下，仅凭已有的事实和逻辑推理无法得出决定性的结论，才应由情感和意志来决定信念状态。

因此，詹姆斯的信念原则可以概括为：

> 对于任何人 S 和任何命题 p 而言，如果 p（1）在知性是不确定的，并且（2）它属于真正的抉择之组成部分，那么 S 可被允许相信（can permissibly believe）p。③

---

① William James, "The Will to Believe", in his *The Will to Believe and Other Essays in Popular Philosophy*, New York: Longmans, Green & Co., 1897, p. 4.
② William J. Wainwright, *The Oxford Handbook of Philosophy of Religion*, Oxford: Oxford University Press, 2005, p. 181.
③ Jeff Jordan, "Pragmatic Arguments", in *A Companion to Philosophy of Religion*, eds. by Charles Taliaferro, Paul Draper, and Philip L. Quinn, 2nd edition, Malden, MA: Wiley-Blackwell, 2010, p. 429.

按照此种解释，如果一个命题有充分的证据加以支持，那么相应的信念主体应该相信此命题；一个命题只有在证据不充分且属于真正的抉择之组成部分时，信念主体才应该凭意志而相信它。此处的"应该"既是知识论上的应该，亦是道德上的应该，还是实践或实用上的应该。因此，詹姆斯在《信念意志》的第八节中说："我们同意如下的观点：只要不是强制性的抉择，不动情感的公正的知性，不偏爱任何假设，正如其所做的那样，可以确保我们免于受骗，这应该是我们的理想。"① 因此，我们可以说詹姆斯的原则是附条件地赞同证据主义，同时也是附条件的意志决定论。

自我证实的信念。至此，我们只是解释了詹姆斯的核心论题是什么。对此，需要区分两个不同的层面：一是事实描述的层面；二是价值规范的层面。对这两个层面，詹姆斯有着清醒的意识，因此，他明确地说："我们发现，情感的本性影响着我们的意见（opinion），这不但是事实，而且在诸多意见中作抉择，这种影响必须被看作是我们在进行选择时不可避免的决定因素，也是合理合法的决定因素。"② 为什么面临真正的抉择时，没有充分的证据，凭意志而相信，这不但是不可避免的，而且是合理合法的呢？对此，詹姆斯的主要理由是存在一些自我证实的信念（self-verifying belief）③，对此我们可以简称为自证信念。

何谓自证信念？詹姆斯认为，"存在这样的一些情形，如不预先相信某种事情会发生，它根本就不会成为事实。相信某种事实会发生，会有助于创造相应的事实"④。对此，普莱斯在《信念》一书中，将其称

---

① William James, "The Will to Believe", in his *The Will to Believe and Other Essays in Popular Philosophy*, New York: Longmans, Green & Co., 1897, pp. 2-22.

② William James, "The Will to Believe", in his *The Will to Believe and Other Essays in Popular Philosophy*, New York: Longmans, Green & Co., 1897, p. 19.

③ H. H. Price, *Belief*, London: George Allen & Unwin Ltd., 1969, pp. 349-375.

④ William James, "The Will to Believe", in his *The Will to Believe and Other Essays in Popular Philosophy*, New York: Longmans, Green & Co., 1897, p. 25.

之为"自我证实的信念"(self-verifying belief),并设专章加以讨论。①通常我们认为:相信是一回事,相信的事情是另一回事;事实独立于相信;特定的事实使得相应的信念为真,事情不因相信而为真。比如,某人相信外面正在下雨,这个信念并不使得外面正在下雨成为事实。换言之,事实就是事实,跟你相信不相信无关。关于自然界的所有事实都是如此。对于此种事实,我们可以称之为独立于信念的事实。问题是,是否所有的事实都是如此呢?当然不是,比如,你相信你期末考试会考出好成绩,这个信念却有助于创造相应的事实;你预先相信某人对你有好感,因此你也对他有好感,并积极主动地跟他交往,那么他就很可能真的对你产生好感,预先的信念成了使得该信念为真的一个原因。诸如此类的事实,可称之为依赖于信念的事实。独立于信念的事实和依赖于信念的事实都可以有两个层面:一是本体论的层面;二是知识论的层面。因此,逻辑上我们可以根据信念与事实的关系,将事实划分为几个种类(见表5.1):

表 5.1 逻辑上可能的几种事实类型

层次	关系	
	独立于信念	依赖于信念
本体论	(1)本体论上独立于信念的事实	(2)本体论上依赖于信念的事实
知识论	(3)知识论上独立于信念的事实	(4)知识论上依赖于信念的事实

所有自然事实都在本体论上独立于信念,比如珠穆朗玛峰是距离地心第五远的高峰,人体一般有 206 块骨头,这些事实之成为事实都跟任何人的信念无关。本体论上依赖于信念的事实,比如,因相信而导致的心灵状态或神经生物状态,该心灵状态或神经生物状态是一种事实,但没有相信就没有该种事实。本体论上依赖于信念的事实,可

---

① H. H. Price, *Belief*, London: George Allen & Unwin Ltd., 1969, pp. 349-375.

以是知识论上独立于信念的事实。比如，因相信而导致的心灵状态或神经生物状态，就知识论的层面而言，可通过各种人脑成像技术而得到客观的分析和探究。本体论上独立于信念的事实，在知识论上亦有可能依赖于信念。假如有一种存在者，其之所以存在完全独立于人的任何信念，但如果人要真的认识该存在者，那么就必须预先相信这种存在者的存在，然后才能获得认知它的各种证据。此种存在者的相关事实，就是知识论上依赖于信念的事实，但在本体论上却是独立于信念的事实。按照我们的分类，自证信念所相信的事实，要么是本体论上依赖于信念的事实，要么是知识论上依赖于信念的事实。因此，我们可以将自证信念定义如下：

  S 的信念 p 是自证信念，当且仅当，（1）S 相信 p 是 p 成为事实的一个必要条件，或者（2）S 相信 p 是 S 获得表明 p 为真之证据的一个必要条件。①

对此，我们可以用詹姆斯举的四种事例来加以说明：（1）自身能力信念；（2）人际关系信念；（3）道德信念；（4）宗教信念。

一些关于行为者自身能力的信念，可能会展现出这样的逻辑：你能，因为你相信你能。假如一位登山者面临只有惊险一跳才能求生的困境，但他以前不曾有任何亲身经验证明一定能跳跃成功，此时他该

---

① 普莱斯曾从本体论的角度来刻画自证信念，他认为自证信念有如下的特征：（1）自证信念总是关于现在或未来的事情之信念，不可能是关于过去的事情的；（2）它们总是关于有意识的存在者之信念；（3）它们通常是有关自己的信念，即某个人持有的关于他自身的信念（他的身体也算作他自身的一部分），但并不总是如此；（4）它们不必是反思的信念，它们通常是非反思的认为理所当然的东西。（H. H. Price, *Belief*, London: George Allen & Unwin Ltd., 1969, p. 361）。普莱斯只是注意到了本体论上的自证信念，没有考虑另一种逻辑上的可能性，即知识论上的自证信念。日常生活中，人们常说"信则有，不信则无"或"信在先，见在后"，这就是对本体论上和知识论上的两种自证信念的简单刻画。

如何办？是相信自己能够跳跃成功，从而赢得唯一的求生机会呢？还是怀疑自己是否能跳跃成功，因犹豫不决而葬身山谷？显然，相信自己能跳跃成功，从而鼓足勇气拼命一跳，这是最佳选择。① 假定他因为持有该信念，并确实跳跃成功，在此种情况下，"事先对未经证实之结果的信念，是唯一能使得该结果为真的东西"②，或者说，"信念是实现相应目标之不可或缺的初始条件"③。

我们自己对人际关系的信念通常也是引起相应事实的一个必要条件。举例来说：

> 一列满载乘客的列车（单个人都很勇敢）之所以会被几个强盗抢劫，只是因为强盗们会相互信赖，而每个乘客则担心：如果他自己进行反抗，在其他人还未出手帮助之前，他就会被击毙。如果我们相信整个车厢的乘客都会与我们同时站起来，我们应各自起而反抗，那么就决不会有人试图抢劫列车。因此，有些事情原本不会发生，除非你事先相信它们会发生。④

詹姆斯认为，这个案例背后的逻辑，绝不是个别的，而是社会生活的基本规律。交朋友是如此，谈恋爱也是如此，政府、军队、商业系统等各种社会组织的运作，亦是如此。"任何一个社会有机体，无论大小，它之所以是现在这个样子，是因为每个成员都怀着如下的信念

---

① William James, "Is Life Worth Living?", "The Sentiment of Rationality", in his *The Will to Believe and Other Essays in Popular Philosophy*, New York: Longmans, Green & Co., 1897, p. 59, pp. 96-97.
② William James, "Is Life Worth Living?" in his *The Will to Believe and Other Essays in Popular Philosophy*, New York: Longmans, Green & Co., 1897, p. 59.
③ William James, "The Sentiment of Rationality", in his *The Will to Believe and Other Essays in Popular Philosophy*, New York: Longmans, Green & Co., 1897, p. 97.
④ William James, "The Will to Believe", in his *The Will to Believe and Other Essays in Popular Philosophy*, New York: Longmans, Green & Co., 1897, pp. 24-25.

而履行自己的职责,即相信其他成员同时会履行他们自己的职责。"①比如,在你自己履责时,如果不同时相信其他人也会履行相应的职责,那么,预付货款,先劳动后领工资,先买票后上车,诸如此类的行为,皆难以发生。

詹姆斯认为,是否拥有道德信念,或拥有何种道德信念,这是由我们的意志决定的。因为"道德问题不是存在什么可感物的问题,而是什么东西好的问题,或者说,如果什么样的东西存在,那会是好的。科学告诉我们什么东西存在,但比较一个东西存在或不存在的价值,我们必须向之求教的,不是科学,而是帕斯卡尔所说的我们的心性(heart)。……是否拥有道德信念的问题,取决于我们的意志(will)"②。道德信念确实难以靠经验证据和推理而证成,它取决于意志,但詹姆斯的意志绝不是非理性的盲目冲动,也不是违反或干扰理性的非认知官能,而是适用于特定领域或特定层面并具有某种认知功能的心灵力量。比如,你问生活是否值得过?实际情况是:你相信值得过,那么它就真的值得过;你相信不值得过,就不值得过。然而,相信与否,是意志说了算,不是经验证据或推理。

詹姆斯认为,宗教在本质上宣称两件事情:

第一,她认为,最好的事物就是更加永恒的事物,重叠的事物(overlapping things),在宇宙中投下最后一石的事物,即是说,起最终决定作用的事物。"完美者是永恒的",……这句话似乎是宗教之第一个断言的很好表达,该断言显然不能为科学所证实。

---

① William James, "The Will to Believe", in his *The Will to Believe and Other Essays in Popular Philosophy*, New York: Longmans, Green & Co., 1897, p. 24.

② William James, "The Will to Believe", in his *The Will to Believe and Other Essays in Popular Philosophy*, New York: Longmans, Green & Co., 1897, p. 22. 帕斯卡尔的心性与詹姆斯的意志之间的关联,可以参阅郑喜恒:《宗教领域中的探究与詹姆士的〈信念意志〉》,《欧美研究》第四十六卷第三期,2016 年,第 354—356 页。

宗教的第二个断言是，如果我们相信她的第一个断言为真，那么甚至是在相信的当下就会处于更好的境况。①

宗教信念可以是活的、重大的、强制性的假设。②问题是这两个核心信念是否也是自证信念呢？詹姆斯认为它们是自证信念。因为它们"不能为科学所证实"。詹姆斯心中的宗教都承诺了人格化的神。③他说：

> 宇宙之更完美、更永恒的方面在宗教中以人格化的形式表现出来。如果我们信仰宗教，宇宙对于我们来说不再是一个它（It），而是一个汝（Thou）。人与人之间可能发生的任何关系在此都可能发生。④

由此可见，在詹姆斯看来，人与神的关系，不是人与任何物之间的关系，而是我与汝的关系，关于人际关系的信念是自证信念，因此，我们关于神的信念，即宗教信念，也是自证信念。对此，詹姆斯说：

> 宗教对我们的吸引力，似乎是为了我们自身积极的善良意志，

---

① William James, "The Will to Believe", in his *The Will to Believe and Other Essays in Popular Philosophy*, New York: Longmans, Green & Co., 1897, pp. 25-26.

② William James, "The Will to Believe", in his *The Will to Believe and Other Essays in Popular Philosophy*, New York: Longmans, Green & Co., 1897, p. 26. 宗教信念并非必然是活的假设，在此，詹姆斯说："你们中的任何人，如果认为宗教作为一种假设从任何活的假设之可能性上看都不可能为真，那么他就不必再听下去了。我只对'留下来的人'讲话。"宗教抉择是重大的，因为如果你不信宗教，那么你会失去"极其重要的好处"。宗教抉择是强制性的，因为"我们无法通过保持怀疑和等待更多的启示来逃避这个问题，因为，如果宗教为假，我们确实可以以此来避免错误，但如果宗教为真，我们却会失去好处，正如我们断然选择不信而必定失去好处一样"。

③ 在这个意义上说，佛教不算是真正的宗教，因为它反实体，否定有作为终极实体的神存在，更不可能承认有人格化的神存在。

④ William James, "The Will to Believe", in his *The Will to Believe and Other Essays in Popular Philosophy*, New York: Longmans, Green & Co., 1897, pp. 27-28.

如果我们自己不上前欢迎宗教假设,我们似乎永远得不到证据。举一个琐碎的例子:正如一个人跟一群绅士在一起,从不做出友好的表示,对每一友好的姿态都要求事先得到保证,没有证据就不相信任何人的话,这种在友好姿态方面的吝啬使他自己失去了所有社交方面的回报,而此回报是一种更加信任的态度完全可以赢得的。在宗教上也是如此,一个人竟然要把自己束缚在纠缠不清的逻辑性中,并试图让诸神来逼迫他承认,否则根本就不予承认,这样的人可能永远断送他结识诸神的唯一机会。[1]

由此可以看出,詹姆斯认为宗教信念类似于处理人际关系的信念:在没有充分证据之前你要相信他,你才能获得证实你的信念所需的证据。但宗教信念毕竟不同于处理人际关系的信念,因为处理人际关系的信念,我们至少事先可以有充分的证据证明我要交往的人是确实存在的,在宗教领域,我们却不可能在跟神交往之前获得此交往对象确实存在的证据。宗教信念不是创造相应事实的必要条件,至少宗教信念不是创造诸神存在这个核心事实的必备条件,否则,这就等于无神论了,即诸神是人的信念创造出来的。假如诸神确实存在,那么宗教信念有可能是创造你与诸神结识这一事实的必备条件,因此,可以说,宗教信念有可能是获得上帝存在之证据的前提条件,在此意义上说,宗教信念是自证信念,即"信在先,见在后",见着了诸神,那么其存在的证据也就获得了。在此意义上说,宗教信念可以是知识论上的自证信念。如果诸神确实存在,宗教信念也可以是创造除去"有神存在"这一核心事实之外的其他事实的必备条件,在此意义上说,宗教信念可以是本体论上的自证信念。

---

[1] William James, "The Will to Believe", in his *The Will to Believe and Other Essays in Popular Philosophy*, New York: Longmans, Green & Co., 1897, p. 28.

如果确实存在自证信念，那么在面临真正的抉择时，凭意志而相信就不但是正当的，而且是必须的。因为事先的信念是创造相应事实或获得相应证据的必要前提。

詹姆斯对克利福德之证据主义的信念伦理批判。詹姆斯的《信念意志》一文针对的正是克利福德的《信念伦理》一文。前面在讲证据主义的时候，我们已经比较详细地考察了克利福德的论证。在此，我们再次声明一下克利福德的核心论题，即克利福德原则：

> 无论何处，无论何人，相信没有充分证据的任何东西，始终是错误的。①

对此，我们的诠释是：无论从知识论的角度、道德的角度，还是实践效用的角度看，相信没有充分证据的东西，始终是错误的。对此，詹姆斯的反驳主要有如下几个方面：（1）正常因素论证；（2）客观证据论证；（3）两种策略论证；（4）两种情感论证。对这四个批判克利福德的论证，我们将逐一考察。

1. 正常因素论证。其核心意思是：情感意志因素是决定信念的正常因素，而非应受谴责的病态因素。为了表明这是对克利福德的一个重要批判，我们可以将其重构如下：

（1）情感意志与信念之间的关系，有如下三种情况：要么（a）情感意志因素不可能影响或决定我们的信念，要么（b）情感意志因素有可能影响或决定我们的信念，但这个影响或决定作用是我们应该消除的一种病态，要么（c）情感意志因素有可能影响或决定我们的信念，但这不是应该消除的病态，而是正当的、必须的。对此，我们称之为

---

① William Kingdon Clifford, *Lectures and Essays*, Vol. 2, London: Macmillan and Co., 1901, p. 175.

选言论题。①

（2）如果克利福德原则是正确的，那么选言论题中的（a）、（c）都是错误的，唯有（b）是正确的。因为，如果（a）是正确的，那么克利福德原则就是无意义的，而且（a）跟克利福德所举的船主的例子是矛盾的。克利福德原则作为道德规范或认知规范，必须事实上有被违反的可能，它才是有意义的。如果（a）是正确的，那么，必须基于充分的证据才能相信，这根本就没有被违反的可能性。如果（c）是正确的，那么，克利福德原则也是无意义的，因为根据（c）的意思，没有充分的证据而相信，完全是正当的。

（3）选言论题中的（b）是错误的。因为无论克利福德还是詹姆斯都承认情感意志因素会影响或决定信念：克利福德认为情感意志因素在信念决定中的作用是应该克服的病态，而詹姆斯认为它是正当的，甚至是必须的。詹姆斯的主要理由如下：知性因素不是决定信念的唯一因素，"如果有人假定，离开了愿望、意志和情感偏好，知性洞见（intellectual insight）依然存在，或者只有理性（reason）才是决定我们的见解的东西，那他就完全违背了事实"②，"纯粹的理智洞见与逻辑，不管它们如何理想地发挥作用，并不是实际上产生出我们的信条的唯一因素"③。但这还只是事实问题，并不是规范问题。情感意志因素事实上会影响或决定我们的信念，这并不等于我们应该如此。詹姆斯对规范问题的解决是诉诸"真正的抉择"和自证信念。因为存在自证信念，

---

① 关于直接意志论、间接意志论和非意志论，我们将在第六章加以讨论，在此，我们只是笼统地说，情感意志是否影响或决定信念。如果情感意志能决定信念，那显然属于一种直接意志论；如果说情感意志只是影响信念的形成，这属于一种间接意志论；如果情感意志不能影响信念，这属于非意志论。无论是直接意志论、间接意志论，还是非意志论，都可从两个角度来看，即事实的层面和规范的层面。

② William James, "The Will to Believe", in his *The Will to Believe and Other Essays in Popular Philosophy*, New York: Longmans, Green & Co., 1897, p. 8.

③ William James, "The Will to Believe", in his *The Will to Believe and Other Essays in Popular Philosophy*, New York: Longmans, Green & Co., 1897, p. 11.

所以情感意志因素的影响或决定作用是必须的；因为我们可能会面临"真正的抉择"而无理智上的充分证据，所以情感意志因素发挥作用是应该的、正当的。

（4）因此，情感意志因素是我们决心相信与否的正常因素。在《信念意志》一文的第四节，詹姆斯曾提出一个问题：情感意志的作用，"只不过是应受谴责的和病态的呢，还是相反，我们必须将它作为我们做决定时的正常因素"①。显然，詹姆斯赞同的是后者。

（5）因为（4）是正确的，所以克利福德原则是错误的。因为克利福德原则意味着情感意志因素对信念的影响或决定作用是必须克服的病态。事实上，这不但不是病态，反而是应该发挥其作用的正常因素。因此，詹姆斯批评克利福德是一个"可爱的淘气鬼"（delicious enfant terrible）②。

2. 客观证据论证。其核心在于，相信自己的证据是真正客观的，这只不过是一个主观意见。该论证的主要思路我们可以归纳为如下几点：

（1）如果克利福德原则是正确的，那么我们相信一个命题的"充分证据"必须是客观证据，否则，在克利福德的船主例子中，船主相信其船只适合远航的证据亦可算作充分证据，因为他自己相信自己的信念是有充分证据的。他成功克服了各种疑虑，在船只出发之前，"他在心中暗自说道：这船安全地航行了这么远的航程，也经受住了这么多的大风大浪，设想它这次不能安全地返航，是没有多大意义的"③。只不过，这所谓"充分证据"是船主一厢情愿的主观意见而已。

（2）相信用来证成某信念的证据在客观上是充分的，只是对证据

---

① William James, "The Will to Believe", in his *The Will to Believe and Other Essays in Popular Philosophy*, New York: Longmans, Green & Co., 1897, p. 11.
② William James, "The Will to Believe", in his *The Will to Believe and Other Essays in Popular Philosophy*, New York: Longmans, Green & Co., 1897, p. 8.
③ William Kingdon Clifford, *Lectures and Essays*, Vol. 2, London: Macmillan and Co., 1901, p. 163.

是否充分的主观判断。

在《信念意志》一文的第六节，詹姆斯指出："那备受赞誉的客观证据（object evidence）从未成功地现身；它只是一个渴求的目标或界限概念，标志着我们思维生活之无限遥远的理想。声称某些真理当下拥有客观证据，这只不过是说：当你认为它们为真并且它们的确为真时，那么支持它们的证据就是客观的，否则就不是。但实际上，一个人确信自己得到的证据是真正客观的，此确信不过是另一个外加的主观意见而已。"① 即是说，詹姆斯认为，我们无法确切地知道我们用以证成信念的证据是否在客观上是充分的，我们对证据充分与否的判断仅仅是一个主观的判断，这判断本身是可错的，我们必须在经验中继续检验相应的信念是否为真。

詹姆斯区分了三种知识论立场：一是怀疑主义；二是绝对主义；三是经验主义。

存在真理，达到真理是我们心灵注定的目标，这是我们经过审慎的思考而决心做出的设定（postulate），尽管怀疑论者不会做出这样的设定。因此，我们在这一点上跟怀疑论者彻底区别开来了。然而，相信真理存在，并且我们的心灵能够找到它，坚持这一点的有两种方式。我们可以称之为相信真理的经验主义方式和绝对主义方式。在这个问题上，绝对论者说，我们不仅能获知真理，而且我们能知道什么时候我们已获知真理；然而，经验主义者认为，尽管我们可能获知真理，但我们不可能不可错地知道什么时候获知真理。知道是一回事，确定无疑地知道我们知道是另一回事。一个人可以坚持第一种看法是可能的，而不坚持第二种；

---

① William James, "The Will to Believe", in his *The Will to Believe and Other Essays in Popular Philosophy*, New York: Longmans, Green & Co., 1897, p. 15-16.

因此，尽管经验主义者和绝对主义者，就其通常的哲学术语的意义来说，都不是怀疑主义者，但在他们的生活中，表现出来的教条主义的程度却非常不同。①

詹姆斯本人的主张是经验主义，他赞同我们可能获知真理，但不可能确定无疑地知道何时获知真理。就相信有真理存在而言，经验主义是教条主义；就经验主义者不相信我们可以确定无疑地知道我们知道而言，他们不是教条主义；绝对主义在这两个层面都是彻底的教条主义。因此，绝对主义者比经验论者的教条化程度要深得多。在詹姆斯看来，克利福德表面上并不是一个绝对主义者，因为他并没有明确地主张我们获知的真理具有不可错性，因此克利福德似乎可以归为经验主义者，但他只是反思的经验主义者，因此詹姆斯讲：

> 我们中间最多的经验主义者仅仅是反思上的经验主义者：一旦听任他们的本性，他们就武断得像绝不会犯错的教皇。当克利福德的信徒们告诉我们说：基于"不充分的证据"而成为基督徒是多么的罪过时，"不充分"确实是他们心中仅有的东西。对他们来说，只有"证据是绝对充分的"才能有另外的信念。②

在此，"反思上的经验主义者"包括克利福德及其信徒在内，他们只是在理智反省的层面意识到经验主义的正确性，一旦离开这个理智反省的层面，他们就陷入了绝对主义者的思维，"武断得像绝不会犯错的教皇"，相信其用以证成某个信念的证据是否充分，亦同样陷入武断

---

① William James, "The Will to Believe", in his *The Will to Believe and Other Essays in Popular Philosophy*, New York: Longmans, Green & Co., 1897, p. 12.

② William James, "The Will to Believe", in his *The Will to Believe and Other Essays in Popular Philosophy*, New York: Longmans, Green & Co., 1897, p. 14.

的主观意见。

（3）按照克利福德原则，我们对绝大多数命题的相信都是不应该的。

克利福德原则要求充分的客观证据，但在詹姆斯看来，客观证据只是一个界限概念，从未真正出场，证据充分与否亦是主观意见。因此，如果克利福德原则是正确的，那么除开抽象的数学或逻辑命题而外，就没有什么命题是我们应该相信的了。詹姆斯说："除开比较性的抽象命题（比如二加二跟四等同），这些命题本身并不告诉我们关于具体实在的任何东西，人们认为明显可靠的命题，没有哪个未被别人判定为谬误，或至少未被别人真心地质疑过其真理性。"[①] 因此，很少有命题能满足克利福德的充分证据要求。克利福德原则如果得到严格执行，就会将人们逼进怀疑主义的困境。

3. 两种策略论证。其核心意思是避免错误的策略并不优先于获得真理的策略。该论证的思路可归纳如下：

（1）有两种可供选择的理智策略。

策略 A：为了确定无疑地避免错误，甘担失去真理和失去重大益处之风险。

策略 B：为了有机会获得某种真理和重大益处，甘担犯错之风险。

（2）克利福德采取的是策略 A。

（3）策略 B 比策略 A 更为可取，因为策略 A 阻断了我们获得某种可能的真理之途径。

（4）任何阻断获得可能的真理之途径的策略，都是不适当的策略。

---

① William James, "The Will to Believe", in his *The Will to Believe and Other Essays in Popular Philosophy*, New York: Longmans, Green & Co., 1897, p. 15.

（5）因此，克利福德的原则是不可接受的。[1]

这是宗教哲学家温因赖特（William J. Wainwright）对詹姆斯两种策略论证的概括。詹姆斯说：

> 我们必须知道真理；我们必须避免错误。这是我们首要的重大戒条，但它们并不是陈述同一戒条的两种方式，它们可以是两个独立的法则。尽管确实可能发生这样的情形：当我们相信真理A时，作为偶然的结果，我们避免了相信谬误B，但不大可能仅仅因为不相信B，我们就必然相信A。在避免相信B时，我们可能陷入对谬误C和D的相信，而C和D同B一样的糟糕；或者我们可能不相信任何东西，甚至不相信A，从而避免相信B。[2]

也就是说，相信真理与避免错误，不是同一个原则，而是两个不同的原则：不会因为相信真理A，就必然避免了相信谬误B；也不会因为避免了相信谬误B，就必然相信真理A。避免错误的有效方式可以是什么都不相信，所有的谬误都排除掉了；知道真理的有效方式可以是什么都相信，因而所有的真理都囊括在信念之中了。有可能因相信某条真理，因而相信了另一条谬误；也有可能相信了某条谬误，因而相信了另一条真理。求真与除错，是两条不同的法则，二者完全可以是相互冲突的，因此，我们就面临一个抉择："我们可以将追求真理视作是至高无上的，将避免错误视作是次要的；或者相反，将避免错误视作是至关重要的，而让真理去碰运气。克利福德劝我们选择后一条道

---

[1] William J. Wainwright, *The Oxford Handbook of Philosophy of Religion*, Oxford: Oxford University Press, 2005, pp. 180-181.
[2] William James, "The Will to Believe", in his *The Will to Believe and Other Essays in Popular Philosophy*, New York: Longmans, Green & Co., 1897, pp. 17-18.

路。"① 然而，克利福德所规劝的"除错至上"策略，"听起来是彻底的异想天开。这好比一位将军对他的勇士说，最好永不参加战斗，免得有受伤的危险。征服敌人和征服自然的胜利都不是这样获得的。我们的错误确实不是异常严重的事情。在一个无论我们如何谨慎都会招致错误的世界里，某种轻松的心态，似乎比对错误的过度紧张更为健康。不管怎样，这对经验论哲学家是最为合适的事情"②。也就是说，詹姆斯赞同的是"求真至上"的策略，为了获知真理和由此带来的巨大好处，甘冒出错的风险；为了赢得一些重要的胜利，甘冒受伤的危险。

4. 两种情感论证。此论证与两种策略论证紧密联系在一起，"除错至上"背后的基本情感是"恐惧"，"求真至上"背后的基本情感是"希望"，其基本论证逻辑可作如下重构：

（1）如果克利福德原则是对的，那么，因希望而受骗就比因恐惧而受骗更为糟糕。

（2）因希望而受骗不比因恐惧而受骗更糟。

（3）因此克利福德原则不对。

詹姆斯认为克利福德和其他宗教怀疑者们的立场是："宁愿冒失去真理的危险，也不愿有犯错的机会。"③如果没有充分的证据，一概不予相信。因为对错误充满恐惧比对真理充满希望"更为明智和更为可取。因此，理智并不反对所有的情感，只能是带有某种情感的理智在规定其自身的法则。又有什么东西来保证这种情感是最智慧的呢？同样

---

① William James, "The Will to Believe", in his *The Will to Believe and Other Essays in Popular Philosophy*, New York: Longmans, Green & Co., 1897, p. 18.

② William James, "The Will to Believe", in his *The Will to Believe and Other Essays in Popular Philosophy*, New York: Longmans, Green & Co., 1897, p. 19.

③ William James, "The Will to Believe", in his *The Will to Believe and Other Essays in Popular Philosophy*, New York: Longmans, Green & Co., 1897, p. 26.

是受骗,又有什么证据表明因希望而受骗比因恐惧而受骗要糟糕得多呢?拿我来说,我就看不出任何证据"①。因惧怕犯错而错失了本可获知的真理,这是被恐惧的心理欺骗了;因希望获知真理而错将谬误当作了真理,这是被希望所欺骗。无论如何都不可能避免被欺骗,而且我们没有任何理由认为,受对错误的恐惧心理所支配,要比受对真理的希望所支配更加明智、更加可取。无论是屈从于对错误的恐惧,还是屈从于对真理的希望,都有失去真理或陷入谬误的风险。因此,詹姆斯说,"如果我个人的赌注实在关系重大,它就足以给我选择自己的冒险方式的权利"②,根本无需遵守除错至上的戒律,无需屈从于对错误的恐惧。因此,克利福德原则是不合理的。同时这也说明,克利福德原则是自我反驳的,因为它要求相信任何东西都必须要有充分的证据,而他自己却在没有充分证据支持的情况下,相信了他自己提出的信念伦理原则;克利福德要求我们遵循理智的证据要求,但他的这个要求本身却不是源自合理的证据,而是屈从于"惧怕错误"的情感。因此,克利福德原则实际上是自相矛盾的。③

是否詹姆斯的批判就彻底驳倒了克利福德原则呢?答案是没有。

就正常因素论证而言,克利福德可以回答说,他并不是要消除一切情感意志因素在信念形成过程中的作用,因为消除一切情感意志因素,既不可能,也无必要。因为在信念形成过程中,议题的设定、证据的分析、探究的终结等等,都必然有情感意志因素的作用,否则一

---

① William James, "The Will to Believe", in his *The Will to Believe and Other Essays in Popular Philosophy*, New York: Longmans, Green & Co., 1897, p. 27.

② William James, "The Will to Believe", in his *The Will to Believe and Other Essays in Popular Philosophy*, New York: Longmans, Green & Co., 1897, p. 27.

③ 有学者将詹姆斯对克利福德的批判归结为三点:(1)"智性因素"与"非智性因素"都在个人意识层次的信念决定过程中扮演不可或缺之不同的正面角色;(2)我们无法真确地知道我们用以支持某意见的理据是否是客观上充分的;以及(3)"避免错误"比起"获得真理"并非总是更为优先的知识论要求。(郑喜恒:《检视詹姆士在〈信念意志〉中对于克利佛德的知识论批评》,《华冈哲学学报》2014年第6期,第53—76页)

切信念都不可能形成。理智并不是与情感意志彻底分离的一种独立的认知官能。正如黑格尔所言:"我们不能这样设想,人一方面是思维,另一方面是意志,他的一个口袋装着思维,另一个口袋装着意志,因为这是一种不实在的区别。思维和意志无非就是理论态度和实践态度的区别。它们不是两种官能,意志不过是特殊的思维方式,即把自己转变为定在的那种思维,作为达到定在的冲动的那种思维。"[1] 此处的"思维"可以理解为我们通常所说的"理智"。理智和意志不外是理性能力的两种运用而已,不可能将理智与意志彻底区隔开来。但是,我们有可能让情感意志因素在确定命题之真假的理论态度中不适当地发挥了作用,因此,这个意义上的情感意志因素是应该在理论态度中去除掉的。因此正常因素论证未能驳倒克利福德原则。

就客观证据论证而言,克利福德可能反驳说,詹姆斯所说的客观证据的含义不是我所要的那个意思。客观证据难以界定,颇有争议,这都是事实。但这并不等于没有客观证据,正如我们很难界定出桌子之为桌子的充分必要条件,但这绝不等于没有桌子。客观证据是一回事,对客观证据的主观判断是另一回事。对客观证据之确信,既然是确信,当然有主观因素的参与,但这个参与不是改变客观证据,而只是在认知上加以确认,绝不能据此说"客观证据(object evidence)从未成功地现身"。在日常生活和科学研究中,客观证据经常成功地现身。任何时候都要基于客观证据而相信,这并不等于相信的东西一定是不可错的。克利福德及其信徒都不是不可错论者,正好相反,他们都是可错论者。因此,詹姆斯的批评有失公允。

就两种策略论证而言,詹姆斯对克利福德的批判也是不公的,克利福德要求基于充分的(sufficient)证据而相信,并不是要求我们基于决定性的(conclusive)证据而相信。因此,并不能肯定地说,克利福德的

---

[1] 黑格尔:《法哲学原理》,范扬、张企泰译,商务印书馆1961年版,第12页。

策略是除错至上。如果克利福德的唯一目的就是"避免错误",那么他的建议应该是:搁悬一切判断,尽可能地什么都不相信。这样就可以最大限度地减少错误信念。与此类似,如果詹姆斯自己的策略真的是求真至上,那么他的建议应该是:尽可能地相信一切命题,什么都别怀疑,因为这样就可以尽可能地将所有真理都囊括在自己的信念之中。因此,詹姆斯根本就不用给凭意志而相信设置那么多的条件。然而詹姆斯并不主张什么都相信,因此,他的策略并不是他所说的求真至上。

就两种情感论证而言,詹姆斯的批判依然难以成立。如果支配克利福德原则的情感只是对错误的恐惧,那克利福德原则就应修正为:无论何处,无论何人,无论证据如何,一概不能相信。然而,这绝不是克利福德要表达的真实意思。克利福德应该是想在求真与除错之间求得平衡,在希望和恐惧之间求得协调。

即便詹姆斯对克利福德的批判都是正确的,依然不可能得出克利福德原则彻底错了,至多只能说克利福德原则面临诸多问题,需要修正。有学者给出的修正版是:"在'避免错误'具有有限性的探究领域,(在智性与非智性因素之影响下)主观判断为不充分的证据上相信任何意见,就是知识论上错。"① 即是说,在附条件的情况下,克利福德原则在知识论上是正确的。

詹姆斯论题的三种解释。詹姆斯对克利福德的批评是为证明他的核心论题服务的,对其核心论题的理解至少可有三个方向,分别将其解释为:(1)任何情况下的意志决定论;(2)特殊情况下的意志决定论;(3)任何情况下的意志和知性之共同决定论。对此我们分别加以阐明。

任何情况下的意志决定论,可以简称为普遍的意志决定论。当代著名宗教哲学家希克(John Hick),在其《宗教哲学》一书的第五章

---

① 郑喜恒:《检视詹姆士在〈信念意志〉中对于克利佛德的知识论批评》,《华冈哲学学报》2014年第6期,第73页。

讲"信仰的意志主义理论"时,引用了詹姆斯《信念意志》一文中的一些段落之后,他说:

> 不加限制地允许单凭主观愿望而相信,这是詹姆斯立场的根本缺陷。詹姆斯曾一度设想马赫迪为我们写下文字说:"我就是神在他的光辉中创造出来的众望所归者。如果你信我,你将获得无限的快乐;否则你们将失去阳光。因此,如果我是真实的,你们将有无限的收获,如果我是假的,你们只有有限的牺牲,该权衡这二者的利弊得失!"对于这个迫切的邀请,不予回应,詹姆斯能提供的唯一理由是,在他心里,这个邀请不属于一个"活的抉择"。也就是说,这跟当下占据其思维的假设不一致。然而,对詹姆斯而言,它不是一个活的抉择,这一事实是一种偶然的境况,它不能影响马赫迪之断言的真假。一个观念或许是真的,但它当下对詹姆斯没有吸引力;假如这观念为真,詹姆斯永不可能以他的方法获知其为真,每个人都会更加根深蒂固地肯定他或她当下的偏见,这是詹姆斯方法的唯一后果。具有这种效果的程序设计不大可能用来发现真理。它等于鼓励我们自冒风险,无论我们喜欢的什么东西都可以相信。然而,如果我们的目标是相信真实的东西,并非必然相信我们喜欢的东西,那么詹姆斯的普遍许可的态度对我们是没有什么帮助的。[①]

希克对詹姆斯论题的理解可以分解为如下几个要点:

(1)詹姆斯无限制地允许凭主观愿望而相信,这等于无限制地鼓励我们相信所有我们自己喜欢的东西。

---

① John H. Hick, *Philosophy of Religion*, 4th edition, New Jersey: Prentice-Hall, Inc., 1990, p. 60.

（2）对詹姆斯而言，一个抉择是否是活的，取决于偶然境况，即相关的议题当时是否占据着思考者的思维。

（3）詹姆斯决定相信与否的方法，跟相关假设的真假无关，即相信与否，独立于假设的真理性。

（4）因此，詹姆斯确定信念的方法或程序对我们获知真理没有什么帮助，他鼓励我们按照意愿而相信。然而，相信的目标应是真理，并非一定是我们自己喜欢的东西。

显然，希克对詹姆斯的理解是有严重偏差的。我们找不出确凿的证据说：詹姆斯鼓励的是普遍宽容的态度，即无论什么，只要你喜欢，你都有权相信。将詹姆斯论题理解为这种普遍的意志决定论的，还有其他一些学者，比如已故美国匹兹堡大学哲学教授理查德·盖尔（Richard Gale），他是研究詹姆斯的著名学者，他在《威廉·詹姆斯与信念的任性》("William James and the Willfulness of Belief")一文中讲："对詹姆斯的哲学，尤其是对其相信的意志原则而言，我们可以随意相信（believe at will），这是至关重要的。"[1] 詹姆斯认为"我们所有的信念，甚至包括科学信念，都由偏好或情感所引起"[2]。盖尔的理解难以成立。他没有区分普遍参与和普遍决定。有一种可能的理解是：詹姆斯认为情感意志因素普遍地参与了所有信念的形成，包括科学信念的形成，但这并不等于说，情感意志因素普遍地决定了所有的信念。情感意志因素有可能帮助知性因素发挥正常功能或增强知性因素的作用，在这个意义上说，情感意志因素并不是信念的决定者；如果情感意志因素可以不顾理智的证据或推理，只凭自身而形成信念，那才是

---

[1] Richard M.Gale, "William James and the Willfulness of Belief", *Philosophy and Phenomenological Research*, Vol. 59, No. 1, 1999, p. 71.

[2] Richard M.Gale, "William James and the Willfulness of Belief", *Philosophy and Phenomenological Research*, Vol. 59, No. 1, 1999, p. 88.

真正的"随意而相信"。在《信念意志》一文中,我们没有找到任何强有力的证据支持将詹姆斯归入普遍的意志决定论者。

因此,人们通常将詹姆斯理解为特殊情况下的意志决定论者。在此,我们仅以斯蒂芬·戴维斯(Stephen T. Davis)、杰弗·乔丹、罗斯·克里斯琴(Rose Ann Christian)、詹姆斯·帕沃斯基(James O. Pawelski)四位当代学者为例,说明一下对詹姆斯的主流理解。

戴维斯在《上帝、理性与有神论证明》一书中写道:

> 在《信念意志》一文,詹姆斯感兴趣的是适合(3)的证据情形[即,没有可获得的支持 p 或反对 p 的证据,或者支持 p 的证据既不比支持非 p 的证据强,也不比支持非 p 的证据弱。——笔者注],他特别感兴趣的是宗教命题(尽管他的论证可以运用于跟宗教无关的主张)。该文的核心论题是:不基于可用的证据而相信某个宗教命题,即证据没有证明此命题的真理性,这种相信有时是合理的。[①]

戴维斯区分了证据与命题之间的五种情形:

(1)有充分证据支持命题 p(即支持 p 的证据足够好或有足够的说服力)。

(2)有一些证据支持命题 p,但不充分(或者支持 p 的证据超过了支持非 p 的证据,但没有达到决定性地支持的程度)。

(3)没有可获得的支持 p 或反对 p 的证据,或者支持 p 的证据既不比支持非 p 的证据强,也不比支持非 p 的证据弱。

---

① Stephen T. Davis, *God, Reason and Theistic Proofs*, Edinburgh: Edinburgh University Press, 1997, p. 167.

（4）有些证据支持非 p，但没有充分的证据支持非 p（或者支持非 p 的证据超过了支持 p 的证据，但没有到达决定性地支持的程度）。

（5）有充分的证据支持非 p（即支持非 p 的证据足够好或有足够的说服力）。①

对证据主义者来说，面对证据情形（1），应相信 p；面对情形（5），应相信非 p；面对情形（2），应尝试性地相信 p；面对情形（4），应尝试性地相信非 p；面对情形（3），应悬置一切判断，既不相信 p，亦不相信非 p。詹姆斯处理的正是情形（3），他证明在满足一些条件之后，相信 p 或非 p 不但是正当的，甚至是必须的。

乔丹在《帕斯卡尔的赌注与詹姆斯的信念意志》一文中写道：

有一类命题，相信它是使其为真的条件，对此我们可称之为"依赖于相信的真理（dependent truth）"。②

可能有这样的真理，相信它们是获取关于它们的证据之必要条件。这类命题的证据仅限于先行相信它们的人才能获取，对此，我们称之为"证据限于相信者的命题（restricted propositions）"。依赖于相信的命题（dependent propositions）与证据限于相信者的命题，是詹姆斯针对克利福德原则而提出的反例。③

在《实用主义论证》一文中，乔丹又说：

---

① Stephen T. Davis, *God, Reason and Theistic Proofs*, Edinburgh: Edinburgh University Press, 1997, p. 167.

② Jeff Jordan, "Pascal's Wager and James's Will to Believe Argument", in *The Oxford Handbook of Philosophy of Religion*, ed. by William J. Wainwright, Oxford: Oxford University Press, 2005, p. 181.

③ Jeff Jordan, "Pascal's Wager and James's Will to Believe Argument", in *The Oxford Handbook of Philosophy of Religion*, ed. by William J. Wainwright, Oxford: Oxford University Press, 2005, p. 182.

值得重视的是，詹姆斯并不认同如下的观点：尽管有证据反对某个命题，人们依然能恰当地相信此命题。一个缺乏充分证据的假设（詹姆斯用其指称命题），在人们能在恰当地相信它之前，必须要满足两个条件，在《信念意志》一文中，詹姆斯规定了这两个条件。第一个条件是支持或反对该命题的证据。……第二个条件是詹姆斯所说的"真正的抉择"。①

在乔丹看来，詹姆斯绝不是任何情况下都反对克利福德，只是针对因相信而成真的命题与因相信而获证的命题而言，满足特定的条件之后，情感意志因素不但事实上能决定信念，而且应该由情感意志来决定。

帕沃斯基在《威廉·詹姆斯的动态个体主义》一书中讲：

> 在《信念意志》一文中，詹姆斯捍卫了个人的权利，即个人有权基于情感性决定而相信，但仅限于那些"在本性上无法靠知性基础而做出抉择"之真正的抉择的情形。正如他对个人的辩护一样，詹姆斯对个人之相信权的辩护是有限制的（qualified）。②

在帕沃斯基看来，詹姆斯绝不是在为普遍的意志主义辩护，而仅仅是在为特殊情况下的意志主义辩护，满足特殊情况的必要条件是：就其本性而言，无法在知性的基础上做出抉择之真正的抉择。

克里斯琴在《詹姆斯〈信念意志〉中的真理和后果》一文中说：

---

① Jeff Jordan, "Pragmatic Arguments", in *A Companion to Philosophy of Religion*, eds. by Charles Taliaferro, Paul Draper, and Philip L. Quinn, 2nd edition, Malden, MA: Wiley-Blackwell, 2010, p. 429.

② James O. Pawelski, *The Dynamic Individualism of William James*, Albany, NY: State University of New York Press, 2008, p. 16.

给定一个宗教上的存有宣称,在没有足够知性基础时,詹姆斯认为我们有权相信它,我因如此欲求而相信,并因如此相信而行动。詹姆斯对此相信权的最佳辩护,只是他所宣称的"相信或不相信的后果是至关重要的"。他所关心的事情不仅仅是决定相信或不相信,而是生活的抉择。什么构成好的生活,任何有关于此的建议都无疑是有争议的;与此相似,什么东西算作生活抉择的充足证据,任何有关于此的建议,也是充满争议的。个人有权做出此种抉择,有权追求他们的生活,詹姆斯的此种看法是有很强吸引力的。[①]

虽然,克里斯琴将詹姆斯《信念意志》一文的论域理解为生活抉择,而非仅仅是信不信之决定,但很明显,还是将詹姆斯的核心论题理解为特殊情况下的意志决定,即在没有充分的知性基础,又事关生活的重大抉择时,我们有权凭情感意志而相信。

将詹姆斯为信念权所作的辩护理解为特殊情况下的意志主义,其最主要的文本依据是《信念意志》一文的第四节。在此,詹姆斯明确地说他要捍卫的是如下的论题:

> 我们的情感本性可以决定数个命题间的抉择,这不但是正当的,而且是必须的,只要这样的抉择是一个就其本性而言无法在知性基础(intellectual grounds)上做出决断的真正的抉择。[②]

正因为如此,多数学者将特殊意志论认作是对詹姆斯的标准理解。当然对此也有人提出质疑,其中最典型的是我国台湾学者郑喜恒,他

[①] Rose Ann Christian, "Truth and Consequences in James 'The Will to Believe'", *International Journal for Philosophy of Religion*, Vol. 58, No. 1, 2005, p. 22.

[②] William James, "The Will to Believe", in his *The Will to Believe and Other Essays in Popular Philosophy*, New York: Longmans, Green & Co., 1897, p. 11.

在《意志、审虑与信念：诠释詹姆士的〈信念意志〉》一文中力图捍卫如下的观点：

> 詹姆士在《信念意志》中所讨论的主要议题是"个人信念之决定"；根据笔者的诠释，他的主要主张可以一般性地表述如下："当个人在做信念抉择与决定时，知性因素与非知性因素都是不可或缺的，虽然它们扮演不同的角色，而且非知性因素能够扮演正面（但不包括证成）的角色"。更确切地说，仅凭知性因素并不足以让个人将信念决定下来，还需要非知性因素的辅助；而且非知性因素并非只能在特殊情况下才有正当性去影响信念抉择，而是能够在任何信念之抉择与决定过程中扮演正面角色的。[①]

此种诠释路径反对了特殊情况下的意志论，但亦不是普遍的意志决定论，而是主张任何时候的任何信念之抉择与决定的过程都是知性因素与非知性因素共同作用的结果，但只有知性因素能扮演正面的证成角色。对此，我们可称之为"共同决定论"。这种诠释能否成立呢？我们认为难以成立。毫无疑问，没有意志情感的作用难以形成信念，甚至可以说，完全排除了情感意志因素就不可能有任何信念。非知性因素在设置议题、选择路径与策略、决定思虑是否终结、决定是否相信思虑之结果等方面，都会扮演一定的正面角色。但这并不是詹姆斯《信念意志》一文的主旨，否则该文就不能理解为是对克利福德信念原则的驳斥。因为克利福德的证据主义并没有反对情感意志因素事实上对信念的形成有辅助作用，他只是反对情感意志因素对信念在知识论或道德上的证成起决定作用。换句话说，情感意志因素不是信念之证

---

① 郑喜恒：《意志、审虑与信念：诠释詹姆士的〈信念意志〉》，《欧美研究》2012 年第 42 卷第 4 期，第 638—639 页。

成的理据，即不能凭情感意志因素来判定一个信念在知识论上是否有证成，倘若如此做了，这在道德上也是不对的。任何信念的形成都有情感意志因素参与其中，这不外是学者们的普遍常识，然而，詹姆斯《信念意志》一文的主旨绝不是在讲此种得到广泛认可的常识，否则，它就不可能是一篇不断引起广泛讨论的经典之作。因此，我们认同对詹姆斯的主流解释，即将其理解为特殊情况下的意志决定论者。

詹姆斯论题面临的主要反驳。一百多年来，詹姆斯的《信念意志》在信念伦理和宗教哲学领域引起了广泛的争议，其面临的主要反驳如下：（1）不满足条件反驳；（2）意志主义反驳；（3）无限制许可反驳；（4）道德责任反驳。①

不满足条件反驳可以包含两个层面：一个是普遍的不满足；二是宗教信念不满足。"普遍的不满足"意思是说，詹姆斯给出的"真正的抉择"和"无法在知性基础上做出决断"这两个条件无法得到满足。只有在这两个条件同时满足时，凭情感意志而相信某个命题才是正当的，如果这两个条件不可能得到满足，当然凭情感意志而相信就是不正当的。为何说这两个条件没法满足呢？因为一个真正的抉择是一种活的、强制性的、重要的抉择②，然而"强制性"却无法得到满足。如果一个抉择总是在两个命题之间选择一个来相信，那么就没有任何一个选择项是强制性的，你总是有两个选项可供选择；如果悬置判断，无所谓相信，也无所谓不相信，这也算作一个选项，那么证据主义者可以回答詹姆斯的反驳说，没有任何抉择是"无法在知性基础上做出决断"的。一个命题完全能得到证据的支持，那么应在知性的基础上决定相信；证据总体上反对某个命题，那么应在知性的基础上决定不相信此命题；如果总体的证

---

① Jeff Jordan, "Pascal's Wager and James's Will to Believe Argument", in *The Oxford Handbook of Philosophy of Religion*, ed. by William J. Wainwright, Oxford: Oxford University Press, 2005, pp. 182-184.

② William James, "The Will to Believe", in his *The Will to Believe and Other Essays in Popular Philosophy*, New York: Longmans, Green & Co., 1897, p. 3.

据既不能支持一个命题,也不能驳倒此命题,那么就应在知性的基础上暂时悬置判断,或者在知性的基础上决定继续思考此命题。因此,对任何命题我们总是能在知性的基础上加以决断。

面对这种反驳,詹姆斯会如何回答呢?詹姆斯可能会说,无论是悬置判断,还是继续思考,都是相当于选择不相信,或者说不接受某个命题。强制性的意思,仅仅是"接受或不接受",没有做出其他选择的余地。知性上的开放性,即"无法在知性基础上做出决断",仅仅意味着,既没有充分的证据相信某个命题,亦没有充分的证据不相信此命题。在这个意义上说,不少抉择都是既具有强制性,同时也具有知性上的开放性。因此,詹姆斯所提出的凭情感意志而相信的特定条件是能够得到满足的。

"宗教信念不满足"的意思是说,宗教信念不满足詹姆斯给出的凭情感意志而相信的条件。因为一个真正的抉择必须是一种活的、强制性的、重要的抉择。然而,宗教信念是"重要的",仅当神确实存在,然而没有充分的证据表明神确实存在,因此宗教信念并不是"重要的",所以我们没有理由凭情感意志而相信宗教信念。此种反驳,詹姆斯可能作何回答呢?詹姆斯可以说,即使上帝不存在,我们依然可以从宗教信念中获得至关重要的好处,依然可以因拥有宗教信念而生活得更好。如果确实如此,那么关于是否拥有某种宗教信念的抉择,对人的生活而言,就确实是至关重要的。因此问题的关键在于如下的命题是否成立:"无论神是否存在,信神总比不信神生活得更好。"对此我们可称之为"更好生活命题"。如果此命题成立,那么宗教信念确实可以满足詹姆斯给出的条件,人们就有理由相信神,希望神存在就是信神的充足理由;如果此命题不成立,那么宗教信念就不能满足詹姆斯给出的条件,因而没有理由信神。然而,过去和现在的生活经验却并没有给我们提供充足的理由去相信"更好生活命题"。

意志主义反驳是抱怨詹姆斯在《信念意志》中预设了人们可随意

愿而相信，人们可以直接控制自己的信念状态，即预设了关于信念状态的意志主义。然而，事实上，人们并不能直接控制自己的信念状态。人们不可能知道一个命题是假的，同时又相信此命题，因此意志主义不可能成立。假如意志主义为真，那么人们就可以直接控制自己的信念状态，相信一个明知为假的命题就是可能的。意志主义不可能为真，因此詹姆斯《信念意志》中的核心论题是得不到辩护的。

对此，詹姆斯可能如何回应呢？他可能回答说，我们确实不能直接控制我们的信念状态，直接意志主义不可能为真，但这跟我的论题无关，因为我并不要求人们可以直接控制自己的信念状态，我只是说，当面临重大的、活的、强制性的选择时，如果无法在知性的基础上做出决断，那么我们有权相信自己希望相信的东西。意志主义的反驳完全是无的放矢。

无限制许可反驳是指责詹姆斯无限制地许可了凭主观愿望而相信。提出这种指责的著名宗教哲学家希克说："不加限制地允许单凭主观愿望而相信，这是詹姆斯立场的根本缺陷。……然而，如果我们的目标是相信真实的东西，并非必然相信我们喜欢的东西，那么詹姆斯的普遍许可的态度对我们是没有什么帮助的。"[①] 在希克看来，希望一个命题为真绝不是相信它为真的理由。此前我们已经谈论过，希克的批评是不公正的。詹姆斯《信念意志》一文的主旨绝不是单纯地凭主观愿望而相信，也不是相信什么都行的"普遍许可"。詹姆斯对正当地凭情感意志而相信做了较为严格的限制，即真正的抉择和知性上的开放性。事实上为真的东西与我们喜欢的东西之间，虽无必然的联系，但情感或意志倾向于接受的命题，也是该命题可能为真的一种征兆，至少它可以提醒我们去注意或思考某个命题。

道德责任反驳抱怨说，无充分证据而相信，在道德上是不负责任

---

① John H. Hick, *Philosophy of Religion*, 4th edition, New Jersey: Prentice-Hall, Inc., 1990, p. 60.

的表现。詹姆斯为无充分证据的相信进行知识论和道德上的辩护，然而一个有道德责任感的人没有任何义务去相信一个无充分证据的命题，因此詹姆斯的辩护在伦理学上是难以成立的。对此，詹姆斯的信徒可以给出何种回应呢？请看乔丹的一个思想实验：

> 假定克利福德被非常强壮且极其聪明的外星人劫持了。他们显露出了摧毁地球的意图和力量，但这些凶猛的外星人提供了一个拯救人类的机会，即克利福德获得并保持如下的信念：太阳系是以地球为中心，不是以太阳为中心。克利福德机智地指出，他无法凭意志而获得此信念。这些可恶的外星人依照他们的期待和技术给克利福德提供了每天一片的产生信念的药物，只要服下一片药片就会相信那信念24小时。①

在此情景下，克利福德是否应该服下药片呢？显然，克利福德服下药片，因而产生并保持地心说的信念，这在道德上并没有什么不对。"实际上，克利福德不服下那些药片，那才是不对的。"② 因此，在特定的情况下，相信一个没有充分证据的命题，不但没有什么不对，反而有可能是道德上的义务。

三、依赖于真理的实用主义

前面已经谈到，依赖于真理的实用主义要求利益的获得要以相关的信念为真作为前提，它敏于真理，但不是证据主义意义上的敏于真

---

① Jeff Jordan, "Pascal's Wager and James's Will to Believe Argument", in William J. Wainwright, *The Oxford Handbook of Philosophy of Religion*, Oxford: Oxford University Press, 2005, pp. 183-184.
② Jeff Jordan, "Pascal's Wager and James's Will to Believe Argument", in William J. Wainwright, *The Oxford Handbook of Philosophy of Religion*, Oxford: Oxford University Press, 2005, p. 184.

理,只是说好处的获得依赖于相关信念为真。提出此种实用主义论证的典型代表是法国 17 世纪的著名哲学家帕斯卡尔,其实用主义的信念伦理集中体现在有神存在的赌注论证上,此类论证可以追溯到柏拉图、阿诺比乌斯(Arnobius)、拉克坦提乌斯(Lactantius)及其他一些人的著作[1],帕斯卡尔的贡献在于"引入了概率期望的数学并用清晰有效的逻辑结构将这种思想系统地表述出来"[2]。帕斯卡尔劝人们赌上帝存在,为何要赌?赌的确切的含义是什么?赌上帝存在的理由是什么?赌注论证面临的主要反驳是什么?对此,我们依次加以考察。

不得不赌。赌注需要两个前提:一是不确定性;二是利益攸关。无法确切地知晓所赌事项的真实状态,亦无法随心所欲地操作所赌事项的存在状态,这是知识论上或本体论上的不确定性。倘若事先知晓所赌事项的结果,或者所赌事项的存在状态是随赌者的意志而定的,那么就没有什么好赌的了。存在不确定性,这是赌注的大前提。对无足轻重的事项,没有下赌注的必要,即便要赌,也只是闹着玩儿而已。真正上心的赌注,必须关系到赌者的切身利益,利益攸关是打赌的另一个前提。

帕斯卡尔的赌注,倘若是真赌,亦必须满足赌注的前提条件。在此,所赌事项是上帝是否真实存在,可赌的东西是"你的福祉"[3],下注者是每一个理智的人。"假如有一个上帝存在,那末他就是无限地不可思议;因为他既没有各个部分又没有限度,所以就与我们没有任何关系。因而,我们就既不可能认识他是什么,也不可能认识他是否存

---

[1] 关于帕斯卡尔赌注论证的历史追溯,可参阅 John K. Ryan, "The Argument of the Wager in Pascal and Others", *New Scholasticism*, Vol. 19, No. 3, 1945, pp. 233-250; 王幼军:《帕斯卡尔赌注的形式演化》,《上海师范大学学报(哲学社会科学版)》2015 年第 4 期,第 26—33 页。

[2] 王幼军:《帕斯卡尔赌注的形式演化》,《上海师范大学学报(哲学社会科学版)》2015 年第 4 期,第 26 页。

[3] 帕斯卡尔:《思想录》,何兆武译,商务印书馆 1997 年版,第 110 页。

在。"① 对只能确切认识有限者的人类而言，上帝是否存在，这是不确定的，"'上帝存在，或者是不存在'。然而我们倾向哪一边呢？在这上面，理智是不能决定什么的；有一种无限的混沌把我们隔离开了"②。对人类的理智而言，不仅仅是上帝之存在及其性质具有不确定性，而且世上的很多事情都具有不确定性。帕斯卡尔说："宗教并不是确定的。然而我们所作所为又有多少是不确定的啊，例如航海，战争。……我们会不会看到明天，并不是确定的，而且确实很有可能我们不会看到明天。"③ 面对无法避免的不确定性，我们如何抉择、如何行动呢？我们必须赌，因为"根据理智，你就不能辩护双方的任何一方"④，然而生活必须继续，选择这样想这样做，或者那样想那样做，这都会影响到我们的人生，影响到我们的福祉，不做选择亦是一种被迫的选择，而且这种选择在实践上相当于选择了双方中的某一方。也就是说，选择相信上帝存在或相信上帝不存在，这关系到能否有"无限幸福的无限生命"⑤，而且不做选择，搁悬判断，在实践上亦相当于选择不相信上帝，因此，我们"不得不赌；这一点并不是自愿的，你已经上了船"⑥。这是生命之船、人生祸福之船，虽不情愿，但不得不赌。用詹姆斯的话来说，赌上帝存在或不存在，这是一种活的、重大的、强制性的真正的抉择。⑦

赌注的确切含义。帕斯卡尔劝我们赌上帝存在，可是，这跟普通的赌注很不一样。普通的赌注，很快就知道结果，赌上帝存在你可能

---

① 帕斯卡尔：《思想录》，何兆武译，商务印书馆1997年版，第109页。
② 帕斯卡尔：《思想录》，何兆武译，商务印书馆1997年版，第110页。
③ 帕斯卡尔：《思想录》，何兆武译，商务印书馆1997年版，第114页。
④ 帕斯卡尔：《思想录》，何兆武译，商务印书馆1997年版，第110页。
⑤ 帕斯卡尔：《思想录》，何兆武译，商务印书馆1997年版，第111页。
⑥ 帕斯卡尔：《思想录》，何兆武译，商务印书馆1997年版，第110页。
⑦ William James, "The Will to Believe", in his *The Will to Believe and Other Essays in Popular Philosophy*, New York: Longmans, Green & Co., 1897, p. 3.

永远不知道结果；普通赌注输赢的是比较具体的物化的东西，赌上帝存在，输赢的却是个人的福祉，这并非是具体的东西，也是无法准确度量的东西；普通的赌注通常有输赢的裁判、明确的标准或规则，上帝存在之赌，却没有最终的裁判、规则或标准。如此独特的赌注究竟是什么意思呢？根据乔丹在《帕斯卡尔赌注：实用主义论证与相信上帝》一书中提示出的六种可能性[1]，我们将做如下归纳。

1. 行为模仿。"赌上帝存在由好像上帝存在一样的行动或行为构成"[2]，即行为上模仿那些相信者。对于那些还无法真心相信上帝的人，帕斯卡尔建议说："你就应该学习那些像你一样被束缚着，但现在却赌出他们全部财富的人们；……去追随他们所已经开始的那种方式吧：那就是一切都要做得好像他们是在信仰着的那样，也要领圣水，也要说会餐，等等。"[3] 在此，帕斯卡尔明确意识到了直接凭意志而相信的困难，他建议用迂回曲折的方式来"使自己信服"[4]，即在行为上做得好像是相信上帝存在似的，"这样才会自然而然地使你信仰"[5]。相信上帝存在是一回事；做出好像相信上帝存在一样的行为，这是另外一回事情。一个不相信上帝存在的无神论者，完全可以做到行为上好像相信上帝存在一样，但"长期像上帝存在那样行为，结果可能会获得有神论的信念"[6]。行为模仿，不可能是赌上帝存在的最终目的。倘若赌注论证的最终用意只是行为模仿，这根本就没有起到任何为宗教辩护的作用，反而是在鼓励伪善，但这并不影响行为模仿是通往最终目的的

---

[1] Jeff Jordan, *Pascal's Wager: Pragmatic Arguments and Belief in God*, Oxford: Oxford University Press, 2006, pp. 18-19.
[2] Jeff Jordan, *Pascal's Wager: Pragmatic Arguments and Belief in God*, Oxford: Oxford University Press, 2006, p. 18.
[3] 帕斯卡尔：《思想录》，何兆武译，商务印书馆1997年版，第112页。
[4] 帕斯卡尔：《思想录》，何兆武译，商务印书馆1997年版，第112页。
[5] 帕斯卡尔：《思想录》，何兆武译，商务印书馆1997年版，第113页。
[6] Jeff Jordan, *Pascal's Wager: Pragmatic Arguments and Belief in God*, Oxford: Oxford University Press, 2006, p. 18.

方便做法。

2. 相信上帝存在。"赌上帝存在就是相信上帝存在。"① 在乔丹看来，如此理解有两个问题：一是它预设了信念意志主义；二是它没有要求适当的行为。"如果赌注本身蕴含着相信，那么这种理解就蕴含着信念意志主义。信念意志主义意味着人们可以随意愿而相信。这种情况的问题是信念本身并不蕴含适当的行为或行动。"② 显然帕斯卡尔不认为赌上帝存在直接蕴含着相信上帝存在，他明确地知道"你对信仰的无力""不能做到信仰"的情况。③ 赌注是意愿行动，直接受意志控制，但相信却不是这样的行动，意志可能无能为力。因此帕斯卡尔的赌注无需预设任何直接的信念意志主义，至多需要间接的意志主义，即我们的意志或意愿可以间接地影响信念状态。相信上帝存在并不意味着有跟宗教信念相一致的行为，魔鬼也相信上帝存在，但他并不改邪归正。赌上帝存在之赌注本身，并不直接蕴含相信；相信上帝存在，也不蕴含着有合乎宗教信念的适当行为。

3. 自我灌输。"赌上帝存在就是灌输有神论信念，即采取步骤促成有神论信念。然而，人们可能赌上帝存在，但灌输有神论信念尚未成功。"④ 采取一定的步骤自我灌输是一回事；灌输成功，又是另一回事。

4. 尝试自我灌输。"赌上帝存在就是正在尝试灌输有神论信念。"⑤ 自我灌输可能失败，可能成功，但无论成败，灌输的尝试或企图总归是有的，因此"自我灌输"蕴含着自我灌输的尝试。

---

① Jeff Jordan, *Pascal's Wager: Pragmatic Arguments and Belief in God*, Oxford: Oxford University Press, 2006, p. 18.

② Jeff Jordan, *Pascal's Wager: Pragmatic Arguments and Belief in God*, Oxford: Oxford University Press, 2006, p. 18.

③ 帕斯卡尔：《思想录》，何兆武译，商务印书馆1997年版，第112页。

④ Jeff Jordan, *Pascal's Wager: Pragmatic Arguments and Belief in God*, Oxford: Oxford University Press, 2006, p. 18.

⑤ Jeff Jordan, *Pascal's Wager: Pragmatic Arguments and Belief in God*, Oxford: Oxford University Press, 2006, p. 18.

5. 接受上帝存在。"赌上帝存在就是接受（accept）上帝存在。接受是一种意愿行为，它是对特定命题为真的一种判断。接受蕴含着赞同某个命题，并依照该命题而行动"①。

6. 委身于上帝。"赌上帝存在就是委身于（committing oneself to）上帝。……委身于上帝，就是通过将上帝存在这一命题纳入一个人最基本的价值和信念，从而重新定位自己的目标、价值和行为。它远不只是蕴含着信念。……简而言之，委身于上帝就是信上帝（believe in God），这不仅仅是相信上帝存在。我认为这种可能性就是赌上帝存在所意味着的东西。"② 在此，乔丹认为"委身于上帝"就是"赌上帝存在"的确切意思。

"委身于上帝"是一种综合状态，既有心灵的层面，也有行为的层面。就心灵的层面而言，不仅相信上帝存在，还要信任上帝，愿为上帝牺牲一切；就行为的层面而言，要按照一切信上帝的行为要求来做；就权宜之计而言，在未真正委身于上帝之前，"一切都要做得好像他们是在信仰着的那样，也要领圣水，也要说会餐，等等"③。因此，我们可以说帕斯卡尔赌上帝存在，包含了行为模仿、尝试自我灌输、力图灌输成功、接受上帝存在、相信上帝存在等各个不同的层面或阶段，最终是要委身于上帝。委身于上帝是就最终的目标而言，其他的是就成长阶段而言。

赌注论证的三种形式。帕斯卡尔的赌注论证是一种实用主义论证，这种论证的特点在于：面临不确定性时，我们该如何作出理性的决策，或者说做出什么样的选择最有利。"赌注论证的要义如下：如果一个

---

① Jeff Jordan, *Pascal's Wager: Pragmatic Arguments and Belief in God*, Oxford: Oxford University Press, 2006, p. 19.

② Jeff Jordan, *Pascal's Wager: Pragmatic Arguments and Belief in God*, Oxford: Oxford University Press, 2006, p. 19.

③ 帕斯卡尔：《思想录》，何兆武译，商务印书馆 1997 年版，第 112 页。

人赌上帝存在并信上帝,那么有两种可能的结果。要么上帝存在,并且此人享受永恒的天堂之乐;要么上帝不存在,此人即便有损失,其损失也微乎其微。另一方面,如果一个人赌上帝不存在并且赌赢了,此人的收获微乎其微。但是,如果他赌输了,其后果可能是相当可怕的。第一种选择的结果极大地超过了不信者可能得到的任何收获,因此对帕斯卡尔而言,该如何选择是相当清楚的。"[①] 简单地说,在理性无法确定上帝是否存在的情况下,赌上帝存在最划算。

帕斯卡尔具体是如何论证的呢?学者们通常用决策矩阵来分析帕斯卡尔的论证,其基本要素有三个:世界的状态(世界之可能的存在方式);行为(向决策者开放的行为方式);结果(当世界处于特定状态时,每一种行为的预期后果)。[②] 对此可图示如下(见图5.1):

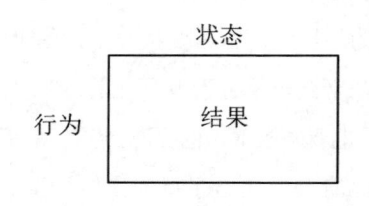

图 5.1 分析帕斯卡尔赌注的基础模型

1. 优势行为论证。帕斯卡尔赌注论证的第一种形式体现在他的如下论述:

> "上帝存在,或者是不存在"。然而,我们将倾向哪一边呢?在这上面,理智是不能决定什么的;有一种无限的混沌把我们隔

[①] Jeff Jordan, *Pascal's Wager: Pragmatic Arguments and Belief in God*, Oxford: Oxford University Press, 2006, p. 30.

[②] Jeff Jordan, "Pascal's Wager and James's Will to Believe Argument", in *The Oxford Handbook of Philosophy of Religion*, ed. by William J. Wainwright, Oxford: Oxford University Press, 2005, p. 185.

离开了。这里进行的是一场赌博,在那无限距离的极端,正负是要见分晓的。……然则,你将选择哪一方呢?让我们看看吧。既然非抉择不可,就让我们来看什么对你的利害关系最小。你有两样东西可输,即真与善;有两样东西可赌,即你的理智和你的意志,你的知识和你的福祉;而你的天性又有两样东西要躲避,即错误与悲惨。既然非抉择不可,所以抉择一方而非另一方也就不会更有损于你的理智。这是已成定局的一点。然而你的福祉呢?让我们权衡一下赌上帝存在这一方面的得失吧。让我们估价这两种情况:假如你赢了,你就赢得了一切;假如你输了,你却一无所失。因此,你就不必迟疑去赌上帝存在吧。①

运用决策矩阵分析帕斯卡尔的论证,我们可以得到表 5.2。

表 5.2　帕斯卡尔的第一个赌注论证

		状态	
		上帝存在	上帝不存在
行为	赌上帝存在	U_1= 入天堂 = 赢得一切	U_2= 一无所失(维持现状)
	赌上帝不存在	U_3= 下地狱 = 悲惨	U_4= 一无所获(维持现状)

在此,世界之状态有两种:有上帝存在的世界;上帝不存在的世界。行为有两种:赌上帝存在;赌上帝不存在。结果有四种:对应赌上帝存在的行为有两种结果,即 U_1 和 U_2;对应赌上帝不存在的结果也有两种,即 U_3 和 U_4。但是 U_1 远远好于 U_3;U_2 至少跟 U_4 一样好。因此无论如何应该赌上帝存在。

哈金(Ian Hacking)在其著名论文《帕斯卡尔赌注的逻辑》一文中将其分为三种形式,此论证所遵循的论证模型如下:

---

① 帕斯卡尔:《思想录》,何兆武译,商务印书馆 1997 年版,第 110 页。

无论世界如何样，只要有一种做法比其他做法好，这就是最简单的一种行为有优势的情形。从程式化的角度来说，假定我们有可能事态的完备集，分别表示为状态 S_1、状态 S_2……假定在 S_i 状态下，行为 A_1 的效用 U_{i1}，比行为 A_2 的效用 U_{i2} 要大一些；在其他任何状态下，行为 A_1 的效用都不比 A_2 的效用少。那么，在任何情况下，A_2 都不会有比 A_1 更好的后果，但是在某些情况下，A_1 的结果会比 A_2 的结果更好。我们说，A_1 比 A_2 有优势。如果一个行为比任何其他行为有优势，那么待解决问题的解答方式就是"执行占优势的行为"。[①]

帕斯卡尔的第一个论证，完全符合这种论证模式，因此被称作"优势行为论证"（the argument from dominance）。[②]

"优势行为论证"的推理过程，可归纳成如下的三段论[③]：

（1）对任何一个人 S 而言，如果诸多选项中的一个选项 α 是 S 可选的，α 有一个结果比其他任何可供选择的选项之结果都要好，并且 α 没有任何结果比其他选项的结果更坏，那么 S 应该选择 α。

（2）赌上帝存在的结果比不赌上帝存在的结果要好，而且如果上帝不存在，结果亦不会更坏。

（3）因此，S 应该赌上帝存在。

---

① Ian Hacking, "The Logic of Pascal's Wager", *American Philosophical Quarterly*, Vol. 9, No. 2, 1972, p. 187.

② Ian Hacking, "The Logic of Pascal's Wager", *American Philosophical Quarterly*, Vol. 9, No. 2, 1972, pp. 188-189.

③ 可参阅 Jeff Jordan, "Pascal's Wager and James's Will to Believe Argument", in *The Oxford Handbook of Philosophy of Religion*, ed. by William J. Wainwright, Oxford: Oxford University Press, 2005, p. 173。

就逻辑形式而言，此论证确实是有效的。因此关键在于此论证的小前提及其他预设是否成立。在上帝不存在的状态下，赌上帝存在，显然是赌输了，但帕斯卡尔在此认为："假如你输了，你却一无所失。"① 这显然不是事实。一是你输掉了真理；二是你输掉了时间；三是你浪费了精力；四是你没能尽情享受尘世的生活。如果你赌上帝不存在，上帝也确实不存在，相对于你赌上帝存在而言，你也绝不是一无所获：你获得了真理、时间、精力和尘世的享受。因此，可以说此论证的前提（2）是大有问题的，即帕斯卡尔对行为后果的赋值是难以成立的。

此论证对于世界之状态的划分没有确定概率，即此论证没有涉及上帝存在或不存在的概率问题。"如果你将上帝存在的概率设定为0，那么理性就不会要求你赌上帝存在。"② 对此，有一种解释可以避免这个问题，即解释为面对不确定性的抉择。"只要一个人知道行为结果，但不知道跟这些结果联系在一起的世界之状态的概率，在这种情况下进行思考，他就是在不确定的状态下进行抉择。另一方面，如果一个人既知道行为之结果，也知道跟这些结果联系在一起的世界之状态的概率，在这种情况下进行思考，他就是在面临风险的状态下进行抉择。"③ 因为是在不确定的状态下进行思考，当然帕斯卡尔无需对上帝存在之概率进行赋值。将上帝存在的概率视为0，这也是帕斯卡尔不能接受的，因为这就等于说知道上帝不存在。然而，帕斯卡尔认为谁都不敢说"宗教确实不存在乃是确实可能的"④。"假如有一个上帝存在，那末他就是无限地不可思议……我们就既不可能认识他是什么，

---

① 帕斯卡尔：《思想录》，何兆武译，商务印书馆1997年版，第110页。
② Alan Hájek, "Pascal's Wager", *The Stanford Encyclopedia of Philosophy*, Winter 2012 Edition, ed. by Edward N. Zalta, URL = <http://plato.stanford.edu/archives/win2012/entries/pascal-wager/>.
③ Jeff Jordan, "Pascal's Wager and James's Will to Believe Argument", in *The Oxford Handbook of Philosophy of Religion*, ed. by William J. Wainwright, Oxford: Oxford University Press, 2005, p. 173.
④ 帕斯卡尔：《思想录》，何兆武译，商务印书馆1997年版，第114页。

也不可能认识他是否存在。"① 因此帕斯卡尔首先给出的是不考虑概率的"优势论证",直到在他给出的第二个论证中,他才将概率的问题考虑进来。

2. 预期效用论证。帕斯卡尔意识到了他在第一个论证中没有赋予上帝存在与否的概率,因此,他立即设想了反对者的意见:"这个办法真了不起。是的,非赌不可;不过或许赌得太多了吧。"② 在此,"这个办法"即是帕斯卡尔的优势论证迫使人们赌上帝存在;"赌得太多"可理解为:你将全部赌注压在了上帝存在之上,但上帝存在的可能性并不比上帝不存在的可能性大。你根本不考虑可能性的大小,就直接赌上帝存在,因此你赌得太多了。帕斯卡尔针对这种看法,立即给出了他的第二个论证:

>让我们再看。既然得与失是同样的机遇,所以假如你以一生而赢得两次生命的话,你还是该打这个赌;然而假如有三次生命可以赢得的话,那就非得赌不可了(何况你有必要非赌不可);并且你被迫不得不赌的时候而不肯冒你的生命以求得一场一本三利而得失机遇相等的赌博,那你就是有欠深谋熟算了。然而这里却是永恒的生命与幸福。③

如果运用决策矩阵来分析此论证,我们可以得到下图(见表5.3)④。

---

① 帕斯卡尔:《思想录》,何兆武译,商务印书馆1997年版,第109页。
② 帕斯卡尔:《思想录》,何兆武译,商务印书馆1997年版,第110页。
③ 帕斯卡尔:《思想录》,何兆武译,商务印书馆1997年版,第111页。
④ Jeff Jordan, "Pascal's Wager and James's Will to Believe Argument", in *The Oxford Handbook of Philosophy of Religion*, ed. by William J. Wainwright, Oxford: Oxford University Press, 2005, p. 182; Alan Hájek, "Waging War on Pascal's Wager", *The Philosophical Review*, Vol. 112, No. 1, 2003, p. 36. 他们将 U_3 看作是有限效用,但有不少人将 U_3 看作是负的无限,但无论如何其正效用都是有限的。

表 5.3　帕斯卡尔的第二个赌注论证

		状态		行为的预期效用
		上帝存在 1/2 概率	上帝不存在 1/2 概率	
行为	赌上帝存在	U_1= 永恒的生命与幸福 =∞	U_2= 花费"一生（one life）"	EU=（∞ ×（1/2））+（U_2 ×（1/2））= ∞
	赌上帝不存在	U_3= 赢得此生，失去永恒的生命与幸福	U_4= 赢得此生	EU=（U_3 ×（1/2））+（U_4 ×（1/2））= 有限

行为的预期效用（expected utility）等于行为对应的每一种状态之预期效用的和。在此，

赌上帝存在的预期效用 =（上帝存在之概率 × 相应状态下的行为效用）+（上帝不存在之概率 × 相应状态下的行为效用）

=（∞ ×（1/2））+（U_2 ×（1/2））

= ∞

赌上帝不存在的预期效用 =（上帝存在之概率 × 相应状态下的行为效用）+（上帝不存在之概率 × 相应状态下的行为效用）

=（U_3 ×（1/2））+（U_4 ×（1/2））

= 有限效用

如果上帝存在的概率是 1/2，赌上帝存在的预期效用是无穷大，而赌上帝不存在的预期效用总是有限的。因此，帕斯卡尔认为我们应该赌上帝存在。哈金称此论证为"预期效用论证"（the argument from expectation），因为它满足如下的论证模型：

> 优势行为论证没有考虑各种状态的可能性。甚至，如果占优势的行为 A_1 仅仅在不大可能的状态下更优，因为 A_1 不会比其他行为的结果更坏，那么执行 A_1 也是值得的。但是，假定没有任何

行为占有优势，尽管我们确实认为我们知道何种状态比其他状态的可能性更大。假定我们能评估每一种状态的概率，那么（无论你的"概率"一词表达的是何种意思），我们可以做如下论证：在某种完备集中，我们将每一种可能的事态 S_i 的概率设定为 p_i；让 U_{ij} 表示 S_i 真的实现时做 A_j 的效用。A_j 的预期效用或预期值就是做 A_j 均值 $\sum_i p_i U_{ij}$。预期效用论证最后的建议是"做预期效用最大的事情"。[①]

帕斯卡尔的第二个论证背后的决策理论正是预期效用最大化理论，因此称之为预期效用论证，此论证可归纳成如下的三段论[②]：

（1）对任何一个人 S 而言，有 α 和 β 两个选项可供 S 选择，如果选择 α 的预期效用比选择 β 的预期效用大，那么 S 应该选择 α。

（2）鉴于上帝存在与不存在的可能性一样大，赌上帝存在的预期效用无限地超出了赌上帝不存在的效用。

（3）因此，S 应该赌上帝存在。

此论证在逻辑上当然是有效的，但是否有说服力还得看其前提预设是否为真，此论证的主要问题就在于其预设了如下三个非常有争议的前提：

（1）上帝存在的概率是 1/2。

（2）如果上帝不存在，赌上帝存在，即"冒你的生命"去赌

[①] Ian Hacking, "The Logic of Pascal's Wager", *American Philosophical Quarterly*, Vol. 9, No. 2, 1972, p. 187.

[②] 可参阅 Jeff Jordan, "Pascal's Wager and James's Will to Believe Argument", in *The Oxford Handbook of Philosophy of Religion*, ed. by William J. Wainwright, Oxford: Oxford University Press, 2005, p. 175.

博，其付出的成本是有限的。

（3）如果上帝存在，赌上帝存在就会带来无限的收益。

前提（1）由帕斯卡尔所说的"得与失是同样的机遇"或"得失机遇相等"推论而出。如果上帝存在与否的概率不是 1/2，那么得失的机遇就不可能相等。确实，在上帝存在或不存在的议题上进行赌注，像是抛硬币一样，要么正面落地，要么反面落地，各自的概率都是 1/2。但是，这不能得出赌上帝存在之得失的概率就是 1/2，因为支持与反对上帝存在的经验证据并不具有同样的证明力。可是，帕斯卡尔可能反驳说，就上帝存在与否而言，"理智是不能决定什么的"[①]。因此，假定上帝存在或不存在的概率都是 1/2，这是合理的。

前提（2）是有巨大争议的。如果上帝不存在，那么你将有限的生命用来侍奉本不存在的上帝，过一种虔诚的宗教生活，反对者会说，你输掉的不是有限的时间、精力或财产，而是整个尘世的幸福生活，因而你付出的代价不是有限的，而是无限的。

其实，只要假定了前提（3），上帝存在的概率是否达到了 1/2，对实用主义论证而言，都是无关紧要的。因为如果上帝存在，赌上帝存在的效用是无限的，无限的效用乘上任何一个概率，只要这概率不是无限趋近于零，那么其效用还是无限地大。因此，乔丹说："假定上帝存在与不存在的几率完全相同，这是无用的奢侈浪费，因为，只要断定上帝存在的几率大于零，那么，相信上帝存在的预期效用，就一定比不相信上帝存在的预期效用大。"[②] 这个洞见正是帕斯卡尔提出其第三个论证的基本理由。

哈金认为："预期效用论证难以成立。尽管它在逻辑上是有效的，

[①] 帕斯卡尔：《思想录》，何兆武译，商务印书馆 1997 年版，第 110 页。

[②] Jeff Jordan, "Pascal's Wager and James's Will to Believe Argument", in *The Oxford Handbook of Philosophy of Religion*, ed. by William J. Wainwright, Oxford: Oxford University Press, 2005, p. 175.

但是它依赖于一个非常令人吃惊的前提，即上帝存在与否的几率是相等的。我们没有好的理由认为上帝存在的几率是 1/2。这个论证只对满足如下条件的人才能成立：在最强的意义上说，对上帝是否存在没有任何把握，对于上帝是否不存在亦没有把握，在这两种情况下，没有把握的程度是完全相同的。"① 因此，帕斯卡尔还需要另外的论证来说服其他的不可知论者。

3. 优势预期论证。帕斯卡尔清晰地意识到了没有必要假定上帝存在的概率正好是 1/2，其概率只要不是零，而是一个无论多么小的正数，就有充足的实用理由赌上帝存在。因此他紧接着说：

> 然而这里却是永恒的生命与幸福。既然如此，所以在无限的机会之中只要有一次对你有利，你就还是有理由要赌一以求赢得二的；你既然不得不赌而你又不肯以一生来赌一场三比一的赌博，——其中在无限的机遇里，有一次是对你有利的，假如有一场无限幸福的无限生命可以赢得的话——那末你就是头脑不清了。然而，这里确乎是有着一场无限幸福的无限生命可以赢得，对有限数目的输局机遇来说确实是有一场赢局的机遇，而你所赌的又是有限的。这就勾销了一切选择：凡是无限存在的地方，凡是不存在无限的输局机遇对赢局机遇的地方，就绝对没有犹豫的余地，而是应该孤注一掷。②

运用决策矩阵，我们可以将帕斯卡尔的第三个论证表示为表 5.4。

---

① Ian Hacking, "The Logic of Pascal's Wager", *American Philosophical Quarterly*, Vol. 9, No. 2, 1972, p. 189.

② 帕斯卡尔：《思想录》，何兆武译，商务印书馆 1997 年版，第 111 页。

表 5.4　帕斯卡尔的第三个赌注论证

		状态		行为的预期效用
		上帝存在 0 < 概率 p < 1/2	上帝不存在 1/2 < 概率（1−p）< 1	
行为	赌上帝存在	U_1 = 无限幸福的无限生命 = ∞	U_2 = 以一生来赌 = 有限	EU=($\infty \times p$) + ($U_2 \times$(1−p)) = ∞
	赌上帝不存在	U_3 = 赢得此生 失去无限幸福的无限生命	U_4 = 有限幸福的有限生命 = 有限	EU=($U_3 \times p$) + ($U_4 \times$(1−p)) = 有限

在表 5.4 中，当上帝存在，而你却赌了上帝不存在，因此你可以不过虔诚的宗教生活，而尽情享受此生的尘世生活，因而失去了"无限幸福的无限生命"，这究竟是有限的预期效用，即有限的悲惨，还是无限的悲惨境地，这尚有争议。但帕斯卡尔认为 U_2、U_3、U_4，无论其价值是好还是坏，在数量上都是有限的，因此他强调说"你所赌的又是有限的"。

哈金认为帕斯卡尔的第三个论证遵循的是如下的原则：

> 我们有可能不知道各种事态的概率，或者不能在其概率上达成一致。我们最多能在状态 S_i 之概率的赋值范围上取得一致。比如，假定我们都同意一个硬币更倾向于正面朝上，但在正面朝上的几率是多大上达不成一致意见；可至少我们同意"下一次掷币时正面朝上"的概率大于 1/2。如果在某种可接受的概率赋值范围之内，A_1 的预期效用超过了其他任何行为，而且在可接受的概率赋值范围内，A_1 的预期效用不可能比其他任何行为的预期效用低，那么 A_1 就有占优势的预期效用。优势预期论证的结论是"执行有优势预期效用的行为"。[①]

---

① Ian Hacking, "The Logic of Pascal's Wager", *American Philosophical Quarterly*, Vol. 9, No. 2, 1972, p. 187.

因为帕斯卡尔的第三个论证遵循了优势预期原则,所以哈金称之为"优势预期论证"(the argument from dominating expectation)[①]。

帕斯卡尔的第三个论证可以归纳成如下的三段论[②]:

(1)对任何人 S 而言,有 α 和 β 两个选项可供 S 选择,如果 α 的预期效用超过了 β 的预期效用,S 应该选择 α。

(2)鉴于上帝存在的概率不是零,而是一个正数,赌上帝存在的预期效用比赌上帝不存在的预期效用要大。

(3)因此,S 应赌上帝存在。

此论证相对于帕斯卡尔的优势行为论证和预期效用论证而言,更加具有概括性,凡是能满足前面两个论证的行为选择都能满足此论证。"三个论证方案是互相协调一致的。如果一个行为的确比其他行为占优势,那么三个论证都会推荐此行为。如果没有占优势的行为,但有一个预期效用最高的行为,此行为也会是优势预期效用行为。优势行为论证是最稀少、最特殊的情形。优势预期论证的应用更加广泛。"[③] 如果拒绝了优势行为论证的前提预设,帕斯卡尔还为我们准备了预期效用论证;如果预期效用论证的前提预设也被拒绝了,帕斯卡尔还为我们准备了优势预期论证。这三个论证层层递进,似乎无论如何你都得赌上帝存在。由于在这三个论证中,优势预期论证的前提最为宽松,最具有概括性,因此有学者称之为"普遍的预期效用论证"(the

---

[①] Ian Hacking, "The Logic of Pascal's Wager", *American Philosophical Quarterly*, Vol. 9, No. 2, 1972, pp. 189-190.

[②] 参见 Jeff Jordan, "Pascal's Wager and James's Will to Believe Argument", in *The Oxford Handbook of Philosophy of Religion*, ed. by William J. Wainwright, Oxford: Oxford University Press, 2005, p. 176。

[③] Ian Hacking, "The Logic of Pascal's Wager", *American Philosophical Quarterly*, Vol. 9, No. 2, 1972, p. 187.

argument from generalized expectation）①。绝大多数哲学家所说的帕斯卡尔赌注论证，也就是指优势预期论证，因此该论证也被称之为"标准模式"（canonical version）②。

帕斯卡尔赌注论证面临的反驳。由于帕斯卡尔赌注论证的标准模式是仅要求上帝存在之概率大于零的"优势预期论证"，因此反驳意见也是针对此论证模式的，当然也可以用以反对问题更多的其他两种论证模式。帕斯卡尔赌注论证有如下一些基本前提：

（1）存在状态的完全划分：要么上帝存在，要么上帝不存在。

（2）行为方式的完全划分：要么赌上帝存在，要么赌上帝不存在。

（3）作为行为之结果的效用：如果上帝存在，赌上帝存在会有无限的效用，其他情况的效用无论正负都是有限的③。

（4）上帝存在的概率是大于零的正数。

（5）理性要求我们按照预期效用最大化原则行为。

（6）按照实用的理由形成信念不但是可行的，而且是应该的。

我们将依次考察针对这些前提的反驳意见。前面三个前提是决策矩阵的三个基本要素，即状态、行为和结果；概率是计算预期效用的必备要素；效用最大化是行为选择的理性要求；以实用主义的理由为上帝存在信念进行辩护是帕斯卡尔赌注论证的核心目标。

1. 多神反驳。多神反驳（many-gods objection）针对的是前提（1），

---

① Alan Hájek, "Pascal's Wager", *The Stanford Encyclopedia of Philosophy*, Winter 2012 Edition, ed. by Edward N. Zalta, URL = <https://plato.stanford.edu/archives/win2012/entries/pascal-wager/>.

② Jeff Jordan, "Pascal's Wager and James's Will to Believe Argument", in *The Oxford Handbook of Philosophy of Religion*, ed. by William J. Wainwright, Oxford: Oxford University Press, 2005, p. 176.

③ 有可能认为，如果上帝存在，而你又赌上帝不存在，那么效用就是负的无限大。但这不会影响帕斯卡尔的结论，因此我们不予讨论。

此反驳被认作是帕斯卡尔赌注论证之"标准模式的致命祸根"①。落实到决策矩阵，多神反驳是说，矩阵应该有更多列，只是区分上帝存在与不存在两种状态，这太粗糙了。帕斯卡尔头脑中的上帝是天主教的上帝概念，他考虑了此种上帝的存在与否，但没有考虑相互竞争的其他有神论主张。因此他关于世界状态的考虑极不细致，还应该考虑更多的可能性。早在1762年，法国哲学家狄德罗在《哲学思想录增补》中就曾提出了这种反驳，他写道：

> 帕斯卡尔曾说："如果你的宗教是假的，而你相信它是真的，则丝毫不冒什么危险；如果它是真的，而你相信它是假的，则冒一切危险。"一个回教教士和帕斯卡尔有完全一样的说法。②

狄德罗的意思是，帕斯卡尔关于上帝的论证完全适合回教用来论证真主安拉，然而天主教与回教是相互竞争的、不相容的，无论是赌上帝存在，还是赌安拉存在，都可能有无限的回报，而且都有可能因信仰异邦的神而面临无限的惩罚。因此我们陷入僵局，而无法做出最优的决策。

伏尔泰在1764年的关于良心自由的对话中给出了如下的评论：

> 当有人向你提出一些重要事情的建议时，难道你不会经过长时间的考虑之后才做出决定？世界上有什么事情比我们永恒的幸福和悲惨更加重要？如果你相信你自己的信条，在英国就有成百

---

① Jeff Jordan, *Pascal's Wager: Pragmatic Arguments and Belief in God*, Oxford: Oxford University Press, 2006, p. 27.
② 狄德罗：《狄德罗哲学选集》，江天骥、陈修斋、王太庆译，商务印书馆1997年版，第47—48页。为了译名的统一，我将原文中的"巴斯噶"改成了"帕斯卡尔"，当然，就翻译本身而言，"巴斯噶"比"帕斯卡尔"更好。

的宗教，它们都会诅咒你，都说你渎神和荒谬。因此，你应该考察所有这些信条。①

在此，伏尔泰同样认为帕斯卡尔应该考察更多的可能性，而不仅仅是基督宗教或无神论这两种情况。人们可以用帕斯卡尔赌注论证替回教、印度教等不同的宗教辩护，甚至可用它来为基督宗教内部相互竞争的不同派别进行辩护。

2. 更多行为选择反驳。此反驳针对的是前提（2），帕斯卡尔认为你要么赌上帝存在，要么赌上帝不存在，必须赌，没有其他选择，而且只有赌上帝存在才能获得无限幸福的无限生命。假定帕斯卡尔的其他前提假设成立，那么不直接赌上帝存在，依然可以有无限的预期效用。哈杰克（Alan Hájek）建议我们考虑如下的情形：

你抛掷一个均匀的硬币，如果正面朝下（1/2 的概率），就赌注上帝存在；否则，就赌上帝不存在。按照帕斯卡尔的意思，这种策略的预期效用是无限效用和某种有限效用的均值：

$EU = (1/2)((\infty \times p) + (U_2 \times p)) + (1/2)(U_3 \times (1-p) + U_4 \times (1-p)) = \infty$ ②

因此，我们找到了新的赌注策略，其预期效用跟直接赌上帝存在是一样的。不仅如此，这种技巧可以反复地使用。赌上帝存在，当且仅当骰子的六点朝下；当且仅当你的彩票下周中了奖；当且仅当你看见流星的量子隧道从一座山的一边穿进去又从另一边穿出来；如此等

---

① F. M. A. Voltaire, *Philosophical Dictionary*, ed. and trans. by T. Besterman, London: Penguin Books, 1971, p. 280.
② Alan Hájek, "Waging War on Pascal's Wager", *The Philosophical Review*, Vol. 112, No. 1, 2003, p. 31.

等。它们的预期效用都可以是无限大。帕斯卡尔忽略了所有这些混合策略。甚至无论一个人做什么，结果都可以给赌上帝存在赋予某种大于零的概率。

哈杰克的意思是说，在帕斯卡尔的决策矩阵中，还应该增加无限多的横排，因为一个人无论做什么，包括忽略帕斯卡尔赌注、按无神论者的方式行为等等，都依然保留了未来会赌上帝存在的可能性，即赌注上帝存在的概率是正数，而非零，任何大于零的概率乘以无穷大，依然是无穷大。只要你作出"赌上帝存在"这种行为的概率不是零，按照帕斯卡尔赌注论证的逻辑，其预期效用都是无穷大。因此，帕斯卡尔赌注论证的逻辑并不要求人们去赌上帝存在，你无论干什么都是理性的，其预期效用都可以是无限大。

3. 无限效用反驳。此反驳针对的是前提（3），决策矩阵中的四种结果，要么赋值不对，要么导致荒谬的结论。

首先，有可能指责说帕斯卡尔的赋值不对。对于 U_1 而言，不同的人，回报不同，因为回报是预定的，对少数上帝拣选的人而言，回报是无限的，对其他人而言回报是有限的，而且唯利是图地去赌上帝存在，而不是无条件地信仰上帝，上帝不可能给这种人无限的回报；对于 U_2 而言，如果你赌了上帝存在，而实际上上帝又不存在，你耗费了一生的时间和精力来过虔诚的宗教生活，而事实上却是一场耗费一生的无聊游戏，生命只有一次，其损失不是有限的，而是无限的，因此 U_2 是负的无限；对于 U_3 而言，其效用不是有限的，可能是负的无限，即无限的惩罚；对于 U_4 而言，重视现世享受的人可能说，尽情享受尘世生活，其效用才是无限的，什么天国的永恒幸福，都是遥不可及的无稽之谈。

其次，人们可能指责说无限效用会导致荒谬的结论。达夫（Antony Duff）在《帕斯卡尔赌注与无限效用》一文中说：

我将会信上帝,这种可能性始终存在,无论其概率多么低。即便我努力避免去相信他,但这种相信他的概率必然存在;而且,对于我的任何行为而言,这种概率都足以产生无限的预期效用。任何行为都不可能绝对保证"我将不会信上帝",因此,任何一个行为都有无限的预期效用——相信上帝而得的无限预期效用乘以上帝存在之概率,再乘以我可能会信上帝的概率。因此,我没有任何理由去努力增大"我将会信上帝"的概率,因为增大概率的做法不会增加我的行为的预期效用——它已经是无限的了。①

对此,达夫将其理解为是对帕斯卡尔赌注论证的归谬反驳②。在预期效用演算中,帕斯卡尔正是巧妙地运用了无限效用的特征才得出了他想要的结果。然而,这无限效用的独特性,使得我们根本不需要努力使自己去相信上帝,根本不需要有意地去赌上帝存在。因为无论你现在是相信上帝还是不相信,无论努力设法去相信,还是竭力避免相信,最终你都有某种概率会信上帝,这种概率无论多么小,只要不是绝对不可能,就足以使得预期效用是无限大。因此,按照预期效用最大化的行为原则,你根本就不需要去赌上帝存在。

4. 概率赋值反驳。此反驳针对的是前提(4),其意思是要么上帝存在的概率赋值不正确,要么概率赋值在知识论上是自相矛盾。

首先,从知识论的角度看,赋予上帝存在之概率为零,这至少是理性所允许的。因为(1)上帝全知、全能、全善等特征很有可能被指责为自相矛盾,既然对所有恶都全部知道,而且完全有能力避免所有恶,而且又是全善,那为什么允许有那么多的自然之恶、行为之恶、认知之恶呢?既然这些恶存在,那么上帝很有可能不存在;(2)事实上尚未发现任何支持上帝存在的经验证据;(3)无神论者大量存在,

---

① Antony Duff, "Pascal's Wager and Infinite Utilities", *Analysis*, Vol. 46, No. 2, 1986, p. 108.
② Antony Duff, "Pascal's Wager and Infinite Utilities", *Analysis*, Vol. 46, No. 2, 1986, p. 109.

他们皆认为上帝存在的概率为零;(4)这些理由虽然不能彻底地证明上帝存在的概率就是零,但它们足以证明,相信上帝存在的概率是零,这在知识论上是合理的;虽然不是必须的,但至少是理性所允许的。如果人们可以合情合理地将上帝存在的概率视为零,那么帕斯卡尔的赌注论证就不能成立,因为此论证必须要将上帝存在的概率视作大于零的正数。

其次,帕斯卡尔认为上帝存在的概率大于零,这会陷入自相矛盾。因为,帕斯卡尔认为:"假如有一个上帝存在,那末他就是无限地不可思议;……我们就既不可能认识他是什么,也不可能认识他是否存在。……理智是不能决定什么的;有一种无限的混沌把我们隔离开了。"① 对此,莫里斯(Thomas Morris)称之为"认知无效境况"(epistemically null conditions)②。在这种认知完全失效的境况下,帕斯卡尔有什么理由认为上帝存在的概率大于零呢?显然帕斯卡尔赋予上帝存在之大于零的概率,这是在赌上帝存在之前的一种关于上帝的认知,即他认识到上帝存在的概率大于零。依照他对认知无效境况的描述,他不应该有关于上帝的此项知识,然而他的赌注论证又必须预设有这项知识,因此帕斯卡尔不可避免地陷入了自相矛盾。

5. 效用最大化反驳。此反驳针对的是前提(5),其意思是帕斯卡尔的决策理论未能反映多数人行为决策的真实状况,绝非每个理性的人都要按照预期效用最大化原则来进行决策。诺贝尔经济学奖获得者阿莱斯(Maurice Allais)以实验证明人们实际的决策过程并非简单地追求预期效用值的最大化③。让我们考虑如下的情形:

---

① 帕斯卡尔:《思想录》,何兆武译,商务印书馆1997年版,第109—110页。
② Thomas V. Morris, "Pascalian Wagering", *Canadian Journal of Philosophy*, Vol. 16, No. 3, 1986, pp. 437-453.
③ Maurice Allais, "Le Comportement de l'Homme Rationnel devant le Risque: Critique des Postulats et Axiomes de l'Ecole Americaine", *Econometrica*, Vol. 21, No. 4, 1953, pp. 503-546.

在 A、B 两种情形中，你的理性会要求你选择哪种情形呢？

情形 A：100% 的机会获得 1 亿元。

情形 B：10% 的机会赢得 5 亿元；89% 的机会赢得 1 亿元；
1% 的机会什么都不得。

情形 A 的期望值：EU（A）=100%×1 亿 =1 亿。

情形 B 的期望值：EU（B）=10%×5 亿 +89%×1 亿 +1%×0

=0.5 亿 +0.89 亿 +0

=1.39 亿。

显然，EU（B）> EU（A）。按照帕斯卡尔的逻辑，理性的人应该更加倾向于选择 B，而非 A，但实验结果却是多数非常理性的人会选择 A。

让我们再看一个跟帕斯卡尔赌注更加接近的掷币游戏[①]：掷硬币，设定掷出正面为成功，游戏者如果第一次投掷成功，得奖金 2 元，游戏结束；第一次若不成功则继续投掷，第二次成功奖金 4 元，游戏结束；游戏者如果不成功就继续掷币，直至成功为止，游戏结束；如第 n 次投掷成功，其奖金则为 2n 元，游戏结束。请问：你愿意投入多少钱来玩这个游戏呢？由于每次成功的概率分别是 1/2、1/4、1/8、1/16……，而对应的奖金分别是 2、4、8、16……，因此预期效用值：

EU=2×（1/2）+4×（1/4）+8×（1/8）+16×（1/16）……

=1+1+1+1……= ∞

如果帕斯卡尔赌注论证的逻辑是正确的，那么每个理性的人，都应该尽可能多地投钱来玩这个游戏，因为预期效用是无限大的。然而事实上，多次投掷的结果，其平均值大概也就是几十元。因此哈金说：

[①] Daniel Bernoulli, "Exposition of a New Theory on the Measurement of Risk", *Econometrica*, Vol. 22, No. 1, 1954, pp. 23-36. 此所谓"圣彼得堡游戏"（St. Peterburg Game）。

"我们之中很少有人会花哪怕是 25 元去玩这个游戏。"①

6. 证据主义反驳。此反驳针对的是前提（6），其意思是实用主义论证不能证成信念，甚至可能说实用主义的信念证成是不道德的。

证据主义者可能反驳说，帕斯卡尔赌注是在鼓励人们依据愿望或意志而形成信念，然而信念的形成是不受愿望或意志控制的，我们不可能根据愿望或意志而形成信念，因此帕斯卡尔的论证是徒劳的。当然，帕斯卡尔可能回答说，我并不认为愿望或意志可以直接控制信念的形成，但愿望或意志可以间接地影响信念的形成。只要你想要相信，你就可以找到证据来说服自己相信。因此，实用主义论证并不是徒劳无功的。

证据主义者还可能指责说，虽然你的愿望或意志确实会影响信念的形成，但是，在缺乏充分证据的情况下，任由愿望或意志来操纵我们的信念形成，这在道德上是不应该的，因为它在鼓动和奖励自我欺骗，而自我欺骗是不道德的，因此帕斯卡尔要求人们在没有充分证据的情况下，依据自己对最大利益的设想而形成信念，这是不道德的。帕斯卡尔赌注的捍卫者可能会说，对他人没有任何不利影响，对自己却有重大好处的自我欺骗，在道德上不但是允许的，而且有时是应该的。假如你在悬崖的一边，跳到另一边就能活，跳不过去就会死，但你以往的经验证据是你跳不到那么远。在面临生死抉择时，人的爆发力是巨大的，如果你这时欺骗自己，相信有什么超自然的力量会助你一臂之力，你能跳过这悬崖，正因为有这必胜的信念，你脱离险境而得救的几率大大增强了。此时，你通过自我欺骗的方式而形成了相应的信念，显然这在道德上是允许的，如果考虑到你困死在悬崖边，家人会无比的悲痛，此时，你的自我欺骗不但是道德所允许的，甚至是道德上必须的。

---

① Ian Hacking, "Strange Expectations", *Philosophy of Science*, Vol. 47, No. 4, 1980, p. 563.

四、入侵认知的实用主义

帕斯卡尔和詹姆斯的实用主义赞同如下的看法：人们是否应该使得自己相信什么事情的问题受到非证据理由的影响，或者说，在特定的条件下，我们应该根据实用考虑而让自己相信什么。帕斯卡尔的特定条件是认知无效境况和利益重大且不得不赌注；詹姆斯的特定条件是无法靠知性基础而做出抉择的真正抉择。他们都不会认为实用因素会直接影响一个命题在知识论上是否有证成，或者说一个命题是否可归为知识。这种实用主义，通常称之为古典实用主义（classic pragmatism），然而，现在有种新实用主义认为，实用因素会直接影响知识论上的信念证成或知道与否。"知识论上的证成（epistemic justification）可考虑跟真理无关的目的，而且它又不同于实用证成（pragmatic justification）。"① 即是说，跟一个命题的真假相关的因素，不是一个命题在知识上是否有证成的全部因素；在证据和理智状态不变的情况下，一个人的知识与证成随利害关系的变化而变化；仅看一个人的证据和认知过程，不能决定一个人是否知道某事情，还要看实践上的利害关系。这种实用主义比古典实用主义更加深入，古典实用主义停留在实践理性的层面，而这种新实用主义则侵入到认知理性的层面，因此通常被称为知识论上的实用入侵（pragmatic encroachment），其主要代表人物有范特尔（Jeremy Fantl）、麦格拉斯（Matthew McGrath）、霍索恩（John Hawthorne）、斯坦利（Jason Stanley）等②，但"范特尔和麦格拉斯对这一主题的讨论最为全面而严

---

① Jeremy Fantl and Matthew McGrath, "Evidence, Pragmatics, and Justification", *The Philosophical Review*, Vol. 111, No. 1, 2002, p. 84.

② Jeremy Fantl and Matthew McGrath, "Evidence, Pragmatics, and Justification", *The Philosophical Review*, Vol. 111, No. 1, 2002, pp. 67-94; John Hawthorne and Jason Stanley, "Knowledge and Action", *The Journal of Philosophy*, Vol. 105, No. 10, 2008, pp. 571-590.

密"①。在此,我们将考察如下五个问题:(1)何谓实用入侵?(2)有哪些事实可支持实用入侵?(3)如何给予理论上的论证?(4)它面临一些什么样的反驳?(5)我们有何不一样的理解?

何谓实用入侵?根据关于知识的正统看法,一个真信念是否有资格作为知识,仅依赖于纯粹的认知因素,即适当地跟真理相关的因素。如果我的一个真信念 p 是知识,而你的真信念 p 不是知识,其原因必然是我们在如下的一些因素上有所不同:有关 p 的证据、形成信念 p 的认知过程的可靠程度、有关于真理 p 的反事实条件,等等。真信念 p 对我不重要,而对你关系重大,这种利害关系会影响我们去收集或评估证据,但在证据、推理等认知因素相同的条件下,利害关系的不同,不会导致我们知识论处境的不同,即不会导致我知道 p,而你却不知道 p。这种传统的看法,通常被称作"知识论上的纯净主义"(epsitemological purism),其原则可概括为:

> 对于命题 p,如果两个主体的认知处境的强度(strength of epistemic position)相同,那么他们是否知道 p 的处境也恰好相同。②

由于对知识之证成的不同理解,纯净主义会有不同的表现形式,比如证据主义者会认为,相同证据导致相同程度的证成或知道;可靠论者会认为,相同的可靠性导致相同程度的证成或知道;真理追踪论者会认为,相同的索真过程导致相同程度的证成或知道。③但无论如何,

---

① Stewart Cohen, "Does Practical Rationality Constrain Epistemic Rationality?" *Philosophy and Phenomenological Research*, Vol. 85, No. 2, 2012, p. 447.

② Jeremy Fantl and Matthew McGrath, "Précis of Knowledge in an Uncertain World", *Philosophy and Phenomenological Research*, Vol. 85, No. 2, 2012, p. 442.

③ 比如,证据主义者费尔德曼在《知识论》一书中讲:"在两个可能的事例中,如果一个人关于一个命题所拥有的证据没有任何不同,那么,在这两种事例中,此人对此命题的相信,要么都是有证成的,要么都是没有证成的。"(Richard Feldman, *Epistemology*, New Jersey: Prentice Hall, 2003, p. 29)他称之为"相同证据原则"(the same evidence principle)。

他们都共同认定：知道与否，认知上的证成与否，只由跟真理相关的认知因素来决定。

纯净主义似乎很合理，但实用入侵反对的正是纯净主义。相对于纯净主义而言，我们可以将实用入侵恰当地称作"认知混合主义"（epistemic impurism）①，其基本看法是：

> 你对 p 的正当理由保持不变，你是否知道命题 p，会随利害关系而变。（这就是实用入侵论题）②

其意思是说，"你是否知道某事情会随关于你的利害关系而变，尽管关于你知道什么事情的证据和总的理智处境仍保持恒定不变"③。实用因素是知识的必要条件，看一个人的证据和理智过程的可靠性不足以决定他是否知道相应的命题，还必须看跟这命题相关的利害关系。就一个命题作为知识的条件而言，不但有认知条件，还有实用方面的条件：

> 如果你知道命题 p，那么对于任何 φ，p 就足以保证你做 φ 是合理的（If you know that p, then p is warranted enough to justify you in φ-ing, for any φ）。④

---

① Matthias Steup, John Turri, and Ernest Sosa (eds.), *Contemporary Debates in Epistemology*, 2nd edition, Oxford: Wiley-Blackwell, 2014, p. 84.

② Matthew McGrath, "Defeating Pragmatic Encroachment?" *Synthese*, First Online: 15 November 2016, DOI: 10.1007/s11229-016-1264-0.

③ Jeremy Fantl and Matthew McGrath, *Knowledge in an Uncertain World*, Oxford: Oxford University Press, 2009, p. 4.

④ Jeremy Fantl and Matthew McGrath, *Knowledge in an Uncertain World*, p. 66. 此处的"justify"，我们没有翻译成"证成"，其目的是为了区别于正统知识论讲的信念证成（justification），而这里的"辩护/使……是合理的"（justify）的对象，包括了行为、信念和其他状态，因此我们将其译为更加宽泛的"辩护"或"使……是合理的"。

此命题称之为"知识—辩护联系"(knowledge-justification link)[①]。在此，φ 涵盖了行为、相信、感知或其他状态。据此，你可以基于你的知识而做什么、相信什么、决定什么等等。也就是说：如果你知道 p，那么你以 p 所提示的方式行为，就是合理的；如果 p 不足以正当地作为一个理由来为你以 p 所提示的方式行为，那么你就不知道 p；你的行为是否合理会随着利害关系的变化而变化。因此，你的知识会随着利害关系的变化而变化。

哪些事实可支持实用入侵？用以支持实用入侵的事实主要有三个方面：（1）知道与否随利害关系而变的直觉；（2）援引知识对行为进行批评或捍卫；（3）将知识当作可靠的理由。

1. 知道与否随利害关系而变的直觉。这是引出实用入侵的最便捷的方式，让我们看一对经典的生活场景[②]。

> 列车情景 1：你在波士顿后湾车站，正准备乘通勤铁路列车去普罗维登斯。你打算去看望一些朋友，这将是一次轻松的度假旅行。你已跟站在你旁边的一个家伙聊了一些无聊的事情。他也是去普罗维登斯看望朋友。当列车进站时，你们继续聊天，并问道："这列车在福克斯伯勒、阿特尔伯勒等小站也会停吗？"对你来说，这列车是否是快车，不大重要，尽管你稍微有点希望它如此。他回答说："是的，这车在所有那些小站都会停。我买票的时候，他们告诉我的。"没有任何事情使他显得特别不值得信任。你相信了他所说的。

> 列车情景 2：你极其需要去福克斯伯勒，越快越好。因为你

[①] Matthew McGrath, "Defeating Pragmatic Encroachment?" *Synthese*, First Online: 15 November 2016, DOI: 10.1007/s11229-016-1264-0.

[②] Jeremy Fantl and Matthew McGrath, "Evidence, Pragmatics, and Justification", *The Philosophical Review*, Vol. 111, No. 1, 2002, pp. 67-68.

的事业依赖于此。你已购买了向南行驶的列车票,两小时后发车,到达福克斯伯勒的时间正好合适。你无意中听到跟情景1一样的对话,列车刚进站,15分钟后开动。你想:"那个家伙的信息可能有误。列车是否停靠福克斯伯勒,对他有何重要?或许售票员误解了他的问题。或许他误解了列车员的回答。谁知道他什么时候买的票?对此,我不想有错。我最好亲自去核实一下。"

从直觉来看,在情景1中,你有足够好的证据知道列车会停靠福克斯伯勒;你相信此命题,这在知识论上是有证成的。[1] 从直觉来看,在情景2中,你没有足够好的证据知道列车会停靠福克斯伯勒;你相信此命题,这在知识论上是没有证成的。当利害关系如此重大时,一个陌生人随便一说,不足以成为好的证据。你还应进一步核实。[2] 在这两种情景中,认知主体相同,证据相同,然而对同一命题"列车会停靠福克斯伯勒"的证成和知识状态却不同。为何有此巨大的差别呢?因为在两种情况下,列车是否会停靠福克斯伯勒,对主体的重要性完全不一样。在情景1中,不大重要,在情景2中,极其重要。正是这种利害关系的不同导致了证成和知识状态的不同,因此这两个情景表明:信念的证成随利害关系而变;知识必须要有证成,因此知识随利害关系而变。

2. 援引知识对行为进行批评或捍卫。我们有援引知识来批评、捍卫或解释行为的习惯。汉娜和撒拉正试图寻找某个餐馆,他们在此有限制时间的预订座位。没有向别人问路,汉娜就凭直觉沿某条街的左边走去。走了一段时间后,他们发现显然是走错了街道。对撒拉而言,

---

[1] Jeremy Fantl and Matthew McGrath, "Evidence, Pragmatics, and Justification", *The Philosophical Review*, Vol. 111, No. 1, 2002, p. 67.

[2] Jeremy Fantl and Matthew McGrath, "Evidence, Pragmatics, and Justification", *The Philosophical Review*, Vol. 111, No. 1, 2002, p. 68.

指出汉娜做出错误决定的一种自然方式是说:"你不应该沿这条街走,因为你不知道那餐馆在这里。"① 又如,你选择了从左面的道路而非右面的道路去机场,当有人批评你的选择之后,你可能会说:"我知道左边有一条捷径。"②

　　援引知识来对相应的行为或决定等进行指责或辩护,这是日常生活中极普遍的现象。这表明"知识概念与行为的合理性紧密地交织在一起"③。然而,人们可能提出反驳说,不是知识概念跟行为的合理性紧密地交织在一起,而是跟有证成的信念交织在一起,因为知识总是蕴含着有证成的信念。假设汉娜的丈夫莫迪凯去打仗了,已失踪多年。在等待了五年之后,因为汉娜合理地认为她丈夫已死,她跟别人结婚了。但当莫迪凯被俘而获释后,他可合理地抱怨汉娜:你不知道我已死掉,你不应跟别人结婚。汉娜可辩解说,我相信你死了,这是有证成的。但莫迪凯不接受这种辩解是合理的,他还可以说:你知道战场上有可能被俘。④ 有证成的信念不一定能为行为的合理性辩护,而知识却一定可以,因此我们的语言习惯可以证明:跟行为之合理性紧密交织在一起的是知识概念,而非有证成的信念。

　　3. 将知识当作可靠的理由。我们所知道的东西足以保证其成为我们所拥有的相信其他事情的一个理由。如果你知道你的车子的刹车没有问题,那么,这是你所拥有的相信"踩刹车后车子会在合理的时间

---

① John Hawthorne and Jason Stanley, "Knowledge and Action", *The Journal of Philosophy*, Vol. 105, No. 10, 2008, p. 571.

② Jeremy Fantl and Matthew McGrath, "Practical Matters Affect Whether You Know", in Matthias Steup, John Turri, and Ernest Sosa (eds.), *Contemporary Debates in Epistemology*, 2nd edition, Oxford: Wiley-Blackwell, 2014, p. 89.

③ John Hawthorne and Jason Stanley, "Knowledge and Action", *The Journal of Philosophy*, Vol. 105, No. 10, 2008, p. 571.

④ John Hawthorne and Jason Stanley, "Knowledge and Action", *The Journal of Philosophy*, Vol. 105, No. 10, 2008, p. 573. 对此,还可参阅 Jeremy Fantl and Matthew McGrath, "On Pragmatic Encroachment in Epistemology", *Philosophy and Phenomenological Research*, Vol. 75, No. 3, 2007, pp. 562-563。

范围停下"的一个理由；也是你所拥有的相信"检查刹车的结果是它没有问题"的一个理由。然而，当你知道刹车没有问题时，你因而有一个理由相信踩刹车后车会停下，这是一回事情；你因此有理由不去检查刹车，这是另一回事情。有可能说，知道刹车没问题，这为我们拥有形成相关信念的理由提供了足够的保证，但并没有为行为的理由提供足够的保证，至少在利害关系比较重大时，情况尤其如此。也就是说，我们允许理由在信念形成中起作用，而不允许理由在实践行为中起作用。然而，这是相当愚蠢的。实际情况是：你知道刹车没有问题，这项知识既能为你形成相关信念提供一个可靠的理由，也能为你不去检查刹车的行为提供一个可靠的理由。如果一个命题 p 是你所拥有的相信什么的一个可靠理由，它也就是你所拥有的做什么的一个可靠理由。①

知道刹车没有问题，是你不用检查刹车的一个理由，但一个理由可被另外的理由推翻，比如，法律要求检查刹车，此理由就可推翻前一个理由。但是，当命题 p 是你所拥有的做什么或相信什么的理由时，此理由不能被 p 有可能错的几率推翻。"一方面，刹车没有问题；另一方面刹车可能有问题"，如此说，就等于撤销了你将"刹车没有问题"作为行为或其他信念的理由。②当我们考虑关于行为或信念形成的一些理由时，我们将它们当作是可靠的，我们不去考虑它们在多大程度上可能是错的，如果我们考虑其可能错的几率，我们就没有将其当作可以依赖的理由。

如何在理论上论证实用入侵？直觉告诉我们知道与否会随利害关系而变；我们有援引知识批评或捍卫相关行为的语言习惯；我们将知

---

① Jeremy Fantl and Matthew McGrath, "Précis of Knowledge in an Uncertain World", *Philosophy and Phenomenological Research*, Vol. 85, No. 2, 2012, pp. 444-445.

② Jeremy Fantl and Matthew McGrath, "Précis of Knowledge in an Uncertain World", *Philosophy and Phenomenological Research*, Vol. 85, No. 2, 2012, p. 445.

识作为行为的可靠理由。这些事实都可能为实用入侵提供一定的证据。但支持实用入侵者还需要在这些证据的基础上,给出较为严密的逻辑推理过程。

麦格拉斯曾将他与范特尔在其他一些著作[①]中的论证简化归纳为如下五步:

(1)如果你知道p,p就足以保证你拥有一个做φ的正当理由。(这是知识——理由联系。)

(2)如果p足以保证你拥有一个做φ的正当理由,p就足以保证你做φ是合理的。

(3)因此,如果你知道p,p就足以保证你做φ是合理的。(这是知识——辩护联系。)

(4)在不同情形中你对p的正当理由保持不变,p是否足以保证"你做φ是合理的",可在如下两种情形之间有所变化:一是利害关系不大的情形,你在此情形中知道p;二是适当选择的利害关系重大的情形。

(5)因此,你对p的正当理由保持不变,你是否知道命题p,会随利害关系而变。(这就是实用入侵论题。)[②]

在此论证中,做φ涵盖了行为和信念等在内:可以是去做什么事情,也可以是形成什么信念、作出什么决定等。(1)是说,在列车的

[①] Jeremy Fantl and Matthew McGrath, "Evidence, Pragmatics, and Justification", *The Philosophical Review*, Vol. 111, No. 1, 2002, pp. 67-94; Jeremy Fantl and Matthew McGrath, *Knowledge in an Uncertain World*, Oxford: Oxford University Press, 2009; Jeremy Fantl and Matthew McGrath, "On Pragmatic Encroachment in Epistemology", *Philosophy and Phenomenological Research*, Vol. 75, No. 3, 2007, pp. 558-589; Jeremy Fantl and Matthew McGrath, "Replies to Cohen, Neta and Reed", *Philosophy and Phenomenological Research*, Vol. 85, No. 2, 2012, pp. 473-490.

[②] Matthew McGrath, "Defeating Pragmatic Encroachment?" *Synthese*, First Online: 15 November 2016, DOI: 10.1007/s11229-016-1264-0.

例子中，如果你知道"列车会停靠福克斯伯勒"，那么它就足以保证你拥有了"立即上车"而不是"进一步核实"的正当理由。（2）是说，如果"列车会停靠福克斯伯勒"保证了你有"立即上车"的正当理由，那么它就足以保证你"立即上车"的行为就是合理的。（3）是（1）和（2）联合推论的结果，如果你知道"列车会停靠福克斯伯勒"，那么此项知识就足以保证你"立即上车"是合理的。（4）是说，在列车情景1和列车情景2中，你对"列车会停靠福克斯伯勒"的证据保持不变，"列车会停靠福克斯伯勒"是否足以保证你"立即上车"是合理的，这会随利害关系的大小而变：在利害关系不大的列车情景1中，你"立即上车"是合理的；在利害关系重大的情景2中，你"立即上车"是不大合理的，应进一步核实一下。（5）是（3）和（4）联合推论的结果，保持你对"列车会停靠福克斯伯勒"的证据不变，你是否知道"列车会停靠福克斯伯勒"会随着利害关系的大小而变。

此论证要成立，仅当其前提正确，推理有效。最基础的前提是（1），即知识—理由联系命题。你知道p，p当然就是你所拥有的做p所建议的行为φ的一个理由。但这并不是说你必须做φ，因为有可能有其他理由取消、削弱、推翻或排斥了理由p的作用。你知道你的刹车没有问题，这项知识当然足以作为你不去检修刹车的理由，但如果你的车子因其他方面有问题，已送到修理厂，附带检修一下刹车也没有任何附加的成本，修理厂建议你顺便检查一下，你也可能会同意。在此情况下，修理厂的建议就使得你撤销了先前理由发挥的作用。但这并不影响：你因确实知道刹车没问题，所以不去检修刹车，这依然是合理的行为。因此知识与理由之间确实有紧密的联系。拒绝接受前提（1），这似乎显然不对。我们知道的一些事实，当然可以为相关行为提供理由。

前提（2）似乎也很有道理。如果你有不去检修刹车的正当理由，那么你不去检修刹车的行为当然是合理的。如果你的行为是不合理的，那就是说你没有做此事的正当理由。前提（1）和（2）的联合在逻辑上确实能推出（3），即知识—辩护联系论题。如果你知道 p，那么你做出基于 p 为真的行为就是合理的。知识能为行为提供合理辩护。

前提（4）正是前面列车事例所蕴含的意思：在两种情景中，你有相同的证据，即别人不经意的证词。然而在情景 1 中，你"立即上车"，这是合理的行为，即便此列车不停靠福克斯伯勒，也没有什么严重的后果；在情景 2 中，你"立即上车"，这似乎不大合理，万一此列车不停靠福克斯伯勒，后果会很严重，所以合理的行为是进一步核实一下列车的停靠地点。因此，在证据等认知条件不变的情况下，行为的合理性确实会随利害关系的大小而变化，而且这似乎是生活中的普遍常识。

（3）和（4）联合起来推出（5），这在逻辑上没有什么不对。因此实用入侵论题似乎能成立。

如果实用入侵论题确实能够成立，那么不但证据主义是错误的，其他任何预设纯净主义的知识论都是错误的。然而，正统的知识论一直都是纯净主义者的天下，无论是洛克、笛卡尔、休谟、康德等近代大哲的知识论，还是齐硕姆、诺齐克、戈德曼、费尔德曼等当代哲学家的知识论，皆为纯净主义。纯净主义者说，你是否知道 p，在知识论上跟你当下的实用考虑完全无关，它仅由认知因素决定；实用入侵者说，你是否知道 p，在知识论上，部分地由你当下的实用目的决定。因此实用入侵重新界定了知识的本质。不仅如此，实用入侵还可以弥补理性行为理论的不足。因为标准的理性行为理论图景是："理性行为是预期效用最大化的问题，而预期效用是效用与主观确信的函数。主观的相信程度对理性行为很重要，而非知识。……即便缺乏知识，很高的主观确信也可以使得行为合理化。"① 因此，霍索恩和斯坦利抱怨

---

① John Hawthorne and Jason Stanley, "Knowledge and Action", *The Journal of Philosophy*, Vol. 105, No. 10, 2008, p. 571.

说："知识和行动紧密地联系在一起。我们熟悉的理性行为理论对此没做解释。更有甚者，关于知识的讨论也时常对此联系保持沉默。这是一种耻辱。"[1] 但多数哲学家并不会接受这种"耻辱"的指责，他们会论证说实用入侵论题不成立。

实用入侵面临一些什么样的反驳？实用入侵论题面临太多的反驳。[2] 支持实用入侵的关键论题是知识—辩护联系论题，反驳实用入侵最有力的方式，也就是直接反驳此论题。在此，我们将考虑三个反驳：一是高风险反驳（the high stake objection）；二是大弃赌反驳（the Dutch book objection）；三本末倒置反驳（the cart/horse objection）。[3]

高风险反驳。根据知识—辩护联系论题，如果你知道 p，那么它就足以保证你按照 p 的指示而行动是合理的；反过来说，如果你依据 p 而行动是不合理的，那么你就不知道 p。然而，如下的情形可能构成一个反例[4]，从而证伪知识—辩护联系论题。

---

[1] John Hawthorne and Jason Stanley, "Knowledge and Action", *The Journal of Philosophy*, Vol. 105, No. 10, 2008, p. 574.

[2] 可参阅 Ram Neta, "The Case Against Purity", *Philosophy and Phenomenological Research*, Vol. 85, No. 2, 2012, pp. 456-464; Ram Neta, "Anti-Intellectualism and the Knowledge-Action Principle", *Philosophy and Phenomenological Research*, Vol. 75, No. 1, 2007, pp. 180-187; Ram Neta, "Treating Something as a Reason for Action", *Noûs*, Vol. 43, No. 4, 2009, pp. 684-699; Stewart Cohen, "Does Practical Rationality Constrain Epistemic Rationality?" *Philosophy and Phenomenological Research*, Vol. 85, No. 2, 2012, pp. 447-455; Baron Reed, "A Defense of Stable Invariantism", *Noûs*, Vol. 44, No. 2, 2010, pp. 224-244; Baron Reed, "Resisting Encroachment", *Philosophy and Phenomenological Research*, Vol. 85, No. 2, 2012, pp. 465-472; Blake Roeber, "The Pragmatic Encroachment Debate", *Noûs*, July (2016), pp. 1-25, DOI: 10.1111/nous.12156; Alex Worsnip, "Two Kinds of Stakes", *Pacific Philosophical Quarterly*, Vol. 96, No. 3, 2015, pp. 307-324。

[3] Baron Reed, "A Defense of Stable Invariantism", *Noûs*, Vol. 44, No. 2, 2010, pp. 224-244; Baron Reed, "Resisting Encroachment", *Philosophy and Phenomenological Research*, Vol. 85, No. 2, 2012, pp. 465-472; Baron Reed, "Practical Matters Do Not Affect Whether You Know", in *Contemporary Debates in Epistemology*, eds. by Matthias Steup, John Turri, and Ernest Sosa, 2nd edition, Oxford: Wiley-Blackwell, 2014, pp. 95-106.

[4] Jessica Brown,"Subject-Sensitive Invariantism and the Knowledge Norm for Practical Reasoning", *Noûs*, Vol.42, No. 2, 2008, pp.167-189. 在此，布朗列举了一系列的例子，力图证明知识既非行为合理性的充分条件，亦非必要条件，因此知识—辩护联系论题不能成立。

我正参加一项心理学研究，此研究的目的是测试心理压力对记忆的影响。我被问道：尤利乌斯·恺撒生于何年？如果答对了，我得到一颗软糖；如果答错了，我将遭到恐怖的电击；如果不答，什么事儿都没有。我记得恺撒生于公元前 100 年，但我没有如此确信，以至于值得去冒遭电击的危险。然而，我默默地对自己说："我知道那是公元前 100 年。"①

此情景，我们可称之为"恺撒反例 1"，它与列车情景的要素非常相似，如果只考虑利害关系不大的情景，即赢得一颗软糖的情景，你当然会毫不犹豫地答出恺撒的出生年代，因此按照知识—辩护联系论题的要求，你知道恺撒的出生年代。然而考虑答错将遭受电击的恐怖情景，你当然没有必要冒这个险，而且答对了也没有多大好处，因此你选择不答最为合理。在此，按照知识—辩护联系论题的要求，你不知道恺撒的出生年代。然而事实上，你确实记得他的出生年代，你自己也认为你的记忆是正确的，事实也跟你的记忆一致，因此你知道恺撒的出生年代。这就构成了知识—辩护联系的一个反例，知识并不足以使得据此而行为一定是理性的。因此，麦格拉斯五步推理中的前提（3）是错误的，实用入侵的结论无法得出。

对此，实用入侵论者会如何反驳呢？在此例中，我可以说"我知道恺撒的出生年代"，但我也可以说："我真的知道恺撒生于公元前 100 年，或者我真的对此相当有信心？哦！我认为在此之前，我是知道的，但在考虑到风险之后，我猜我还不是真的知道"②；或者我可以默

---

① Baron Reed,"Practical Matters Do Not Affect Whether You Know", in *Contemporary Debates in Epistemology*, eds. by Matthias Steup, John Turri, Ernest Sosa, 2nd edition, Oxford: Wiley-Blackwell, 2014, p. 101; Baron Reed, "Resisting Encroachment", *Philosophy and Phenomenological Research*, Vol. 85, No. 2, 2012, p. 467; Baron Reed, "A Defense of Stable Invariantism", *Noûs*, Vol. 44, No. 2, 2010, pp. 228-229.

② Jeremy Fantl and Matthew McGrath, *Knowledge in an Uncertain World*, Oxford: Oxford University Press, 2009, p. 62.

默地对自己说:"'我不是真的知道那是公元前100年。我最好不要回答。'甚至说,'除非我知道那是公元前100年,否则我不能回答。'"① 对此,我们可以指责实用入侵论者非法地更改了恺撒反例的情节,因此其回应无效。

但是,入侵论者可以进一步论证说:是的,我们确实合理地设想了另外的回答。反例的目的是要用自然的答复"我知道"作为证据,以资证明知识—辩护论题的错误;我们同样也可以很自然地设想"我不是真的知道",这似乎证明知识—辩护论题没有错。即是说,"关于此例,我们有两个相互抵抗而势均力敌的直觉:一个坚持有知识是自然的;一个否定有知识,亦是自然的。在此意义上说,'知识归赋或否定'的直觉,都是证明'知识归赋或否定'各自为真的证据,我们没有更多的证据支持一方而否定另一方,因此反例是无效的(toothless)"②。但反对者依然可以反驳说,"这真是奇怪的回答。改变反例的细节,以至于它不再能反驳某人的观点,这并不能使得原初的反例就不构成反例"③。在此轮辩论中,我们似乎还是会觉得双方都有道理,并没有谁取得决定性的优势。正因如此,实用入侵的反对者提出了恺撒反例1的改进版。

> 为了我可以同时玩两个游戏,心理研究做出了一些改变。第一个跟前面的一样:答对了获得一颗软糖;答错了遭受可怕的电击。但是,在第二个游戏中,答对了,获得1000美元;答错了,仅仅是轻轻拍一下手腕。在两个游戏中,如果我没有回答,什么事儿都

---

① Jeremy Fantl and Matthew McGrath, "Replies to Cohen, Neta and Reed", *Philosophy and Phenomenological Research*, Vol. 85, No. 2, 2012, p. 485.

② Jeremy Fantl and Matthew McGrath, "Replies to Cohen, Neta and Reed", *Philosophy and Phenomenological Research*, Vol. 85, No. 2, 2012, p. 485.

③ Baron Reed, "Resisting Encroachment", *Philosophy and Phenomenological Research*, Vol. 85, No. 2, 2012, p. 467.

没有。在这两个游戏中，我可以采取不同的策略。两个游戏从问我如下的问题开始：尤利乌斯·恺撒生于何年？在第一个游戏中，我没有回答，但在第二个游戏中，我回答说"公元前 100 年"。①

对此双重游戏我们可称之为"恺撒反例 2"，此时我同时面临两个决策：在第一个游戏中，最合理的是不予回答，然而根据知识—辩护联系论题，这证明我不知道恺撒的出生年代；在第二个游戏中，最合理的回答，显然是"公元前 100 年"，然而依据知识—辩护联系论题，这证明我知道恺撒之出生年代。这样我就同时知道又不知道恺撒的出生年代。如此矛盾的知识归赋似乎说明了知识—辩护联系论题的非真理性。

如何避免此矛盾呢？实用入侵论者会说：在第二个游戏中，我们回答了恺撒的出生年代，但这不是因为我确实知道其出生年代，而是依据其他知识，如我记得历史老师告诉我们恺撒出生于公元前 100 年，因而这有可能是真的，我知道回答错误的风险和回报，等等。也就是说，在第二个游戏中，我回答了"公元前 100 年"，但不是基于我确实知道答案，而是"恺撒可能生于公元前 100 年"，对我而言，这种可能性没有达到知识的程度，但考虑到其他条件，回答"公元前 100 年"依然是合理的，概率和其他事实也可以为行为辩护。② 在此，实用入侵论者的意思是，在两个游戏中，我实际上都不知道正确答案，根本不存在所谓矛盾的问题。

但反对者会继续反驳说，既然如此，在第二个游戏中，我实际上不知道答案，只是根据可能性和其他一些因素而作出决定，此决定

---

① Baron Reed, "Practical Matters Do Not Affect Whether You Know", in *Contemporary Debates in Epistemology*, eds. by Matthias Steup, John Turri, and Ernest Sosa, 2nd edition, Oxford: Wiley-Blackwell, 2014, p. 101; Baron Reed, "Resisting Encroachment", *Philosophy and Phenomenological Research*, Vol. 85, No. 2, 2012, p. 467; Baron Reed, "A Defense of Stable Invariantism", *Noûs*, Vol. 44, No. 2, 2010, p. 230.

② Jeremy Fantl and Matthew McGrath, "Replies to Cohen, Neta and Reed", *Philosophy and Phenomenological Research*, Vol. 85, No. 2, 2012, pp. 486-487.

和相应的行为是合理的,也就是说,知识而外的其他因素亦足以为行为提供合理辩护。倘若如此,你们为什么不论证知识之外的其他因素跟行为的合理性有必然联系,硬要坚持知识跟行为的合理性有必然联系?对此,实用入侵论者的回答可以非常简单:我们的目的就只是要证明知识跟实践理性有必然联系。

大弃赌反驳。此反驳是想通过一个思想实验证明知识—辩护联系论题会导致荒谬的行为。

> 我有一个在选择股票上极其可靠的经纪人。她告诉我有一支生物科技股 BXD 很适合长线投资,她可将我四分之一的资产投进 BXD 股。鉴于她的证词,我知道 BXD 股会上涨,因此我同意她的投资建议。一小时后,她告诉我:她现在可将我下一个四分之一的资金投进此股。我知道此股会涨,故同意。一小时后,相同的事情又发生了。当她第四次给我打电话的时候,她建议将我余下的四分之一的资金也投进去。但她同时指出:如此一来,我就将我所有的资产捆绑在了一只股票上,这样做是相当有风险的。还买更多的 BXD 股份,这对我来说是不理性的,实际上风险已经很高了。鉴于知识—辩护联系论题,这意味着(由否定后件式假言推理可知)我不再知道那股票的价值会上涨。我告诉我的经纪人卖掉我全部的 BXD 股份。一小时之后,她又打电话来提醒我:BXD 股票很适合长线投资。对我而言,已经卖掉了全部的股份,这下她的建议不再有大的风险了。考虑到她在股票建议方面是靠得住的,我又知道了 BXD 股票会上涨。因此,我采纳了她的建议,将我四分之一的资金投进了 BXD。如此等等。①

---

① Baron Reed, "Resisting Encroachment", *Philosophy and Phenomenological Research*, Vol. 85, No. 2, 2012, p. 469.

在此例中里德（Baron Reed）还提醒我们注意两点："（1）每一笔交易我的经纪人都会向我收费；（2）我没有任何理由停止交易。"[①]每次交易都有相应的知识作为行动的理由：开始的行为是基于股票会上涨的知识；后来是基于不应将所有资金投进一只股票的知识。如果知识—辩护联系论题为真，那么"我的每一步行动都是合理的。然而，最终是我的经纪人给我设置了一场不利于我的大弃赌（Dutch book）"[②]。即是说，知识—辩护联系论题使得我成为经纪人的提款机，我的资金将不断地作为交易咨询服务费支付给她，直至我破产，此论题为异常荒谬的行为提供了合理化辩护，因此它未能揭示出知识与实践理性的真实联系。

对此，实用入侵论者会如何加以反驳？知识—辩护联系论题并不是说：决定你是否应投资 BXD 的唯一的东西就是你是否知道 BXD 会上涨。或许你并不知道它会上涨，但你依然应保持不少钱在 BXD，因为 BXD 很可能会上涨。"一个经纪人如此说，并不能给你那只股票会上涨的知识。"[③] 因此，你的行为并不是"BXD 会上涨"的知识所保证的，而是你自己在没有知识保障的情况下的胡乱行为。知识—辩护论题不能为你的非理性行为提供合理化辩护。

对此，反对者依然有话要说。即便我一开始就不是基于"BXD 会上涨"的知识，而是"它很可能会上涨"的知识，这依然会陷入同样的问题。一开始是我知道它很可能上涨，投入四分之一的资金，这是合理的；基于同样的理由，再投入四分之一；直到只剩最后的四分之一时，如果继续全部投了，那风险太大了，有些不理性。假设知识—

[①] Baron Reed, "Resisting Encroachment", *Philosophy and Phenomenological Research*, Vol. 85, No. 2, 2012, p. 469.

[②] Baron Reed, "Resisting Encroachment", *Philosophy and Phenomenological Research*, Vol. 85, No. 2, 2012, p. 469.

[③] Jeremy Fantl and Matthew McGrath, "Replies to Cohen, Neta and Reed", *Philosophy and Phenomenological Research*, Vol. 85, No. 2, 2012, pp. 487-488.

辩护联系论题为真，我们可以得到如下的推理：

（1）如果你知道"BXD 很可能会上涨"，那么它就足以保证我继续向 BXD 投资是合理的。（知识—辩护联系论题）

（2）我继续向 BXD 投资是不合理的，因为我将全部资金都赌在一只股票上，风险太大，因而不合理。（直觉和常识）

（3）因此，我不知道"BXD 很可能会上涨"。（假言推理的否定后件式）

正因如此，我又不断减少投资，风险也小了，于是增加投资又是合理的了。如此循环往复，我依然要不断支付经纪人的费用，因此我依然深陷大弃赌。

本末倒置反驳。知识—辩护联系论题为知识设定了实用条件，认知理性与实践理性是相互作用、相互影响的。我是否知道 p，依赖于我依照 p 而行为是否合理。在 BXD 的例子中，假定知识的实用条件为真，我是否知道 BXD 会上涨跟我投资于它是否合理相互作用。因此，我不能确定做什么样的投资才不会改变我自己的知识状况，这导致我不能得出该做什么的稳定结论。其问题，可以通过我跟朋友的对话得到展示：

（1）我：如果 BXD 的价值会上涨，我应投资于它。因此，我应投资于它吗？

（2）朋友：这要视情况而定——你知道它的价值会上涨吗？

（3）我：这也要视情况而定——我应投资于它吗？[1]

---

[1] Baron Reed, "Resisting Encroachment", *Philosophy and Phenomenological Research*, Vol. 85, No. 2, 2012, p. 470.

即是说，如果知识—辩护联系论题为真，那么我的行为是否合理，取决于作为行为之理由的知识，而我是否有那知识又取决于我依据它而做出的行为是否合理。这是一个难以接受的循环。走出这个循环的方式就是否定知识—辩护联系论题，即是否知道 BXD 会上涨，并不依赖于我是否应投资于它。因而，此对话中的（3）是荒谬的。依据行为上的合理性来决定知道与否，这相当于把马车置于马的前面，这是搞错了顺序，本末倒置。根本不是行为的合理性来界定知识，而是知识解释行为的合理性。

对此，实用入侵论者如何反驳呢？"知识解释合理的行为，或者合理的行为解释知识，哪一个解释顺序是适当的？对此，知识—辩护联系论题什么也没说。在条件句中，前件是马，后件是车，或者前件是车，后件是马？对此，条件句什么也没说。"① 举例来说，有如下关于赛跑的条件句：如果她是世界上最好的赛跑者，那么她在世界锦标赛中会获胜。据此，我们可以有如下的对话：

（1）我：这场比赛她会获胜吗？
（2）朋友：这要视情况而定——她是世界上最好的赛跑者吗？
（3）我：这也要视情况而定——这场比赛她会获胜吗？②

此对话跟前面关于 BXD 的对话在结构和逻辑上完全一致，都听起来比较奇怪。然而这能证明那关于赛跑的条件句是错误的吗？显然不能，那条件句的正确与错误跟这对话没关系，而且那关于赛跑的条件句无疑是正确的。因此，所谓本末倒置反驳根本不能成立。

---

① Jeremy Fantl and Matthew McGrath, "Replies to Cohen, Neta and Reed", *Philosophy and Phenomenological Research*, Vol. 85, No. 2, 2012, pp. 489.

② Jeremy Fantl and Matthew McGrath, "Replies to Cohen, Neta and Reed", *Philosophy and Phenomenological Research*, Vol. 85, No. 2, 2012, p. 490.

对此，实用入侵论的反对者，可能会回答说：在结构和逻辑上，赛跑者对话跟关于 BXD 的对话确实一样，对此我们当然承认，但问题的关键不在于此。关键在于：赛跑者条件句本来就是正确的，因为"世界上最好的赛跑者"其定义就是能够或至少曾经赢得了世界级的大赛，否则不能算作"世界上最好"。然而，知识跟行为的关系却并不是如此，因为行为并不是知识概念的构成要素。因此，关于赛跑的条件句跟"知识—辩护联系论题"这一条件句并不是同一种类型。对于前者不构成挑战的对话形式，却可以挑战后者。

不一样的理解。支持和反对实用入侵的各种争论还会继续，我们现在尚不能断言谁手握真理，但我们的直觉跟部分反对者的直觉不同：我们不认为知识—辩护联系论题有何不妥，但我们依然否定实用入侵论题。知识足以为行为提供辩护，但这无法推出知识会随利害关系而变。决定行为合理性的不可能是单独的某个命题，而是行为者整体的知识网及其背景预设。利害关系的变化会影响行为的合理性，但利害关系不是直接影响行为的合理性，而是通过影响证据的收集和分析，从而间接地影响知识，从而影响行为的合理性。知识只考虑认知因素，而行为的合理性则要综合考虑各种因素。

就用以支持实用入侵的两个列车情景而言，在不同的情景中，你有不同的证据、不同的目的、不同的认知要求，当然会有不同的合理行为。

证据是所有能起证成作用的东西[①]，当下的信念都是证据，当下不能回忆起来的信念不是证据，能轻易回忆起信念是证据。当下信念或能轻易回忆起的信念，既包括对外部事实的信念，也包括对自身心灵状态的信念。知道蕴含着相信，因此当下知道的或能轻易回忆起的所有知识，包括自我知识和外部世界的知识，皆是证据。在这样的证据概念下，我们可以明白列车情景 1 和 2 的证据是很不一样的（见表 5.5）。

---

① 第四章的"认知证据主义"一节，我们专门探讨了何谓证据的问题。

表 5.5　列车情景四要素对比

	列车情景 1	列车情景 2
证据	（1）有人不经意地告诉你那列车会停靠福克斯伯勒；（2）没有任何事情表明谈话者是不值得信任的	（1）有人不经意地告诉你那列车会停靠福克斯伯勒；（2）有多种情况可能使得谈话者的话不可信
目的	度假旅行	事业发展
认知要求	即便错了，也没有什么大不了	不能有错
直觉	你知道"列车会停靠福克斯伯勒"	你不知道"列车会停靠福克斯伯勒"

在此，我们同意范特尔和麦格拉斯的直觉，在列车情景 1 中，你相信列车会停靠福克斯伯勒，这在知识论上是有证成的；在列车情景 2 中，那命题是没有证成的。对此，实用入侵论者的解释是知识随利害关系而变。我们的解释是知道与否并不是随利害关系而变，但利害关系不同，设定的认知要求就不同。在情景 2 中，由于是否能及时到达福克斯伯勒关系到你的事业前途，利害关系重大，因此设定的认知要求较高，不能有错；在利害关系较小的情境 1 中，设定的认知要求较低，有合理的证据就可以了。

利害关系不同，因而认知要求不同，考虑问题的深度和广度都不一样，因此对同一个命题的认知结果不一样。但其结果不同的直接原因是证据不同。在利害关系较小的情况下，你不愿调动太多的精力和时间等来考虑相关的问题，因而考虑到的证据的范围有限，分析的细致程度有限；在利害关系较大的情况下，你会自觉地花费较多的时间和精力来思考相关问题，收集更多的证据，考虑更多的可能性。证据更丰富，分析更细致。正因如此，情景 1 和情境 2 的证据其实是不同的，而非范特尔和麦格拉斯所说的："在列车情景中你拥有相同的证据"[①]。在情景 2 中，行为者考虑到了如下的种种情况："那个家伙的信

---

① Jeremy Fantl and Matthew McGrath, "Evidence, Pragmatics, and Justification", *The Philosophical Review*, Vol. 111, No. 1, 2002, p. 69.

息可能有误。列车是否停靠福克斯伯勒,对他有何重要?或许售票员误解了他的问题。或许他误解了列车员的回答。谁知道他什么时候买的票?"① 这些都是证据。因此,列车情景只能表明证据的收集和分析会随利害关系而变,绝不是表明了知识概念本身蕴含着实用条件。

---

① Jeremy Fantl and Matthew McGrath, "Evidence, Pragmatics, and Justification", *The Philosophical Review*, Vol. 111, No. 1, 2002, pp. 67-68.

第六章　信念与意志

无论从相信之目的来演绎信念伦理，或从证据之要求来规定信念伦理，或从实用之效果来推证信念伦理，都是要求我们对自己的信念要承担某种责任。责任要求某种形式的意志控制，我们对完全处于自身意志之外的事情是不应承担任何责任的。因此任何形式的信念伦理都必须要讨论信念与意志的关系，这是关系到信念伦理能否成立的根本问题。

源自信念与意志之关系的信念伦理问题可通过三个命题表达出来，单独来看，每一个命题似乎都很合理，而联合起来看，似乎又不可能同时为真。

（1）道义判断：有些时候，人们真的是应该或不应该相信某些事情。

（2）意志控制：如果我们有时真的是应该或不应该相信某些事情，那么我们的意志能以某种形式控制信念。

（3）不自主性：事实上我们的意志不能控制我们的信念。

对此，我们称之为"信念义务悖论"。此悖论的解答，至少有如下两条路径：一是至少否定这三个命题中的某一个；二是至少对其中一个命题给出能够跟其他两个命题相容的解释。为了寻得比较合理的解答方式,我们将依次讨论如下六个论题:(1)信念义务悖论;(2)直接意志论;(3)非意志论;(4)间接意志论;(5)相容论;(6)否定的意志论。

一、信念义务悖论

信念义务悖论是说,一方面,我们感到确实有些事情不应该相信,有些事情我们应该相信,即信念是规范判断的恰当对象,应该或不应该可以适用于信念状态,我们的信念受一定的规范支配;另一方面,我们不能直接控制我们的信念状态,面对信念,我们的意志是无能为力的。对我们自己无法控制的事情,我们是不应该承担任何责任的,也就是说,信念不是道义评价的恰当对象。

在当代知识论中,最先明确地意识到信念义务悖论的哲学家是阿尔斯顿(William P. Alston),他在其著名长文《认知证成的道义论概念》中得出了如下结论:"从相信之无可责备的角度来考虑认知证成,这是不明智的。"[①] 人们可能很自然地认为,你相信某个命题,这在认知上是无可责备的,那么你的信念就是有证成的。在此无可责备的含义是没有违背任何认知义务。阿尔斯顿认为,这种道义论的认知证成概念是不能成立的。为何如此?阿尔斯顿的大致意思可归纳如下:

(1)如果我们有义务相信什么事情,那么我们必须能够凭意志控制我们的信念。

(2)我们不能凭意志控制自己的信念。

(3)因此,我们没有信念义务。

[①] William P. Alston, "The Deontological Conception of Epistemic Justification", *Philosophical Perspectives*, Vol. 2, 1988, p. 294.

（4）所以，信念之道义论的认知证成不能成立。①

在此论证中，阿尔斯顿显然意识到了信念义务悖论：一方面，我们的直觉是，有些信念是不应该相信的，有些信念是应该相信的，这种应该或不应该蕴含着某种关于信念的义务；另一方面，信念义务蕴含着我们可以凭意志控制自己的信念状态，然而事实上我们的信念又不受意志的控制。不过，阿尔斯顿对这个悖论的解答是否定我们有任何信念义务。

当代著名知识学家费尔德曼将阿尔斯顿的论证概括为"意志论论证"（the voluntarism argument）：

（1）如果关于信念的道义论判断为真，那么人们的意志就可以控制他们的信念。

（2）人们的意志不能控制他们的信念。

（3）关于信念的道义论判断为假。②

毫无疑问，这个概括也意识到了信念义务悖论，但依然没有非常直接地表达出信念义务悖论。基于阿尔斯顿的工作，另外一些学者非常直接地表达出了信念义务悖论，比如麦克休（Conor McHugh）将其明确概括为如下四个命题：

（1）像我们的行为一样，我们的信念是受规定性的规范支配的。

（2）如果信念受规定性的规范支配，那么我们就能对我们的

---

① William P. Alston, "The Deontological Conception of Epistemic Justification", *Philosophical Perspectives*, Vol. 2, 1988, pp. 257-299.

② Richard Feldman, "The Ethics of Belief", *Philosophy and Phenomenological Research*, Vol. 60, No. 3, 2000, p. 669.

信念负责，正如我们能对自己的行为负责一样。

（3）对我们的信念负责，依赖于我们对信念要有我们对行为之同样种类的控制。

（4）我们对于信念并不具有我们对行为之同样种类的控制。[1]

单独看，每个命题都很有道理，联合起来看，它们似乎又不可能都同时成立，因为它们蕴含着一个内在矛盾。对此，马鲁希奇（Berislav Marušić）有一个更为简洁的概括：

（1）一个人应该或不应该相信某些事情，有些时候这是事实。

（2）如果一个人应该或不应该 φ 是事实，那么他的意志能控制 φ。（众所周知，"应该"蕴含"能够"。）

（3）我们并不享有对信念的意志控制。[2]

单独看，这三个命题似乎都成立，然而它们明显不能同时为真。对这三个命题，我们可以分别称之为道义判断论题、意志控制论题（或曰应该蕴含能够论题）、非自主性论题。

信念义务悖论可以直接转换为否定信念伦理的论证：

（1）如果信念伦理是可能的，那么我们必须能够控制我们相信什么。

（2）我们不能控制我们相信什么。

（3）因此，不可能有信念伦理。[3]

---

[1] Conor McHugh, "Attitudinal Control", *Synthese*, Vol. 194, No. 8, 2017, pp. 2745-2762.

[2] Berislav Marušić, "The Ethics of Belief", *Philosophy Compass*, Vol. 6, No. 1, 2011, p. 34.

[3] Brian Huss, "Three Challenges (And Three Replies) to the Ethics of Belief", *Synthese*, Vol. 168, No. 2, 2009, p. 255.

因此如何解答信念义务悖论是信念伦理的根本问题。对此，至少有五种可能的解答路径：一是直接意志论的解答方式，它否定我们不能控制自己的信念；二是非意志论的解答方式，它否定存在信念伦理；三是间接意志论的解答方式，它认同我们不能直接控制我们的信念，但信念伦理并不需要直接的意志控制，只需要间接的意志控制即可；四是相容论的解答方式，它认同我们的意志不能控制信念，但信念伦理与非意志论是相容的；五是否定的意志论之解答方式，即我们对信念的拒绝或消除是受意志控制的，因此存在信念伦理。接下来，我们将逐一考察这些解答方式。

二、直接意志论

直接意志论的基本意思是我们可以直接通过实施一个意志行为（act of will）而形成某个信念，即我们可以直接凭意愿而相信什么事情，我们的意志可以直接控制信念的形成。"随意愿产生信念""凭意志而形成信念""靠意志而相信""靠命令而相信"，这都是直接意志论的不同表述。[1] 直接意志论的著名代表人物有阿奎那、洛克、笛卡尔、克尔凯郭尔、纽曼（Henry Cardinal Newman）、詹姆斯、皮佩尔（Joseph Pieper）、齐硕姆、迈兰等。他们的核心主张都可以在一定程度上或一定形式下归结为笛卡尔式的论题："'人们可以直接凭意志而获得某些信念。'大多数意志论者会将意志的作用限制在如下的情况：形成某个信念的证据不充分或者没有不可抗拒的证据。"[2] 在此，我们仅分析一下笛卡尔的一段著名论述：

---

[1] Nikolaj Nottelmann, "Is Believing at Will 'Conceptually Impossible'?" *Acta Analytica*, Vol. 22, No. 2, 2007, p. 109.

[2] Louis P. Pojman, "Believing and Willing", *Canadian Journal of Philosophy*, Vol. 15, No. 1, 1985, p. 38.

我们的错误是从哪里产生的呢？是从这里产生的，即，既然意志比理智大得多、广得多，而我却没有把意志加以同样的限制，反而把它扩大到我所理解不到的东西上去，意志对这些东西既然是无所谓的，于是我就很容易陷入迷惘，并且把恶的当成善的，或者把假的当成真的来选取了。这就使我弄错并且犯了罪。①

当笛卡尔坐在火炉边思考要相信哪个命题时，他实际上在做什么呢？首先他力图想到一个观念，然后沉思其真理性，最后决定同意什么或不同意什么。这种信念形成方式有两个基本预设：想到一个命题的能力与相信一个命题的能力是各自独立的，对此可称之为能力分离论题；前一个能力的运作先于后一个能力的运作，对此可以称之为想到在先论题。这两个预设论题似乎很符合直觉：想到是一回事，相信又是另一回事；先要想到，然后才能决定是否相信。笛卡尔的这种信念模式可以概括为如下三项主张：

（1）人们在接受诸命题之前，有能力想到那些命题，无论它们是通过知觉而呈现于心中的，还是通过想象而呈现于心中的。

（2）接受和拒绝一个命题使用的是同样的心灵过程，因而它们应以相似的方式受到执行限制的影响。

（3）形成信念是一种主动的努力。因为接受一个命题和拒绝一个命题是由同样的心灵过程支撑的，所以拒绝一个命题也是一种主动的努力。②

---

① 笛卡尔:《第一哲学沉思集》，庞景仁译，商务印书馆 1986 年版，第 61 页。
② Eric Mandelbauma, "Thinking is Believing", *Inquiry: An Interdisciplinary Journal of Philosophy*, Vol. 57, No. 1, 2014, pp. 59-60.

此种信念形成模式可以图示如下（见图 6.1）①：

```
┌─────────────────────────────────────────────┐
│        笛卡尔式的关于信念形成的对称理论          │
│                                             │
│                      ┌──────┐    ┌──────┐   │
│                 ┄┄┄▶│主动接受│──▶│相信一│   │
│                    │一个命题│    │个命题│   │
│   ┌──────┐         └──────┘    └──────┘   │
│   │想到一│┄┄┄┄┄┄┄▶┌──────┐               │
│   │个命题│         │搁悬判断│               │
│   └──────┘         └──────┘                │
│                 ┄┄┄▶┌──────┐    ┌──────┐   │
│                    │主动拒绝│──▶│不相信一│  │
│                    │一个命题│    │个命题│   │
│                    └──────┘    └──────┘   │
│                                             │
│    ┄┄┄▶ = 可选择的                          │
│    ───▶ = 强制性的                          │
└─────────────────────────────────────────────┘
```

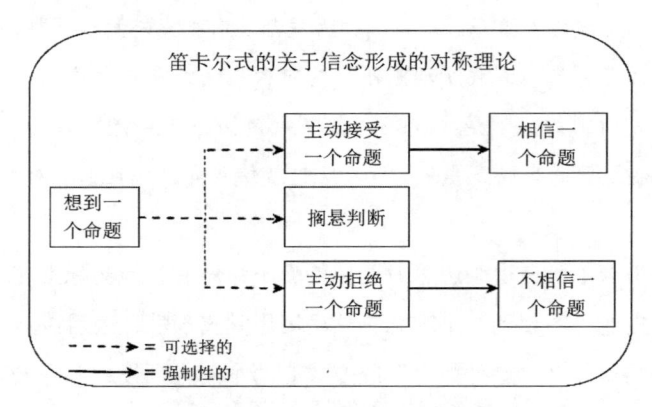

图 6.1　笛卡尔式的对称理论

在这个笛卡尔式的信念模式中，接受一个命题就必须相信此命题，拒绝一个命题就必须是拒绝相信此命题，这是强制性的，而不是意志决定的问题。但究竟是接受它，拒绝它，还是搁置判断，这是意志的作用，意志的作用可以扩大到我们"理解不到的东西上去"，因而我们"很容易陷入迷惘，并且把恶的当成善的，或者把假的当成真的来选取"，如此一来就陷入谬误。赞同并相信与拒绝相信是同样的心灵过程，因此赞同与拒绝、相信与不相信在心灵过程中是对称的，故称作"对称理论"。用克尔凯郭尔的话来说："信念不是一种知识，而是自由的行为，一种意志的表达。"② 意志可以直接决定相信某个命题或是不相信某个命题。

直接意志论又可以分为描述的（descriptive）意志论与规范的（prescriptive）意志论。描述的直接意志论是说，"人们能够仅仅通过

---

①　Eric Mandelbauma, "Thinking is Believing", *Inquiry: An Interdisciplinary Journal of Philosophy*, Vol. 57, No. 1, 2014, p. 60.

②　Søren Kierkegaard, *Philosophical Fragments*, trans. by D. Swenson, Princeton: Princeton University Press, 1962, p. 103；克利马科斯（克尔凯郭尔）：《论怀疑者 哲学片断》，翁绍军、陆兴华译，生活·读书·新知三联书店 1996 年版，第 212 页。

直接意欲相信某些命题而获得信念";规范的直接意志论是说,"人们能够通过直接意欲相信某些命题而获得信念,而且人们这么做是正当的(justified)"。① 前者关注的是信念的本质和我们控制信念状态的类型;后者关注的是我们的信念伦理,即我们形成、维持和改变信念的正当性问题。人们通常认为规范的意志论要以描述的意志论为前提,即我们事实上能够仅凭意志而形成某些信念,才有可能说如此形成信念是正当的;如果我们不可能仅凭意志而形成信念,那么,即便可以论证说我们凭意志而直接形成信念是正当的,这也是没有多大意义的。因此,我们主要讨论描述的直接意志论,当代哲学家波伊曼将其特征刻画为如下三点,他认为这三点构成了"标准的意志论之最低限度论题的充分必要条件":

(1)意愿性的获得信念是经由基本行动(basic act)而获得的。相信本身不必是一种行动,但某些信念的获得是经由作用于意欲对象之上的意志行动(acts of will)而获得的。意志论者无需断言所有信念都是经由直接的意志行动而获得的,只需断言部分信念的获得是如此。

(2)在通过一种意志行动而获得信念时,人们对自己所做的事情必须完全是有意识的……。行动者考虑在两种行动中决定选择其中一种,这是典型的意志行动。但是意志行动的发生可以有很清醒的意识或不那么清醒的意识。在此,我们的意志概念存在两种有歧义的意思:"意欲"(desiring)和"决定"(deciding)。有些时候,"意志行动"仅仅意味着在行动中展现出的欲望(desire),比如我饿了,并发现自己向着冰箱走去,或者疲倦了,并发现自己向着床铺走去。我们并非总是完全意识到自己的欲望

---

① Louis Pojman, *What Can We Know? An Introduction to the Theory of Knowledge*, 2nd edition, California: Wadsworth Publishing Company, 2000, p. 281.

或意图。我们通过意志而获得信念，如果是这种较弱意义的欲望，即我们仅有模糊意识的欲望，我们如何能确信真的是意志行动直接引起了信念，而非意志仅仅是信念的伴随物？也就是说，意欲相信（willing to believe）与乐意相信（believing willingly）是有区别的；……意志论者为了确信凭意志的命令而相信，他必须断言：产生信念的意志行动是我们完全意识到的决定（decisions）。

（3）信念的获得必须可独立于证据考虑。即是说，对于信念的形成，证据不是决定性的。信念也许可受证据影响（即受到证词、记忆和推理的影响），因此，不可能任何时候对任何命题都发生信仰的跳跃（leaps of faith），只能对拥有一些证据支持而证据又不充分的命题发生信仰跳跃。这些命题在主观上有百分之五十的初始几率，或者低于百分之五十的初始几率。依照笛卡尔的意思，当正反证据具有同样的力度时，我们应该悬置相信，然而，在克尔凯郭尔看来，宗教的和生存的考虑可以证成信仰的跳跃，尽管正反两方面的证据大致同样有力，但是生存考虑需要有决定性作用。威廉·詹姆斯为凭意愿而相信设置了三项限制：凭意愿就可合理地获得信念，仅当相信或不相信之选择是强制性的、活的、重大的。[①]

波伊曼的三点刻画力图为最低程度的直接意志论提供充分必要条件：意志行动、清醒意识、独立于证据。[②]

就意志行动而言，是说意欲作为原因直接引起了相信或不相信的

[①] Louis P. Pojman, "Believing and Willing", *Canadian Journal of Philosophy*, Vol. 15, No. 1, 1985, pp. 38-40.

[②] "意志论，即我们可以随意志而形成信念的观念。三元论题是其典型的解释，即信念的形成可以同时满足如下三个要求：（1）因果上的直接方式（in a causally direct way）；（2）清醒的意识（in full consciousness）；（3）无关于真理性的考虑（irrespective of truth consideration）。"（Keith Frankish, "Deciding to Believe Again", *Mind*, Vol. 116, No. 463, 2007, p. 525）

心灵状态，而不是说意愿作为产生信念状态的伴随物而存在。因证据充分而相信了什么事情，此事情也可能是你希望见到的，此时意愿就只是相信的伴随物，而非直接的引起者，因而不是凭意愿而相信，就不属于直接意志论的范围。因为意志可以在无意识或潜意识或微弱意识的情况下直接引起某些信念，但这不是意志论者所说的直接凭意志而相信，意志论者所捍卫的凭意志而相信是信念主体对意志的决定作用有着完全清醒的意识。如果没有这种意识，即便意志实际上起到了原因性作用，这也只是间接意志论，不属于直接意志论。直接凭意志而相信，需要信念的获得可以独立于证据，当然这绝不是主张所有信念的获得事实上都独立于证据，而是说至少有些信念的形成可以独立于证据，在证据不充分的情况下，凭意愿或意志而相信，不但是可能的，而且是正当的。如果直接意志论能够成立，那么信念义务悖论中的非自主性论题就是错误的，因而信念伦理是可能的。

三、非意志论

直接意志论面临两种主要的反驳：一是概念不可能论证；二是心理不可能论证。每一种论证又可以有多个不同的变种[1]。如果这两种论证是有效的，那么某种形式的非意志论就很可能为真。非意志论的核心主张是："人们的意志不能直接控制信念的形成。"[2] 换言之，信念是

---

[1] 可参阅 Nikolaj Nottelmann, "Is Believing at Will 'Conceptually Impossible'?" *Acta Analytica*, Vol. 22, No. 2, 2007, pp. 105-124; Nikolaj Nottelmann, *Blameworthy Belief: A Study in Epistemic Deontologism*, Dordrecht: Springer, 2007, pp. 105-123; Louis P. Pojman, "Believing and Willing", *Canadian Journal of Philosophy*, Vol. 15, No. 1, 1985, pp. 37-55。

[2] Matthew Chrisman, "Ought to Believe", *The Journal of Philosophy*, Vol. 105, No. 7, 2008, p. 346. 可参阅 Bernard Williams, "Deciding to Believe", in *Problems of the Self*, Cambridge: Cambridge University Press, 1973, pp. 136-151; Jonathan Bennett, "Why Is Belief Involuntary?" *Analysis*, Vol. 50, No. 2, 1990, pp. 87-107; Dion Scott-Kakures, "On Belief and the Captivity of the Will", *Philosophy and Phenomenological Research*, Vol. 53, No. 4, 1993, pp. 77-103。

不自主的，我们不能仅凭意志而直接相信什么事情。

先看概念不可能论证。此论证通常称作概念不可能主张（The Conceptual Impossibility Claim，简称CIC）[1]，此主张的"标准表述"[2]是由斯科特·卡克瑞斯（Dion Scott-Kakures）提出的：

> 概念不可能之主张是说如下类型的转变是不可能的：在时间t，某行动者不相信命题p，但在时间t+1，此行动者相信p，从前一信念状态到后一信念状态的这个转变，是由相信p的意志无中介地直接造成的。[3]

此标准表述非常准确地刻画出了概念不可能的核心观念：直接凭意志而无中介地造成信念状态是不可能的。它之所以是"标准表述"，因为它刻画得既准确又清晰。需要注意的是，概念不可能之主张，并不是说没有任何欲望或其他心理状态能够以欺骗性的或其他间接的方式造成相应的信念。它只是否定了如下的情况："我想要相信p并如此意欲或打算相信p，作为相信p之意欲的结果，我以意向行动的适当方式相信了p。"[4] 一方面是意欲相信某个命题；另一方面是作为意欲之结果的信念形成，二者之间具有直接的因果关系，或者二者之间构成一个基本行动（basic act），就如我意欲举起手，此意欲作为原因直接引起手被举起来。直接意志论说，有些信念可以是通过基本行动而形

---

[1] Nikolaj Nottelmann, *Blameworthy Belief: A Study in Epistemic Deontologism*, Dordrecht: Springer, 2007, p. 105.

[2] Nikolaj Nottelmann, "Is Believing at Will 'Conceptually Impossible'?" *Acta Analytica*, Vol. 22, No. 2, 2007, p. 108.

[3] Dion Scott-Kakures, "On Belief and the Captivity of the Will", *Philosophy and Phenomenological Research*, Vol. 53, No. 4, 1993, pp. 77-78.

[4] Dion Scott-Kakures, "On Belief and the Captivity of the Will", *Philosophy and Phenomenological Research*, Vol. 53, No. 4, 1993, p. 78.

成的；非意志论则说，不能通过基本行动而形成相应的信念。

概念不可能论者是如何论证其主张的呢？不少学者都提出了各自的具体论证，如威廉姆斯①、奥肖内西（Brian O'Shaughnessy）②、卡克瑞斯③、波伊曼④等。在此，我们仅考虑两个例子，即威廉姆斯和波伊曼的论证。

威廉姆斯在其经典论文《决定相信》中提出的概念不可能论证算是最早且最有影响力的论证：

> 信念不同于脸红，我不能无缘无故地使得我自己相信什么事情，这不是一个偶然事实。然而，我不能无缘无故地使得自己脸红，这却是一个偶然事实。为何如此？其中一个理由跟信念以真理为目标的特征相关。如果我可以凭意志而获得信念，那么无论其真假我都可以相信它，而且我会知道无论其真假我都可以相信它。如果在清醒的意识中我可以意欲获得一个"信念"而不顾其真假，那么此种事件发生之前，我能否严肃地将其作为信念来思考，即将其作为意图所反映的实在的东西来思考，这是有疑问的。但无论如何，在意欲获得一个信念的事件发生之后，什么事情是真实的，必须是有限制的，因为在完全清醒的意识中我将某种事情当作是真实的，并且同时知道我是凭意志而获得它的，即将其当作是我的信念，这是不可能的。如果我知道（或者，在完全清

---

① Bernard Williams, "Deciding to Believe", in *Problems of the Self*, Cambridge: Cambridge University Press, 1973, pp. 136-151.
② Brian O'Shaughnessy, "The Unwillability of Belief", in *The Will: A Dual Aspect Theory*, Vol. 1, Cambridge: Cambridge University Press, 2008, pp. 60-67.
③ Dion Scott-Kakures, "On Belief and the Captivity of the Will", *Philosophy and Phenomenological Research*, Vol. 53, No. 4, 1993, pp. 77-103.
④ Louis P. Pojman, "Believing and Willing", *Canadian Journal of Philosophy*, Vol. 15, No. 1, 1985, pp. 47-55.

醒的意识中做的事情，甚至怀疑）它是我凭意志而获得的，那么它就不可能是信念。但是，如果我可以凭意志而获得信念，我必然知道能够这样做；我知道我有能力这样做，如果就我已完成每一种这样的业绩而言，难道我还必然相信那是未发生过的事情？①

此段复杂的论述，有两个大的部分：一是提出论题，从开头至"为何如此？"；二是给出论证，从"其中一个理由"到此段末尾。论证部分又至少可以分为两个层次②：一是凭意志而相信之前，从"其中一个理由"至"这是有疑问的"；二是凭意志而相信之后，从"但无论如何"至段末。前者考虑的是"凭意志而相信"发生之前的情形，因此可称之为"预期论证"；后者考虑的是"凭意志而相信"发生之后的情形，因此可称之为"回顾论证"。我们依次考察这两个论证。

预期论证可以重构如下：

（1）如果可能凭意志而相信，那么我能意欲"不顾一个命题的真假而选择相信它"。

（2）如果我能选择做什么事情，那么在对所做之事情有清醒意识的情况下，我能选择做此事情。

（3）如果我能意欲"不顾一个命题的真假而选择相信它"，那么在对所做之事情有清醒意识的情况下，我能意欲"不顾一个

---

① Bernard Williams, "Deciding to Believe", in *Problems of the Self*, Cambridge: Cambridge University Press, 1973, p. 148. 此文最先发表在 H. Kiefer and M. Munitz (eds.), *Language, Belief and Metaphysics*, Albany: State University of NY Press, 1970.

② 诺特曼将论证部分划分为三个小的论证，第一个论证至"这是有疑问的"结束；第二个论证从"但无论如何"至"那么它就不可能是信念"；第三个论证从"但是"至段末。第三个论证发育不全，可以解释为前两个论证的任何一个，但诺特曼将其解释为综合前两个论证的一个归谬论证。见 Nikolaj Nottelmann, "Is Believing at Will 'Conceptually Impossible'?" *Acta Analytica*, Vol. 22, No. 2, 2007, p. 113.

命题的真假而选择相信它"。

（4）在对所做之事情有清醒意识的情况下，我不可能选择"不顾一个命题的真假而选择相信它"（如果我能这么做，那么我就不是在选择相信什么，而是在选择欺骗自己）。

（5）因此，凭意志而相信是不可能的。

此论证相当于说"凭意志而相信"（believing at will）是一个自相矛盾的观念：凭意志（at will）而做什么，意味着不顾一个命题的真假，想怎么做就怎么做；"相信"（believing）意味着以真理为目标，相信一个命题就是相信此命题为真，但相信一个命题又同时认为此命题为假，这是不可能的，因此相信不是不顾真假而随意为之的事情。

相对于预期论证而言，回顾论证受到的关注更多。对此，我们可以重构如下：

（1）如果我能凭意志而相信，那么我必定知道我能凭意志而相信。

（2）如果我知道我能凭意志而相信，那么我一定有可能知道：我相信某个命题，而且我最初是凭意志而获得此信念的，现在仍然因最初的意志而相信它。

（3）如果我最初是凭意志而获得此信念，那么我最初获得此信念是跟它的真假无关的。

（4）如果我知道，我相信某个命题，而且我最初是凭意志而获得此信念的，现在仍然因最初的意志而相信它，那么我知道：我最初获得此信念是跟它的真假无关的，而且现在我仍然因最初的意志而相信它。

（5）我知道"我最初获得此信念是跟它的真假无关的，而且现在我仍然因最初的意志而相信它"，这是不可能的。

（6）因此，凭意志而相信是不可能的。

此论证的核心依然是说，凭意志而相信是矛盾的。如果是凭意志而相信，那么它就跟真假无关；如果我知道它跟真假无关，那么我就不可能基于当初的意志而继续相信。因此，信念的概念跟意志的概念是矛盾的。

当然，威廉姆斯的论证亦面临着一些反驳，主要的反驳有如下几个[①]：一是信念的获得（acquisition）跟信念的固定（fixation）不同。人们可以仅出于实用的理由而按意志获得信念，不管其真理性如何，在获得相应的信念之后再寻找支持其为真的证据，从而固定相应的信念，信念的固定不能不顾命题的真理性。[②]但威廉姆斯的捍卫者可以回应说，真正的信念获得必然以批评者所说的信念固定为核心。二是凭意志而获得信念跟知道自己的特定信念是凭意志而获得的，没有必然联系。有可能有人能凭意志而直接相信什么事情，但随即忘记了自己获得相应信念的基础是意志，从而可以继续相信最初凭意志而获得的信念。[③]对此，威廉姆斯的捍卫者可以回应说，这种奇怪的现象在逻辑上是可能的，但他在回顾自己的信念时，只有忘记了其信念的基础才能继续相信，这就足以说明信念跟凭意志而相信的自我知识是不相容的。三是人们可能有凭意志而相信的能力，但不知道自己有这种能力。[④] 假定

[①] Rico Vitz, "Doxastic Voluntarism", *The Internet Encyclopedia of Philosophy* (IEP) (ISSN 2161-0002): http://www.iep.utm.edu/doxa-vol/.

[②] 参阅 Mark Johnston, "Self-Deception and the Nature of Mind", in *Philosophy of Psychology*, eds. by Cynthia MacDonald and Graham MacDonald, Cambridge, MA: Blackwell, 1995, p. 438; Barbara Winters, "Believing at Will", *Journal of Philosophy*, Vol. 76, No. 5, 1979, p. 253。

[③] 参阅 Jonathan Bennett, "Why is Belief Involuntary?" *Analysis*, Vol. 50, No. 2, 1990, p. 93; Dion Scott-Kakures, "On Belief and the Captivity of the Will", *Philosophy and Phenomenological Research*, Vol. 53, No. 4, 1993, p. 94; Barbara Winters, "Believing at Will", *Journal of Philosophy*, Vol. 76, No. 5, 1979, p. 255。

[④] Barbara Winters, "Believing at Will", *Journal of Philosophy*, Vol. 76, No. 5, 1979, p. 255.

人们有什么能力，就必然知道自己有相应的能力，这是不合理的。人们在第一次意图做什么事情的时候，完全有可能不知道自己有相应的能力。[1] 对此，威廉姆斯的支持者有可能回应说，我们讨论的是极其普遍的信念形成问题，而不是什么新奇的能力或技艺；不可能说，我们有凭意志而相信的能力，但人们对这项能力却没有相应的自我知识。

现在我们来考察波伊曼的概念不可能论证。最初波伊曼在《相信与意欲》一文中提出该论证[2]，在后来的《我们知道什么？知识论导论》中，他又大致重复了以前的内容[3]，他自己称之为"信念逻辑论证"（the logic of belief argument）。此论证的目的是断言："有清醒意识地仅通过实施基本的意志行动，人们就能获得或维持某个信念，这在概念上有某种混乱。"[4] 具体论证如下：

（1）如果 A 相信 p，那么 A 相信 p 是真的。（分析信念概念）

（2）就信念的标准情形而言，p 的真理性完全取决于事态 s，p 跟事态 s 相符，则 p 为真；p 跟事态 s 不符，则 p 为假。

（3）就信念的标准情形而言，p 跟其对应的事态 s 是否符合，是不依赖于 A 的行动或意愿的，s 与 p 之间有某种真实的联系。

（4）就信念的标准情形而言，A 在潜意识或意识中相信或预设了前提（3）。

（5）理性的相信被规定为依照证据而相信，而且完全理性的

---

[1] Nikolaj Nottelmann, "Is Believing at Will 'Conceptually Impossible'?" *Acta Analytica*, Vol. 22, No. 2, 2007, pp. 114-115.

[2] Louis P. Pojman, "Believing and Willing", *Canadian Journal of Philosophy*, Vol. 15, No. 1, 1985, pp. 47-55.

[3] Louis Pojman, *What Can We Know? An Introduction to the Theory of Knowledge*, California: Wadsworth Publishing Company, 1995, pp. 275-279.

[4] Louis P. Pojman, "Believing and Willing", *Canadian Journal of Philosophy*, Vol. 15, No. 1, 1985, p. 48.

相信是仅仅依照证据而相信。

（6）因此，就信念的标准情形而言，A 不能既完全理性地相信 p，又完全理性地相信"他的信念现在是由他相信 p 的意志引起的"。相反，如果 A 是理性的，那么他就必须相信"使得其信念为真的东西是独立于其意志的事态 s"。①

为了较为准确地理解此论证，有几点需要说明：此论证适用的范围是"信念的标准情形"，它排除了自我证实的信念，即排除了相信某个命题就会在一定层面促成该命题描述的内容成为现实的情形；信念的标准情形是其命题内容的真假由外部世界的状态来决定，而不由相信者的意志来决定。此论证没有完全排除凭意志而相信的可能性，它只是排除了如下的可能性：理性的人在有清醒意识的情况下实施旨在相信的意志行动，而不考虑命题内容的真假。但它没有排除无意识或潜意识中的意愿对信念的影响，也没有排除意愿对信念的间接作用，从而我们有可能通过自我欺骗而形成相应的信念。

跟威廉姆斯的论证相比，波伊曼的论证更为严谨一些。在结论（6）中，波伊曼强调了"现在是由……引起的"，其目的是要排除如下的情形：A 凭意志相信了 p，但后来变成了基于证据而相信 p。A 凭意志获得了信念 p，现在依然相信 p，但此信念现在是有证据支撑的。② 而威廉姆斯忽视了此种情况。当然波伊曼的论证也可能面临实用主义者的反驳，即信念的标准情形是实用考虑，而不是证据考虑，或者说实用考虑是首要的，而证据考虑是工具性的，因为证据考虑更能保证信念为真，而真信念有助于达成实用目的。因此，尽管波伊曼的

---

① Louis P. Pojman, "Believing and Willing", *Canadian Journal of Philosophy*, Vol. 15, No. 1, 1985, pp. 48-49.

② Louis P. Pojman, "Believing and Willing", *Canadian Journal of Philosophy*, Vol. 15, No. 1, 1985, p. 49.

论证有较强的说服力，但依然有一定的争论空间，未能决定性地推翻直接意志论。凭意志而相信，也不是严格意义上的概念矛盾或逻辑矛盾，而是相当于摩尔悖论式的东西。摩尔悖论说"我相信p，但p是假的"，这是很奇怪的，甚至显得有些矛盾。波伊曼的概念不可能论证说："我相信p，但我相信它仅因为我想要相信它。"[1] 这同样很奇怪，显得有些矛盾。

现在让我们来考察心理不可能论证。此论证通常称作心理不可能主张（Psychological Impossibility Claim，简称为 PIC），其核心论题是：信念意志论是失败的，实际上，正常的行动者在心理上无法实施信念行动（doxastic actions）。[2] 在此，我们仅考察阿尔斯顿[3]和波伊曼[4]两人提出的论证。

阿尔斯顿的论证被认为是最有影响力的，他在其著名论文《认知证成的道义论概念》中写道：

> 纵然我愿意（willingly）或不愿意（unwillingly）以我实际那样做的方式形成信念，比如知觉信念，都绝不意味着：我是凭意志而形成那些信念，或者我的意志能控制这种信念的形成，或者我对形成信念负有责任或应受指责。在大白天且视力很好的情况下，当我看见我眼前有一棵带叶子的树时，我相信或不相信这棵树上有叶子，我的意志对这个过程有起作用的控制，这是真的。但在这种情况下，我没有丝毫的能力抑制住那个信念。对于其他

---

[1] Louis P. Pojman, "Believing and Willing", *Canadian Journal of Philosophy*, Vol. 15, No. 1, 1985, p. 49.

[2] Nikolaj Nottelmann, *Blameworthy Belief: A Study in Epistemic Deontologism*, Dordrecht: Springer, 2007, p. 118.

[3] William P. Alston, "The Deontological Conception of Epistemic Justification", *Philosophical Perspectives*, Vol. 2, 1988, pp. 263-268.

[4] Louis P. Pojman, "Believing and Willing", *Canadian Journal of Philosophy*, Vol. 15, No. 1, 1985, pp. 38-47.

事情也是如此，这似乎是显而易见的。通过内省、记忆或无争议的简单推理而形成的日常信念，我同样也极少有意志控制。[1]

在此，阿尔斯顿只是通过例子来证明我们对信念的形成没有直接的意志控制——这是一个经验事实，在一切视觉条件正常的环境中，我们看见了一棵带有叶子的树，就无法靠意志的直接作用而不相信树上有叶子。但这绝不是说我们对自己的信念形成过程没有任何形式的意志控制。为此，阿尔斯顿区分了意志控制（voluntary control）的四种类型：一是基本控制（basic control）[2]，对那些可直接做出的行为，我们有基本控制，最典型的是简单的肢体运动，如举手、闭眼、伸腿等；二是非基本的直接控制（non-basic immediate control）[3]，对那些可以通过做其他动作而直接实现的事情，我们有此类控制，比如开灯、关门等；三是长程控制（long-range control）[4]，对于那些在一段时间内可以通过做其他一些事情而实现的目标，我们具有此类控制，比如装修房子或写小说；四是间接影响（indirect influence）[5]，我们通过做其他一系列的事情，随着时间的推移，从而影响某种状态的实现，比如减肥或健身等。阿尔斯顿认为，我们的意志对有些信念的形成有"长程控制"，但最主要的控制方式是"间接影响"。信念的形成不像举手投足，而像食物消化。

---

[1] William P. Alston, "The Deontological Conception of Epistemic Justification", *Philosophical Perspectives*, Vol. 2, 1988, p. 264.

[2] William P. Alston, "The Deontological Conception of Epistemic Justification", *Philosophical Perspectives*, Vol. 2, 1988, pp. 263-268.

[3] William P. Alston, "The Deontological Conception of Epistemic Justification", *Philosophical Perspectives*, Vol. 2, 1988, pp. 268-274.

[4] William P. Alston, "The Deontological Conception of Epistemic Justification", *Philosophical Perspectives*, Vol. 2, 1988, pp. 274-277.

[5] William P. Alston, "The Deontological Conception of Epistemic Justification", *Philosophical Perspectives*, Vol. 2, 1988, pp. 277-283.

阿尔斯顿的论证似乎是常识，我们确实不能像举手那样仅凭意志来控制相信或不相信。但他依然可能面临着一些反驳。

首先，存在非基本的直接意志控制。对世界上的有些事情，我们有非基本的直接控制，比如，办公室的灯是否开着，我只需按一下开关就可以了。对于我是否相信办公室里的灯正开着，也有类似的控制。我依然只需要按一下开关，就能获得相应的信念。"更一般地说，当我能控制世界的某种状态，并且我关于此状态的信念是要跟此状态一致，那么我对关于此状态的信念的控制，就跟我对此状态本身的控制一样。"① 因此，我们对某些信念可以有"非基本的直接控制"。对此，阿尔斯顿可以回应说，没错，确实有此种情况，但这种情况并不是很多，而且你依然是先要通过实际的行动造成某种事态，然后才形成相应的信念，你依然无法直接单凭意志就造成相应的信念。

其次，在有些情况下我们能够直接决定是否相信。比如在法庭上决定是否相信证人的证词，在生活中决定是否相信朋友的忠诚等。"相当清楚的是，在给定的时间，在任何正常人持有的大量信念中，绝大多数都是不由自主地获得的，只有一小部分是凭意志（通过决定）而获得的。"② 对此，阿尔斯顿可能回应说，虽然面对复杂推理或复杂情形的信念，确实可能存在凭意志而相信的情形，但靠知觉、内省、记忆、无争议的简单推理而形成的信念确实是不自主的，我们无法仅凭意志而决定相信或不相信。

最后，信念跟散步一样源自意图。意图可以分为明显（explicit）意图与内隐（implicit）意图，买车、辞职、故意举手等有明显的意图，习惯性的自动行为可能没有明显的意图，却必有内隐的意图，"信念通

---

① Richard Feldman, "The Ethics of Belief", *Philosophy and Phenomenological Research*, Vol. 60, No. 3, 2000, p. 672.

② Carl Ginet, "Deciding to Believe", in *Knowledge, Truth, and Duty: Essays on Epistemic Justification, Responsibility, and Virtue*, ed. by Matthias Steup, New York: Oxford University Press, 2001, p. 70.

常是内隐地有意而为之的，如自动的行为一样，而且信念也可以是明显地有意而为之的，即当它是深思熟虑的结果时，此时我们因决定相信一个命题而相信它"①。决定相信一个命题跟决定散步一样是在实现自己的意图。② 对此，阿尔斯顿可能会回应说，相信有消极被动的感受，而行动则是积极主动的感受，二者根本不同。我根本无法像决定去散步那样，决定相信我看见的那棵树上有树叶。

让我们转向波伊曼的心理不可能论证，对此，他称之为"反对意志论的现象学论证"（the phenomenological argument against volitionalism）。此论证如下：

（1）获得信念通常是世界将自身强加于主体的事情。

（2）世界将自身强加于主体的事情不是主体有意做的（即实施基本行动的）或选择的事情。

（3）因此，获得信念通常不是主体有意做的（即实施基本行动的）或选择的某种事情。③

前提（1）诉诸的是我们的内省感受，意思是说，信念获得是一个自动自发的、不自主的、强制性的、自然发生的过程；前提（2）只是指出了积极主动与消极被动的区分，做出基本行动是积极主动的，获得信念是消极被动的，它跟选择无关；结论（3）只是说自动发生的信念不是人们做出的某种基本行动或主动选择的结果。④ 此论证的前提

---

① Matthias Steup, "Belief Control and Intentionality", *Synthese*, Vol. 188, No. 2, 2012, p. 162.

② Matthias Steup, "Belief Control and Intentionality", *Synthese*, Vol. 188, No. 2, 2012, pp. 157-158.

③ Louis Pojman, *What Can We Know? An Introduction to the Theory of Knowledge*, 2nd edition, California: Wadsworth Publishing Company, 2000, p. 290; Louis P. Pojman, "Believing and Willing", *Canadian Journal of Philosophy*, Vol. 15, No. 1, 1985, pp. 40-45.

④ Louis P. Pojman, "Believing and Willing", *Canadian Journal of Philosophy*, Vol. 15, No. 1, 1985, p. 40.

（1）和结论（3）加了一个限定词"通常"（typically），这是因为波伊曼考虑到了一种特殊的情形："有些善于自我暗示的高手，或许无需花任何时间来协调意志与信念形成，就能获得关于抛掷硬币的信念。"① 如果类似的情况在心理上确有可能，这就是凭意志而相信，正如个别人能凭意愿动耳朵一样。如果此类情况是不可能发生的，那么就不用加上"通常"这个限定词。但无论如何，这种情况绝不是典型的信念形成方式。任何人都没有任何办法相信自己不存在；有人可能通过自我暗示而相信地球是扁平的，但这可能会花好几天的时间来进行自我暗示；面对相反的证据，可能有人要花数小时的时间才能让自己相信伴侣的忠诚。② 在波伊曼看来，如果要花一定的时间来协调意志与信念形成之间的关系，从而使得二者一致，那么就不属于直接意志论。

信念的形成通常有一种不得不如此相信的被动感，由知觉和记忆而来的信念尤其明显，而且抽象的逻辑信念、理论信念、由证词而得的信念，都有被迫相信或不相信的被动感。③ 虽然波伊曼没有彻底排除凭意志而直接相信的可能性，没有直接断言：任何情况下任何人都无法凭意志而直接相信。但他断言了：普通人在通常情况下不可能凭意志而直接决定信念。"意志论是很奇怪的、不正常的。"④ 因此他会遭到意志论者的反驳，其核心意思是：信念的形成并不缺乏做决定的感受。比如，依据一定的证据决定是否相信自己的车被别人偷了，就是意志在决定相信或不相信。⑤ 对此，心理不可能论者可以反驳说：由意

---

① Louis P. Pojman, "Believing and Willing", *Canadian Journal of Philosophy*, Vol. 15, No. 1, 1985, p. 44.

② Louis P. Pojman, "Believing and Willing", *Canadian Journal of Philosophy*, Vol. 15, No. 1, 1985, p. 44.

③ Louis P. Pojman, "Believing and Willing", *Canadian Journal of Philosophy*, Vol. 15, No. 1, 1985, pp. 41-43.

④ Louis P. Pojman, "Believing and Willing", *Canadian Journal of Philosophy*, Vol. 15, No. 1, 1985, p. 45.

⑤ Matthias Steup, "Belief Control and Intentionality", *Synthese*, Vol. 188, No. 2, 2012, pp. 157-161.

志直接扮演原因性角色，从而引起相信，这才是意志论者的核心观念；由证据扮演原因性角色，从而引起相信，整个过程中可以伴随有意志或意愿的作用，这并不违反非意志论者或间接意志论者的主张。对此，我们可以图示如下（见图 6.2）：

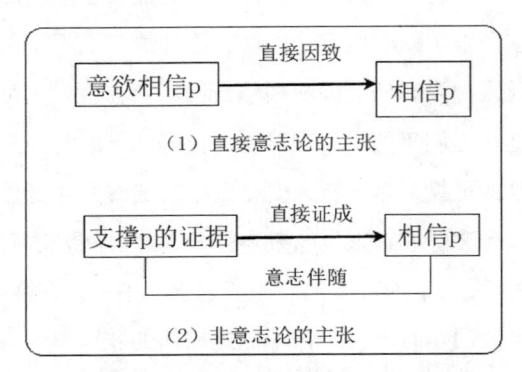

```
┌─────────────────────────────────────────┐
│                  直接因致                │
│    意欲相信p  ─────────▶  相信p          │
│                                         │
│          （1）直接意志论的主张          │
│                                         │
│                  直接证成                │
│   支撑p的证据 ─────────▶  相信p          │
│                  意志伴随                │
│                                         │
│          （2）非意志论的主张            │
└─────────────────────────────────────────┘
```

图 6.2　直接意志与非意志论的区别

"信念在本质上是要表征世界的状态和我们与世界的关系，因此，每一次的凭意志而相信、不表征世界的相信，都是在根本上背离这种表征关系。"[①] 当信念发生错误时，需要做出修正的不是世界的状态，而是我们自身的信念。从生物进化的角度来说，如果信念的形成可以不顾命题的真假，仅凭意志而相信，那么我们将因为不能依照世界的真实状态来行动而被淘汰。如果非意志论是正确的，那么信念义务悖论中的道义判断论题就可能被否定，因而信念伦理可能不成立。

四、间接意志论

间接意志论是说，"有些信念间接地源自意志或意图的基本行动

---

① Louis P. Pojman, "Believing and Willing", *Canadian Journal of Philosophy*, Vol. 15, No. 1, 1985, p. 47.

(basic acts)"①。逻辑上讲，它可以分为描述的间接意志论与规范的间接意志论。前者是说，"通过意欲相信一些命题，然后采取必要步骤促成对这些命题的相信，从而间接地获得信念"；后者是说，"如前所述，通过意欲一些命题而间接地获得信念，而且有意地通过这种方式而形成信念是正当的"②。在此，我们主要考虑描述的间接意志论，因为没有人会认为所有通过意愿而间接形成的信念都是正当的。

间接意志论是当代多数知识论者的立场，比如阿尔斯顿③、波伊曼④、费尔德曼⑤、诺特曼（Nikolaj Nottelmann）⑥、哈斯（Brian Huss）⑦、海尔⑧、科恩布利斯（Hilary Kornblith）⑨等，他们反对人们的意志可以直接决定信念，就此而言，他们是非意志论者；他们同时承认人的意志在许多方面可以间接地影响我们的信念，就此而言，他们是间接意志论者。所以，通常所说的非意志论与间接意志论，在逻辑上可以是

---

① Louis Pojman, *What Can We Know? An Introduction to the Theory of Knowledge*, 2nd edition, California: Wadsworth Publishing Company, 2000, p. 281.

② Louis Pojman, *What Can We Know? An Introduction to the Theory of Knowledge*, 2nd edition, California: Wadsworth Publishing Company, 2000, p. 281.

③ William P. Alston, "The Deontological Conception of Epistemic Justification", *Philosophical Perspectives*, Vol. 2, 1988, pp. 257-299.

④ Louis Pojman, *What Can We Know? An Introduction to the Theory of Knowledge*, 2nd edition, California: Wadsworth Publishing Company, 2000, pp. 301-315.

⑤ Richard Feldman, "The Ethics of Belief", *Philosophy and Phenomenological Research*, Vol. 60, No. 3, 2000, pp. 667-695. 费尔德曼虽然反对我们可以直接凭意愿而相信，但他认为在非常特殊的情况下，我们可以有非基本的直接意愿控制（nonbasic immediate voluntary），在这一点上他跟阿尔斯顿略有不同，阿尔斯顿的"非基本的直接意愿控制"其实属于多数学者所说的间接控制。

⑥ Nikolaj Nottelmann, *Blameworthy Belief: A Study in Epistemic Deontologism*, Dordrecht: Springer, 2007, pp. 169-175.

⑦ Brian Huss, "Three Challenges (And Three Replies) to the Ethics of Belief", *Synthese*, Vol. 168, No. 2, 2009, pp. 255-265. 哈斯在此文中详细归纳了间接的信念控制的十种情况，而且他所谓的"直接的信念控制"（direct doxastic control）并非是想要相信什么就立即凭意志可以相信什么，而是通过一系列的心理步骤而实现的，因此属于通常所说的间接控制。

⑧ John Heil, "Doxastic Agency", *Philosophical Studies: An International Journal for Philosophy in the Analytic Tradition*, Vol. 43, No. 3, 1983, p. 362.

⑨ Hilary Kornblith, "Justified Belief and Epistemically Responsible Action", *The Philosophical Review*, Vol. 92, No. 1, 1983, pp. 33-48.

两种相互兼容的观念。在此，我们仅介绍一下诺特曼的归纳。

诺特曼将我们对信念的间接控制分为两大类，一是指向内容的间接控制；二是指向特征的间接控制。[①] 前者是以间接的方式控制信念的命题内容；后者是以间接的方式控制跟认知愿望水平相关的信念特征。用一个类比来说，在汽车生产线上给新车喷漆的工人能决定汽车在颜色上是否合格，但不能决定什么样的汽车可以出厂：喷漆工人的工作类似于信念的特征控制，什么样的汽车适合出厂类似于信念的内容控制。因此，信念的内容控制蕴含着特征控制，但特征控制并不蕴含内容控制。

就指向信念内容的间接控制而言，诺特曼认为阿尔斯顿讲的"长程控制"和"间接影响"皆属此类。

> 至少对于我们的有些信念，我们似乎在某种程度上有长程的意志控制。……人们有条有理地安排计划，以便让自己相信某个命题，他们这样做，有时会获得成功。使用的策略包括：精心选择自己接触的证据，选择性地注意有利的考虑，寻求信者为伴，不与不信者为伍，自我暗示，还可能有像催眠术这种奇怪的方法。[②]

这是长程的意志控制对信念内容的影响，当然，这种意志控制也可以运用到对信念特征的影响上。因为指向信念内容的意志控制蕴含着指向信念特征的控制。

[①] 诺特曼实际上从四个角度对信念进行了分类：（1）肯定的或否定的（positive or negative）；（2）形成的或中止的（genetic or abortive）；（3）直接的或间接的（direct or indirect）；（4）内容指向的或特征指向的（content direct or property directed）。相互交叉又会衍生出诸多细类。（Nikolaj Nottelmann, *Blameworthy Belief: A Study in Epistemic Deontologism*, Dordrecht: Springer, 2007, pp. 87-95）

[②] William P. Alston, "The Deontological Conception of Epistemic Justification", *Philosophical Perspectives*, Vol. 2, 1988, p. 275.

现在似乎是，我们对影响信念的很多事物都可由意志进行控制。它们可以分作两类：（1）给涉及特定信念候选项或候选域的情景带来影响的活动，或者抑制这种影响的活动；（2）影响总的信念形成习惯或倾向的活动。对于（1），有不少事例。对于一个特定问题，加以考虑，寻找相关的证据或理由，反思某个特定的论证，询问他人的意见，搜寻类似情形的记忆，等等，是否如此做，以及花多长时间来做，我的意志都可以控制。……寻求更多的证据，或者不寻求更多的证据，事实上在我们的控制范围之内，但这并不表明我们的意志可以控制我们对命题 p 采取的态度，它表明的是我们的意志对那态度的影响因素有控制力。第二个范畴，包括训练自己对流言有更多的批判，对于争议很大的问题，使得自己在作出判断之前有较强的仔细反思的倾向，让自己更少（或更多）地顺从权威，锻炼自己对他人的境况有更大的敏感性，诸如此类的活动。[①]

这是阿尔斯顿对"间接影响"的分析，他分析的情况确实存在，受我们意志控制的许多活动对我们相信什么内容都有影响。但有人认为他将"长程控制"和"间接影响"视作两种不同的意志控制类型，这是难以成立的，因为他列举的"长程控制"的情形都可以理解成"间接影响"的作用方式，二者都是间接地控制信念的内容。[②]

就指向信念特征的间接控制而言，诺特曼主要归纳了四种情形：（1）影响认知倾向；（2）影响推理过程；（3）影响信息收集活动；（4）影响认知境况。[③]

[①] William P. Alston, "The Deontological Conception of Epistemic Justification", *Philosophical Perspectives*, Vol. 2, 1988, pp. 278-279.

[②] Nikolaj Nottelmann, *Blameworthy Belief: A Study in Epistemic Deontologism*, Dordrecht: Springer, 2007, pp. 93-94.

[③] Nikolaj Nottelmann, *Blameworthy Belief: A Study in Epistemic Deontologism*, Dordrecht: Springer, 2007, p. 172.

影响认知倾向是说我们的意志可以影响我们的判断倾向，即倾向于在认知上将持有什么样的信念状态视为是合理的。对于某个命题，如果行为者将其判断为自己有好的理由相信它，这通常足以作为原因使得他相信它；如果行为者将其判断为自己没有好的理由相信它，这通常足以作为原因阻止他相信它；对于已持有的某个信念，如果行为者将其判断为自己没有好的理由持有它，这通常足以作为原因使得他暂停相信它；如果行为者对于其自身持有的某个信念，他将其判断为自己有好的理由持有它，这通常足以作为原因使得他维持（而不是暂停）相信的状态。① 影响认知倾向的最重要的活动是教育，教育是通过制度化的方式熏陶我们的认知模式，让我们养成"何谓合理相信、何谓不合理相信"的一般倾向。

影响推理过程的意志控制，可以先看一个例子：

> 山姆在陪审团考虑被告是否如被指控的那样有罪；如果某个证人在审判中的某些陈述是真实的，那么被告就不可能做了指控他的那些事情；山姆考虑究竟是否相信那些陈述，或者相信公诉人暗指的证人在说谎，或者在这件事上悬置信念。他决定相信那证人，并主张被告无罪。②

在此例中山姆的"决定"与实际的决定举起手之"决定"没有多少相同之处。但山姆在思考多种选择的时候，他的意志可以帮助他阻止一些东西，比如阻止他的思维被情感所左右，不让同情心左右认知上的考虑；他还可以尽力查看是否有其他信念也可以从其已认可的信

---

① Nikolaj Nottelmann, *Blameworthy Belief: A Study in Epistemic Deontologism*, Dordrecht: Springer, 2007, p. 172.

② Carl Ginet, "Deciding to Believe", in *Knowledge, Truth, and Duty: Essays on Epistemic Justification, Responsibility, and Virtue*, ed. by Matthias Steup, New York: Oxford University Press, 2001, p. 64.

念中推导而出。这些都是意志对推理过程的控制。

信息收集活动，这是意志可以有所控制的，借此行为者可以在认知质量上间接地影响将来形成的信念。阿尔斯顿说的"给涉及特定信念候选项或候选域的情景带来影响的活动"，就包括信息收集活动在内。在涉及相关信念候选项的环境中进行观察，收集可以证实或证伪相关命题的证据，了解可以用以判断证人的证词是否可靠的个性特征，搜索记忆中的相关事实，等等，这些都会影响信念形成的认知质量，而这些活动确实离不开意志控制。

行为者能在一定程度上控制自己的认知境况，这是不争的事实。比如一个种族歧视者抱有一些种族偏见，他之所以形成这些认知上没有充分理由的信念，可能是因为他多次参加一个政客的公开演讲，或者是他结交了一个具有种族歧视观念的朋友，如果他不去听那些演讲，不跟那个种族歧视者交往，那么他就可能不会形成种族歧视的相关信念。是否处于某个公开演讲的场合，是否处于倾听某人言辞的场景，是否处于容易受骗的环境，等等，都是可以影响信念形成的认知境况。我们可能因为使得自己处于某种认知境况而受到责备，这可以通过如下事例而得到解释：假定卡拉是一个对酒精严重过敏的女人，她平时的行为举止很温和，但只要沾上一小口酒，就会暴力伤人。现在假定卡拉受邀参加一个正式的宴会，在此宴会上必须喝酒。到达之后，她无法拒绝喝一杯酒，结果导致了严重的暴力伤害事件。如果卡拉应对她引起的伤害负责，承担责任的主要原因，不是她不能控制她对酒精的行为反应，也不是喝酒的方式或她喝酒的数量，而是她根本不该接受邀请而出现在宴会上。[1] 她虽然不能控制到场之后的一切，但她能控制是否到场。或许处于某些境况，我们无法不形成相应的信念，但我

---

[1] Nikolaj Nottelmann, *Blameworthy Belief: A Study in Epistemic Deontologism*, Dordrecht: Springer, 2007, pp. 174-175.

们的意志可以控制自己的某些境况，从而间接地影响信念形成。

如果我们确实对信念的形成有间接的意愿控制，那么类似于如下形式的"反意志论论证"就是错误的：

（1）如果信念伦理是可能的，那么我们必须能够控制我们相信什么。
（2）我们不能控制我们相信什么。
（3）因此不可能有信念伦理。①

此处的"控制"如果理解为直接控制，那么前提（1）错误；如果理解为间接控制，那么前提（2）错误。因此，无论直接意志论还是间接意志论，都可以为信念伦理的存在提供理论支撑。但正如前面讨论的那样，直接意志论是站不住脚的。

五、信念相容论

信念相容论（doxastic compatibilism）的基本意思可以概括为：没有对信念的意志控制（voluntary control）与拥有信念义务是完全相容的，或者拥有信念义务须有某种控制，但这不是意志控制，而是相容控制（compatibilist control）。因此信念相容论实际上有两大类型：一是无需意志控制的相容论；二是相容控制的相容论。②前者的策略是解释义务；后者的策略是解释自由。

皮尔斯（Rik Peels）将无需意志控制的相容论分为四种不同形式：

---

① Brian Huss, "Three Challenges (And Three Replies) to the Ethics of Belief", *Synthese*, Vol. 168, No. 2, 2009, p. 255.
② Rik Peels, "Against Doxastic Compatibilism", *Philosophy and Phenomenological Research*, Vol. 79, No. 3, 2014, pp. 679-702.

(1)角色义务论;(2)认知理想论;(3)评论规则论;(4)信念要求论。① 我们依次进行考察。

角色义务论者认为信念义务(doxastic obligations)就是角色义务(role obligations),费尔德曼是此主张的提出者。为此,费尔德曼辨认出了三种无需预设"应该蕴含能够"的义务:合约义务(contractual obligations)、正常预期义务(paradigm obligations)和角色义务(role oughts)。"你可能有偿还抵押贷款的义务,尽管你无钱偿还。或许学生在课堂上有做课程作业的义务,尽管他们无力去做。"② 这些都是合约义务,偿还抵押贷款是贷款人在贷款之前就同意了的,学生要做作业是他们在入学之前或报名选课之前都默认了的。但我们作为认知者或相信者却没有参与签订任何这种形式的合约,无论是明示的或默示的合约。正常预期义务的说法源自沃尔特斯多夫(Nicholas Wolterstorff)。比如,一个外科医生在包扎好某人扭伤的脚踝后说:"两个星期后你应该可以走路了";一位心理学家在知觉实验中对他的受试者说:"奇怪,你应该看见重影"。③ 其实,这里的"应该"不是真正的伦理意义上的应该,而是在描述正常的功能预期。认知义务不可能是正常预期义务,否则,它就不是起规范作用的真正的认知义务。"正常情况下,至少人们是可能犯认知错误的。或许我们在认知上不应该做我们在正常情况下做的某些事情。"④ 角色义务源于人们扮演的特定角色或拥有特定的职位。教师应该清楚地解释事物;父母应该照顾好他们的小孩;自行车

---

① Rik Peels, "Against Doxastic Compatibilism", *Philosophy and Phenomenological Research*, Vol. 79, No. 3, 2014, pp. 686-691. 实际上,皮尔斯并不是在进行分类,而是在进行列举。

② Richard Feldman, "The Ethics of Belief", *Philosophy and Phenomenological Research*, Vol. 60, No. 3, 2000, p. 674.

③ Nicholas Wolterstorff, "Obligations of Belief: Two Concepts", in *The Philosophy of Roderick Chisholm*, ed. by Lewis Edwin Hahn, LaSalle, Illinois: Open Court, 1997, pp. 236-237.

④ Richard Feldman, "The Ethics of Belief", *Philosophy and Phenomenological Research*, Vol. 60, No. 3, 2000, p. 675.

骑手应以多种多样的方式骑行。能力不胜任的教师、无能的父母、未经训练的自行车骑手，可能无法做他们应该做的事情，但这不影响他们依然有相应的义务。与此相似，"我们回应处于世界中的经验而形成信念。每个人从事这个活动都应该做对。在我看来，他们应该做的就是遵循他们的证据（而非遵循意愿或恐惧）。我认为认知义务就是这种义务，此义务描述的是扮演特定角色的正确方式"[1]。认知义务是我们作为相信者（believer）的义务，"相信者的角色不是我们可以有任何真正选择而承担的角色。当一个相信者是我们无法逃脱的。我们有义务当好。在有些情况下，我们做不到，但这没有关系。……甚至在有些情况下作为一个相信者我们对相信什么毫无控制，说我们应该相信什么和不应该相信什么，这依然是合理的"[2]。因此，"即便不能履行（或者我们情不自禁地会履行）认知义务，我们依然可以有认知义务"[3]。信念伦理的成立并不需要预设"应该蕴含能够"的原则。

费尔德曼的看法也有问题。因为，教师讲课、父母照顾小孩、自行车骑手骑车，这都是意志能较好控制的行为，至少可以说，教师、父母、骑手的角色都是人们可自愿接受或放弃的角色。然而，我们从未、也不可能自愿选择接受或放弃相信者的角色，因为只要我们自己存在，就必然相信许多东西，怀疑一些东西或不相信一些东西。作为相信者是我们的命定，而费尔德曼列举的其他角色却不是。因此，费尔德曼的类比论证是失败的。但费尔德曼提醒我们说，"应该"不一定蕴含"能够"，这或许是对的。

---

[1] Richard Feldman, "The Ethics of Belief", *Philosophy and Phenomenological Research*, Vol. 60, No. 3, 2000, p. 676.

[2] Richard Feldman, "The Ethics of Belief", *Philosophy and Phenomenological Research*, Vol. 60, No. 3, 2000, p. 676.

[3] Richard Feldman, "The Ethics of Belief", *Philosophy and Phenomenological Research*, Vol. 60, No. 3, 2000, p. 674.

认知理想论由科恩布利斯提出，它源于对角色义务论的批判。① 人们扮演着很多角色，并不是每种角色都有正当的义务。比如暴君、骗子、小偷，"这些角色都有表现得好的标准，因而人们或许会说到源自这些角色的某种角色义务。其结果是，如果某人想当一个好的暴君，或许他就应该特别残忍。然而，即便他事实上想当一个好的暴君，我们也不会说他应该特别残忍。相反，似乎是他应该停止当一个暴君的想法。认知义务却与此不同，我们不仅想说，如果某人想当一个好的相信者，他或她应该以某种方式相信，我们还想赞同说，这个人应该无条件地以那样的方式去相信，这些方式事实上是相信者角色的优秀表现"②。角色有负面的，而义务只有正面的，有很多不好的社会角色，却没有不好的义务需要遵循。

但是，费尔德曼关于角色义务的有些看法实际上是适合于认知义务的。费尔德曼正确地看到了我们作为相信者的角色是别无选择的，就此而言，它跟暴君、骗子或小偷等角色是不同的。费尔德曼认为我们作为相信者应当将自己的角色扮演好，这也是对的；但我们扮演相信者的角色是别无选择的，这个事实跟我们为什么要把相信者的角色扮演好没有关系。因为许多人是被迫去扮演一些可怕的角色，他们的处境也是别无选择。有人被迫当奴隶，有人被迫卖身，与此相似，很多被迫扮演的角色都不能成为我们应该扮演好这些角色的理由。我们不得不相信许多事情，不得不扮演相信者的角色。别无选择的困境，并不是我们应该扮演好相信者的理由，但我们又确实应该扮演好相信者的角色。认知义务不源自我们扮演的角色，那源自什么呢？科恩布

---

① Hilary Kornblith, "Epistemic Obligation and the Possibility of Internalism", in *Virtue Epistemology: Essays on Epistemic Virtue and Responsibility*, eds. by Abrol Fairweather and Linda Zagzebski, Oxford: Oxford University Press, 2001, pp. 237-242.

② Hilary Kornblith, "Epistemic Obligation and the Possibility of Internalism", in *Virtue Epistemology: Essays on Epistemic Virtue and Responsibility*, eds. by Abrol Fairweather and Linda Zagzebski, Oxford: Oxford University Press, 2001, p. 237.

利斯的答案是"认知理想"(epistemic ideals)[①]。

费尔德曼认为:"角色扮演得好的标准在某一方面受限于那些角色扮演者的能力,但如下的情况却不是事实:那些标准的存在,意味着个人必须对依此标准进行评价的行为拥有基本的或非基本的意志控制。"[②] 科恩布利斯认为,这个看法不仅对角色表现得好的标准成立,而且也适用于一般的理想。

> 理想应扮演某种引导行为的角色,如果理想没有考虑人类的能力界限,它就会失去引导行为的建构性角色。同时,我们的理想也不能跟特定个人能做的事情绑得太紧,否则,我们就没有意识到有些人有时是没有能力按理想的方式行为的。这里有较大的中间区域,合理的理想就存在于这中间区域。[③]

理想不能太高,也不能太低。如果理想不考虑人类的能力,超出了人类的能力范围,那么这种理想不可能对人类的认知活动起到任何引导作用;如果理想将每个人的特定能力都考虑在内,标准太低,人人都能达到,也不会有什么引导作用。因此认知理想要考虑人类的认知能力,至少有些人能达到,但又不能受限于特定个人能相信什么,有些时候某个人应该相信他实际上不会相信的东西。认知理想就存在于这个中间区域。由于理想不是人人都一定能达到的东西,因此源自

[①] Hilary Kornblith, "Epistemic Obligation and the Possibility of Internalism", in *Virtue Epistemology: Essays on Epistemic Virtue and Responsibility*, eds. by Abrol Fairweather and Linda Zagzebski, Oxford: Oxford University Press, 2001, pp. 238-239.

[②] Richard Feldman, "Voluntary Belief and Epistemic Evaluation", in *Knowledge, Truth, and Duty: Essays on Epistemic Justification, Responsibility, and Virtue*, ed. by Matthias Steup, Oxford: Oxford University Press. 2001, p. 88.

[③] Hilary Kornblith, "Epistemic Obligation and the Possibility of Internalism", in *Virtue Epistemology: Essays on Epistemic Virtue and Responsibility*, eds. by Abrol Fairweather and Linda Zagzebski, Oxford: Oxford University Press, 2001, p. 238.

认知理想的认知义务不需要预设"应该蕴含能够"的原则:

> 我们如此深切地关心认知理想,正因为我们希望实现它,或者至少是接近它。要是理想完全跟人类的能力脱节,那就不能引导我们如此做。相反,要是理想如此受限于个人的能力,以至于遵循较窄意义上的"应该蕴含能够"的原则,那我们设定的标准就太低了;就合理的理想而言,至少我们当中的有些人有些时候不能做到我们应该做到的事情,这是必须要有的空间。①

相较于源自角色的义务,源自理想的义务在理论上不至于引起做奴隶的义务、当小偷的义务这样一些荒谬的说法。因为不是人类可能承担的每一个角色都有人类可接受的理想。无论一个人当奴隶或小偷的角色表现得如何好,都不是人类可接受的任何理想的一部分。

科恩布利斯的方案克服了角色义务的一些不足,但依然面临着挑战:"问题是我们的信念似乎不在任何人的意志控制之下。因此,即便我们将自己限制在只有那些认知表现很好的人可实现的认知理想,这将依然没有任何信念义务。如果我和其他任何人都没法凭意志而获得信念态度,无论对某个命题的理想态度是什么,我都没有获得那种态度的义务,这一点似乎是很清楚的。"② 如果信念义务意味着信念责任,而不仅仅是评价态度,那么信念义务似乎确实要以某种形式的意志控制为前提。但是认知理想论的捍卫者可以反驳说,一个盗窃癖患者无法控制自己不去偷盗,但"不应偷盗"依然是他的道德义务。与此相

---

① Hilary Kornblith, "Epistemic Obligation and the Possibility of Internalism", in *Virtue Epistemology: Essays on Epistemic Virtue and Responsibility*, eds. by Abrol Fairweather and Linda Zagzebski, Oxford: Oxford University Press, 2001, p. 238.

② Rik Peels, "Against Doxastic Compatibilism", *Philosophy and Phenomenological Research*, Vol. 79, No. 3, 2014, p. 688.

似，信念义务也无需信念控制。① 可是，这个类比难以成立，至少有相当多的人可以直接凭意志控制自己不去偷盗，似乎没有人单凭意志就可以直接控制自己的信念。因此，认知理想论者依然尚未成功地应对信念义务所受到的挑战。

评论规则论由克里斯曼（Matthew Chrisman）提出②，其核心思想是：我们应将信念义务理解为塞拉斯所说的蕴含着行为规则（rules of action）的评价规则（rules of crticism）③。行为规则是关于应该如何行为的规则，评价规则是关于存在方式的规则；前者规定"应该做"（ought-to-do's）的义务，后者规定"应该是"（ought-to-be's）的义务；作为行为规则的义务依赖于意志控制，作为评价规则的义务不依赖于意志控制。但是，评价规则与行为规则有着内在的联系："应该是什么蕴含着应该做什么。"④ 这种蕴含不是形式上的，而是实质性的。

X 应该是处于状态 φ，在此，"应该"不是纯粹策略性或非规范性的用法，它实质性地蕴含如下形式的陈述：

（在其他条件相同且可能的条件下，）人们应该使得"X 是处于状态 φ"。⑤

被"应该是什么"所蕴含的"应该做什么"有三种不同的理解，

---

① Matthew Chrisman, "Ought to Believe", *The Journal of Philosophy*, Vol. 105, No. 7, 2008, p. 357.

② Matthew Chrisman, "Ought to Believe", *The Journal of Philosophy*, Vol. 105, No. 7, 2008, pp. 346-370.

③ Wilfrid Sellars, "Language as Thought and as Communication", *Philosophy and Phenomenological Research*, Vol. 29, No. 4, 1969, pp. 506-527. 亨伯斯通区分了涉及行为者的义务判断（agent-implicating "ought"-judgment）和情景性的义务判断（situational "ought"-judgment），前者相当于塞拉斯的作为行为规则的义务，后者相当于塞拉斯的作为评价规则的义务。（I. L. Humberstone, "Two Sorts of 'Ought's", *Analysis*, Vol. 32, No. 1, 1971, pp. 8-11）

④ Wilfrid Sellars, "Language as Thought and as Communication", *Philosophy and Phenomenological Research*, Vol. 29, No. 4, 1969, p. 508.

⑤ Matthew Chrisman, "Ought to Believe", *The Journal of Philosophy*, Vol. 105, No. 7, 2008, p. 360.

具体哪种理解正确,要视情况而定:(1)条件性的理解(conditional view),即如果某人对 X 处于状态 φ 负责,此人应该做他使得 X 处于状态 φ 的事情;(2)普遍性的理解(universal view),即任何人都应该做他能使得 X 处于状态 φ 的事情;(3)存有性的理解(existential view),即某人应该做他能使得 X 处于状态 φ 的事情。[1] 克里斯曼认为,"塞拉斯关于评论规则的看法为信念义务提供了一个很好的模式。这种看法能将信念义务看作是一种评论规则"[2]。比如,"你应该相信你正在读这篇文章",这就是一个评论规则,它蕴含着如下的行为规则:你应该做出判断"你正在读这篇文章"。[3] "你不应该相信地球是扁平的",可以蕴含着"你的父母和老师应该已使你懂得地球不是扁平的"。[4] 由此可见,不但相信者自己可以负有信念责任,其他人也可以对你的信念态度的形成负有责任,信念义务作为评价规则是因其必然蕴含的行为规则而得到合理证成的,人们对行为是有意志控制力的,但这无需要求相信者也同样能直接控制信念态度的形成。

评价规则论可以看作是对认知理想论的改进,因为克里斯曼认为,关于信念的评价规则源自认知理想,而认知理想又源自我们是追踪并传递信息的存在者,这又最终源自我们在本质上是社会存在物。[5] 因此,虽然我们不能直接控制信念形成,但我们依然像拥有道德义务一样拥有信念义务。

克里斯曼认为,在有些情况下,S 应该相信 p,但 S 本身并不是其所蕴含的"应该做什么"的适当主体,这就使得 S 本身不能作为相应

---

[1] Matthew Chrisman, "Ought to Believe", *The Journal of Philosophy*, Vol. 105, No. 7, 2008, p. 362.
[2] Matthew Chrisman, "Ought to Believe", *The Journal of Philosophy*, Vol. 105, No. 7, 2008, p. 364.
[3] Matthew Chrisman, "Ought to Believe", *The Journal of Philosophy*, Vol. 105, No. 7, 2008, p. 368.
[4] Matthew Chrisman, "Ought to Believe", *The Journal of Philosophy*, Vol. 105, No. 7, 2008, pp. 369-370.
[5] Matthew Chrisman, "Ought to Believe", *The Journal of Philosophy*, Vol. 105, No. 7, 2008, pp. 366-367.

信念义务的主体，不能因自己相信或不相信什么而受到责备。一方面，我们说某人不应该相信地球是扁平的，另一方面，我们又说其父母和老师应该使他懂得地球不是扁平的，这在责任主体上发生了转移，信念义务的主体是某个人，而行为的责任主体却是其父母和老师，然而信念义务的合理性又源自行为义务。因此，克里斯曼未能真正解答由缺乏意志控制而引起的信念义务难题。

信念要求论是由查尔德（Philippe Chuard）和索思伍德（Nicholas Southwood）在反驳阿尔斯顿否定认知证成的道义概念的过程中提出的。他们将阿尔斯顿的论证归纳为：

（1）如果认知证成的道义概念为真，那么就有关于正常主体之信念的真正的道义主张。

（2）如果有关于正常主体之信念的真正的道义主张，那么正常的主体凭意志就能控制他们的信念。

（3）正常的主体凭意志就能控制他们的信念，这不是真的。

（4）因此认知证成的道义概念为假。[1]

查尔德和索思伍德认为，对阿尔斯顿论证的各种回应中，绝大多数集中在否定前提（3），而他们的回应集中反驳前提（2），因为对前提（3）的否定都是失败的。[2] 阿尔斯顿认为前提（2）源自康德的"应该蕴含能够"的原则。[3] 如果严格依照此原则，则 S 应该 φ，仅当 S 能

---

[1] Philippe Chuard and Nicholas Southwood, "Epistemic Norms without Voluntary Control", *Noûs*, Vol. 43, No. 4, 2009, p. 600.

[2] Philippe Chuard and Nicholas Southwood, "Epistemic Norms without Voluntary Control", *Noûs*, Vol. 43, No. 4, 2009, pp. 600-601. 查尔德和索思伍德的这个评价是否公允，这是有疑问的，但此问题不在我们的讨论范围之内。

[3] William P. Alston, "The Deontological Conception of Epistemic Justification", *Philosophical Perspectives*, Vol. 2, 1988, p. 259.

够 φ。由此可推出，S 应该相信 p，仅当 S 能够相信 p，但问题在于阿尔斯顿推出的却是前提（2）。因此现在的问题是："能够"是否意味着"凭意志可控制"？ 查尔德和索思伍德认为答案是否定的。"能够"有多种解释，比如逻辑上的能够、心理上的能够、能力上的能够，等等。不同种类的"能够"都可能让相应的道义主张得以成立，但只有针对行为的应该才需要蕴含意志控制的"能够"，我们没有理由要求信念义务也需要蕴含意志控制的"能够"，因为相信本身并不是任何形式的行为，而是心灵状态。信念义务可以承认"应该蕴含能够"的原则，但这种"能够"无需有意志控制。① 在此基础上，查尔德和索思伍德重新界定了义务的本质。

对于我们的目的而言，更为重要的是关于个人信念的道义主张究竟意味着什么。但由直觉而得的观念可以表述如下：道义主张似乎是在对我们提出要求，尤其是要求我们以一定的方式回应我们做或不做什么事情。比如保护无辜者和弱者、营救受伤者、信守承诺、回馈恩典，等等。在这个意义上说，道义主张跟单纯的评价主张（evaluative claims）是非常不一样的，评价主张涉及"好""坏""友善""不友善""善良""邪恶"，等等。然而，道义主张是对我们提出要求，评价主张是对行为主体、行动、行为和事态的评价或评定。②

"奥斯卡如此对待他的妹妹，他应该感到内疚"，这是道义主张；"如果奥斯卡是一位职业律师，那会很好"，这是单纯的评价。信念义

---

① Philippe Chuard and Nicholas Southwood, "Epistemic Norms without Voluntary Control", *Noûs*, Vol. 43, No. 4, 2009, pp. 614-620.

② Philippe Chuard and Nicholas Southwood, "Epistemic Norms without Voluntary Control", *Noûs*, Vol. 43, No. 4, 2009, p. 601.

务是对信念主体提出要求，而不是单纯的评价，"提出某种要求……是道义主张的标志"①。信念义务对我们的要求，正如道德义务对我们的要求一样，并不取决于我们对所要求之事本身是否能凭意志进行控制。"奥斯卡如此对待他的妹妹，他应该感到内疚"，如果奥斯卡天生冷酷，不能凭意志而产生内疚感，这不能取消他的道德义务。我们不能仅凭意志而直接控制我们的信念，亦不影响我们要承担相应的信念义务。

有批评者认为信念要求论面临着严重的困难，因为它未能澄清被要求的适当对象是什么。如果它跟负有责任无关，那么查尔德和索思伍德的策略甚至不是在说由阿尔斯顿和其他人提出的论证，此论证由我们缺乏信念控制而引发。如果它跟负有责任有关，那么可以推论说：如果有人对某人提出了一个要求，那么，要是他没能满足那个要求而又没有好的理由，他就应受到责备。②然而，查尔德和索思伍德明确地认为信念义务跟应受责备无关。③"之所以如此，因为应受责备的信念需要有信念控制，对此，他们未能找到任何合理的解释。"④换言之，信念要求论者要么不是在讨论真正的信念义务，要么未能真正理解信念义务。因为，"某人是某种要求的适当对象，仅当此人对那要求的满足具有控制力。然而，正如我们所见，我们有很好的理由认为，我们对我们的信念没有意志控制力"⑤。因此信念要求论难以成立。

至此，我们考察了无需意志控制之相容论的四种不同形式，它们

---

① Philippe Chuard and Nicholas Southwood, "Epistemic Norms without Voluntary Control", *Noûs*, Vol. 43, No. 4, 2009, p. 616.

② Rik Peels, "Against Doxastic Compatibilism", *Philosophy and Phenomenological Research*, Vol. 79, No. 3, 2014, p. 690.

③ Philippe Chuard and Nicholas Southwood, "Epistemic Norms without Voluntary Control", *Noûs*, Vol. 43, No. 4, 2009, pp. 621-623.

④ Rik Peels, "Against Doxastic Compatibilism", *Philosophy and Phenomenological Research*, Vol. 79, No. 3, 2014, p. 690.

⑤ Rik Peels, "Against Doxastic Compatibilism", *Philosophy and Phenomenological Research*, Vol. 79, No. 3, 2014, p. 691.

都未能成功地解答信念义务问题，因此，我们有必要考察另一类相容论的看法，即主张相容控制的相容论。

相容控制的相容论也反对信念义务必须以意志控制为前提，但反对的理由跟无需意志控制的相容论不同，"信念义务不是不需要任何形式的控制，而是信念义务不需要意志控制"①。相容控制的相容论者都同意在证据完全相同的情况下，人们无需能够自由地选择持有不同的信念。② 此种类型亦有不同的具体形式，其典型代表人物有赫勒（Mark Heller）③、瑞安（Sharon Ryan）④、斯杜普（Matthias Steup）⑤。对此，我们一一加以考察。

赫勒承认我们无法凭意志而相信，因为凭意志而相信在心理上是不可能的。但这并不意味着道义论的证成观念是错误的，也不意味着我们没有信念责任。赫勒的目的是：在不能凭意志而相信的前提下，"考察关于信念的意志论构想（voluntaristic picture）能在多大程度上得以保存"⑥。为此，赫勒区分了效果意志（effective will）与反身意志（reflective will）。

效果意志可用如下的条件句来刻画："如果 S 选择做另外的事情，那么 S 就能做另外的事情。"⑦ 倘若将自由意志等同于此种效果意志，那

---

① Rik Peels, "Against Doxastic Compatibilism", *Philosophy and Phenomenological Research*, Vol. 79, No. 3, 2014, p. 691.

② Rik Peels, "Against Doxastic Compatibilism", *Philosophy and Phenomenological Research*, Vol. 79, No. 3, 2014, p. 692.

③ Mark Heller, "Hobartian Voluntarism: Grounding a Deontological Conceptionof Epistemic Justification", *Pacific Philosophical Quarterly*, Vol. 81, No. 2, 2000, pp. 130-141.

④ Sharon Ryan, "Doxastic Compatibilism and the Ethics of Belief", *Philosophical Studies*, Vol. 114, No. 1/2, 2003, pp. 47-79.

⑤ Matthias Steup, "Belief control and Intentionality", *Synthese*, Vol. 188, No. 2, 2012, pp. 145-163.

⑥ Mark Heller, "Hobartian Voluntarism: Grounding a Deontological Conception of Epistemic Justification", *Pacific Philosophical Quarterly*, Vol. 81, No. 2, 2000, p. 131.

⑦ Mark Heller, "Hobartian Voluntarism: Grounding a Deontological Conception of Epistemic Justification", *Pacific Philosophical Quarterly*, Vol. 81, No. 2, 2000, p. 132.

么是否相信一个命题,这不是意志能决定的,我们也不能单凭意志而想要相信什么就相信什么,归结为效果意志的意志概念无法容纳形成信念的直接意志论,因而无法支撑道义论的证成概念。但是,赫勒发现我们的自由意志概念中还有另外一个部分,即反身意志。

> 反身意志关注的是行为者与行为之间的关系。对于那些反映S之特征或本性的行为,S有反身意志,其直觉是:自由的行为展示了行为者是什么样的人。……S对一项事情有意志控制,即那事情是对S的本性的一个反映。这是一种因果理论。S的本性在其行为中得到反映,仅在如下的情况,她的本性(以适当的方式)引起了她的行为。反身意志部分关注的是实际行为的发生方式,而不是关注另外的可能性。……如果S的本性产生了一个意愿,这意愿产生了相应的行为,那么这行为可以是反身性地自由的,即便有另外的意愿也不能避免那行为。[①]

在此赫勒并没有给出反身意志的定义,只是大致刻画了反身意志的一些特征:(1)注重行为者与行为的关系;(2)注重实际的因果关系,因果决定不影响反身意义上的自由;(3)S的特征或本性在行为中得到反映。即便一个人被锁在一个房间,她想要离开房间,却无法打开门,这种情况下,她仍然有反身意义上的自由,即她试图开门离开的行为依然反映了她的性格特征或本性。在反身性的自由意志概念下,赫勒将认知本性界定如下:

> S的认知本性是她依照特定倾向而非其他倾向形成信念的

[①] Mark Heller, "Hobartian Voluntarism: Grounding a Deontological Conception of Epistemic Justification", *Pacific Philosophical Quarterly*, Vol. 81, No. 2, 2000, p. 133.

欲望。①

此处的"欲望"（desire）不是指当下的、有意识的层面，而是指一定的信念形成倾向（dispositions），但在适当的驱使条件下，倾性（dispositional）欲望会成为当下有意识的欲望，比如，当 S 考虑她想要那种信念形成倾向时，它就会成为当下的欲望。只要信念的形成反映了 S 的认知本性，S 的信念是自由的。

> 一个人的认知本性认同的倾向可归为两个范畴，对应于每个范畴，在反映 S 的认知本性时，都可能存在缺陷。首先是 S 认同一定推理模式的倾向，当她意识到这些模式时，她有接受这些模式之推理结果的倾向；其次是她有意识到这些推理模式是什么的倾向。如果 S 形成某个信念是因为她的本性认同了使用有缺陷的推理模式之倾向，或者是认错了其所用的推理模式之倾向，那么她的信念就展示了其认知本性的缺陷，因而她的信念是没有得到证成的。②

按照这种解释，我们的认知本性塑造了我们的认知行为，我们绝大多数的信念形成都是自由的、有证成的，我们也应该对信念形成负责。

赫勒的解释能否成立？有学者认为难以成立。③ 对此，我们可以通过一个简单的思想实验加以说明。

---

① Mark Heller, "Hobartian Voluntarism: Grounding a Deontological Conception of Epistemic Justification", *Pacific Philosophical Quarterly*, Vol. 81, No. 2, 2000, p. 135.

② Mark Heller, "Hobartian Voluntarism: Grounding a Deontological Conception of Epistemic Justification", *Pacific Philosophical Quarterly*, Vol. 81, No. 2, 2000, p. 136.

③ Andrei A. Buckareff, "Hobartian Voluntarism and Epistemic Deontologism", *Disputatio*, Vol. 2, No. 21, 2006, pp. 1-17.

纳戈尼生长在一个文化上与世隔绝的社会。从幼年时期开始，人们就向她灌输部落的传统，因此她认为她应该相信传统教给她的任何东西，并且她想要相信作为其传统之组成部分的任何东西。因此，想到"人是堕落的天使"之后，她当即就相信了这个命题，因为这是她所在部落的核心教义之一。她对该命题的相信程度，跟她能相信的任何其他事情一样深。她对此命题的相信完全是不可抗拒的，因为她确信这是她的传统教给她的，她是依照她的认知本性而相信这个命题。但很明显，她对她的信念没有控制，她是被灌输的，以至于她对该命题的相信确实是无法抗拒的。[①]

皮尔斯认为这种实例表明赫勒诉诸认知本性的解释是站不住脚的。在皮尔斯看来，如果赫勒诉诸认知本性的解释是正确的，那么纳戈尼的信念是有证成的，而且也是自由的，她应该为她的信念负责。然而我们的直觉是她的信念形成是不自由的，是被强制灌输的，她对此信念的形成不应负任何责任，因此赫勒的解释难以成立。对此种反驳，赫勒的捍卫者可以回应说，纳戈尼的认知倾向本来就是被其所在的部落传统误导而形成的，其依照认知本性而形成信念的欲望本身被扭曲了，因此她的信念是没有证成的，而且也是不自由的，她不应对此错误信念负责，而是给她灌输错误观念的部落应受到认知上的责备。

瑞安认为：信念态度通常是按意愿而形成的，这跟我们如下的说法是相容的，即信念态度由我们对证据的判断来决定。人们通常是自由地持有信念态度，因为人们通常是有意地（intentionally）持有某信念态度。"有意地"并不意味着有明确的意图或做出了明确的决定。瑞安所谓"有意地"做什么事情，只是"有目的地"做而已。人们无

---

① Rik Peels, "Against Doxastic Compatibilism", *Philosophy and Phenomenological Research*, Vol. 79, No. 3, 2014, p. 693.

意识的、自动的行为,可以是有目的的。比如在电脑上写文章时,熟练操作电脑的人,在敲击每一个字母时,他是无意识地、自动地在做,但却是有目的的。信念的形成也是如此。我们的信念由我们意识到的证据决定,对此,我们的意志是无能为力的,正如我们的行为由自然法则和过去的事件决定一样。"如果我们的信念和行为是自由的,真正重要的事情在于它们是有意的。"①

瑞安认为信念跟少部分行为类似,她所举的三个例子如下:

> 1. 晚饭我有两个选择,一杯新鲜而美味的南瓜汤,或者嫩利马豆炖牛肝。我选择了我能接受的唯一选项。我选择南瓜汤,这在因果关系上是由许多因素决定的,包括:我选择南瓜汤的意图,我极其厌恶肝脏和利马豆,我是素食主义者,我害怕生病,自然规律,过去或近或远的其他许多事情。
>
> 2. 我结束一天的工作后,每天都进行常规的长跑锻炼。我的跑步活动在因果上由以下的因素决定:跑步的意图,我坚定不移的跑步承诺,自然规律,过去或近或远的其他许多事情。
>
> 3. 一个很好的笑话让我们发笑。我的笑,在因果上由以下因素决定:我对笑话的鉴赏,发笑的意图,自然规律,加上过去或近或远的其他很多原因。②

这些行为在一定程度上是由关于我自身而我又不能直接控制的因素引起的,但它们依然是自由的行为,我应承担责任的行为。信念也是如此,我的相信是自由的,因为我相信的是我意欲相信的东西,尽

---

① Sharon Ryan, "Doxastic Compatibilism and the Ethics of Belief", *Philosophical Studies*, Vol. 114, No. 1/2, 2003, p. 71.

② Sharon Ryan, "Doxastic Compatibilism and the Ethics of Belief", *Philosophical Studies*, Vol. 114, No. 1/2, 2003, p. 73.

管我没有花时间去考虑相信什么,也未有意识地决定相信什么,但我是有意向地在相信,信念并不只是无缘无故地在我身上发生而已。"我不能不依赖于证据如何而直接决定相信、不相信或悬置一个命题。确实如此,我的信念决定受我认为的好的证据(或能激起我形成信念态度的任何东西)之引导。然而,如果我做出了一个改变信念态度的决定,我就能因此而调整我的信念态度。"[①] 据此,我们认为瑞安实际上是一个间接意志论者,虽然她将自己归为相容论者。

瑞安的解释也面临反驳。有人指责她混淆了构成性理由(constitutive reason)与外在理由(extrinsic reason)。信念 p 的构成性理由是支撑 p 是否为真的理由;如果构成性理由是令人信服的,人们就径直相信 p。与此相对,信念 p 的外在理由是支持相信 p 而又跟 p 是否为真无关的理由;外在理由可回答如下的问题,即相信 p 是否是好事;如果外在理由是令人信服的,这并不构成人们对 p 的相信。证据为信念提供构成性理由,其他考虑为信念提供外在理由。[②] 瑞安"把关于信念的两种不同理由混在一起了"[③]。非意志论者认为是否相信某个命题不是人们可以凭意志而决定的事情,这应理解成他们认为信念不能像行为那样对实践理由作出回应。实践理由通常是表明行为值得选择的理由。比如,获得丰厚的回报通常是作出相关行为的理由,却不是支撑特定命题是否为真的理由,即实践理由不是信念的构成性理由。你没法因为很想得到一大笔钱而直接相信美国现任总统拜登是美国历史上的第一位女总统。能获得一大笔钱不是相信"美国现任总统拜登是美国历史上第一位女总统"的构成性理由。金钱回报只能回答持有这个信念是

---

① Sharon Ryan, "Doxastic Compatibilism and the Ethics of Belief", *Philosophical Studies*, Vol. 114, No. 1/2, 2003, p. 65.

② Pamela Hieronymi, "Controlling Attitudes", *Pacific Philosophical Quarterly*, Vol. 87, No. 1, 2006, pp. 51-52.

③ Matthew Chrisman, "Ought to Believe", *Journal of Philosophy*, Vol. 105, No. 7, 2008, p. 350.

否合算、是否值得等问题,不能回答此命题是否为真的问题。实践理由仅仅是形成信念的外在理由。"如果选择要求实践理由,而实践理由是信念的外在理由,因而凭意志决定相信命题 p 的能力,要求人们能够基于信念的外在理由而相信命题 p。但是……我们通常不能因外在理由而形成信念"①,因此,人们不能凭意志决定形成某个信念。瑞安将两种不同的理由混在一起,误以为信念跟部分行为相似,可以因实践理由而激起相信,因此意志可以决定相信与否,因而信念的形成是自由的。

斯杜普认为信念的形成是自由的,人们可以拥有信念自由(doxastic freedom),正如人们的行为可以是自由的一样,因此我们应承担信念义务或责任。问题的关键是如何理解信念的形成是自由的。斯杜普的策略是诉诸理由回应(reason-responsiveness),因此斯杜普的立场被称作理由回应性相容论:

S 做 φ 是自由的,当且仅当(1)S 做 φ;(2)S 想要做 φ;(3)S 做 φ 是回应理由的心灵机制之因果关系的结果。②

将此种相容论应用于信念态度,斯杜普得到如下解释:

解释 1:S 对命题 p 的态度 A 是自由的,当且仅当(1)S 对 p 有态度 A;(2)S 想要有对 p 的态度 A;(3)S 对 p 采取态度 A 是回应理由的心灵过程之因果关系的结果。③

行为是对实践理由的回应,信念是对认知理由的回应。强迫症患

---

① Matthew Chrisman, "Ought to Believe", *Journal of Philosophy*, Vol. 105, No. 7, 2008, p. 350.
② Matthias Steup, "Doxastic Freedom", *Synthese*, Vol. 161, No. 3, 2008, p. 379.
③ Matthias Steup, "Doxastic Freedom", *Synthese*, Vol. 161, No. 3, 2008, p. 380.

者不能回应实践理由，比如他已经将手洗干净多次了，无需再洗，但还是被迫要洗，因此不自由；妄想症患者面对强有力的证据，依然要相信跟证据相反的东西，不能正常地回应认知理由，因此不自由。但解释 1 面临一个问题，即条件（2）中的"想要"如何理解。通常的理解是"想要"等同于"意图"，然而我们的信念形成并没有明显的意图，因此解释 1 需要修正。斯杜普将（2）修改为（2'），即：

（2'）S 对态度 A 有弱意图（weakly intentional）。[1]

用（2'）替换解释 1 中的（2）就形成了斯杜普提出的理由回应性相容论。此理论中的"弱意图"有否定性的和肯定性的双重限制：

S 做 φ 是有弱意图的，当且仅当 S 做 φ 的方式满足否定和肯定两方面的条件：它不是偶发事故性的（non-accidental），并且 S 对做 φ 具有正面态度。[2]

比如，意外摔伤大脑，突然形成的奇怪信念，或者外物直接刺激大脑皮层形成的信念，都不满足非偶发事故的条件；正面态度并不要求任何明显的相信一个命题的意图，但当相应信念形成之后，我们在回顾其形成时，我们可能会解释说，当时似乎有要相信什么的意图。信念并不直接回应意图，意图不是信念自由的必备条件。即便是对行为而言，明确的意图也不是自由的必备条件。比如习惯性的行为和自动化的行为，并不是由当下的明确意图引起的，但它们却可以是自由

---

[1] Matthias Steup, "Doxastic Freedom", *Synthese*, Vol. 161, No. 3, 2008, p. 385. 在此，"intentional"的意思是日常用语中的"有意的""故意的"，而非心灵哲学或现象学中的技术化用语，因此不宜理解为"意向性的"。

[2] Matthias Steup, "Doxastic Freedom", *Synthese*, Vol. 161, No. 3, 2008, p. 385.

的。要求信念也要像行为一样回应实践理由，这是一种实践理由沙文主义。① 斯杜普捍卫的是平等主义："回应实践理由跟回应认知理由一样，都同等地支撑自由。"② 信念不是行为，我们不能苛求信念自由完全满足行为自由的要求。但无论哪种自由，都奠基于对理由的适当回应。

斯杜普的理由回应性相容论能否成立？克里斯曼认为：

> 斯杜普混淆了自由与意志控制，在通常会免于非理性因素影响并回应认知理由的意义上说，非意志论者可以承认信念态度通常是自由的。在此无需有关于自由类型的沙文主义。但非意志论者会坚持说，因信念态度不能回应实践理由，所以它们不受直接的意志控制。还可继续说，因为"应该"蕴含"能够"，摧毁认知道义论只需要证明信念态度不受意志控制就足够了。③

但斯杜普也可以反驳说，既然行为自由和信念自由都是对不同类型的理由的回应，在自由问题上无需坚持沙文主义，为何在意志控制上我们就非要坚持沙文主义呢？就行为而言，意图能引起相应的行为，因此有明显的受意志控制的感觉，但我们无需以此为标准来衡量信念是否受意志控制，否则，我们首先就需要证明实践理由沙文主义的正当性，然而我们不可能证明实践理由沙文主义的正当性，因此我们至少有初步的理由认为信念是受意志控制的。

虽然相容论自身还面临一些理论上的问题，但只要其中任何一个相容论的版本是正确的，信念义务悖论中的意志控制论题就是错误的，因此信念伦理是可能的。

---

① Matthias Steup, "Doxastic Freedom", *Synthese*, Vol. 161, No. 3, 2008, pp. 387-388.
② Matthias Steup, "Doxastic Freedom", *Synthese*, Vol. 161, No. 3, 2008, p. 388.
③ Matthew Chrisman, "Ought to Believe", *The Journal of Philosophy*, Vol. 105, No. 7, 2008, p. 354.

六、否定的意志论

否定的信念意志论（negative doxastic voluntarism）由罗特（Hans Rott）明确提出[①]，主要有两个论题：

NDV1：人类或多或少倾向于自动化地、无反思地获得信念。
NDV2：人类倾向于以有意控制和深思熟虑的方式去消除信念。[②]

否定的意志论是相对于肯定的信念意志论（positive doxastic voluntarism）而言的，肯定的意志论认为："人类倾向于以有意控制和深思熟虑的方式去形成（即获得）信念。"[③]肯定的意志论通常不考虑信念的消除，只考虑形成或获得新的信念。"肯定"或"否定"是指命题在接受地位（acceptance status）上的潜在变化。依照肯定的意志论，是否接受一个（先前尚未接受的）命题，需要做出决定；关于是否消除一个（先前已接受的）命题的问题，肯定的意志论要么置之不理，要么假定它跟是否接受一个命题的决定相似。依照否定的意志论，是否接受一个命题，无需做出决定，但是否抛弃一个命题，却需要做出决定。[④]接受一个命题与消除对一个命题的相信是非常不同的过程，二者之间不具有对称性。

近代以来，笛卡尔是支持肯定的意志论的典型代表，对此，我们在讨

[①] Hans Rott, "Negative Doxastic Voluntarism and the Concept of Belief", *Synthese*, Vol. 194, No. 8, 2017, pp. 2695-2720.

[②] Hans Rott, "Negative Doxastic Voluntarism and the Concept of Belief", *Synthese*, Vol. 194, No. 8, 2017, p. 2697.

[③] Hans Rott, "Negative Doxastic Voluntarism and the Concept of Belief", *Synthese*, Vol. 194, No. 8, 2017, p. 2696.

[④] Hans Rott, "Negative Doxastic Voluntarism and the Concept of Belief", *Synthese*, Vol. 194, No. 8, 2017, p. 2697.

论直接意志论时已有所论述。支持否定的意志论的典型代表是斯宾诺莎。

> 我们试设想：有一个儿童，想象着一匹有翼的马，此外他毫无所知觉。这一想象……既包含马的存在，而这儿童又没有看见别的东西，足以否定马的存在，因此他将必然认为此马，即在目前，而不能怀疑其存在，即使他对于马的存在，并不确定。……我否认一个人既有所知觉，而会毫无所肯定。因为，所谓看见一匹有翼的马，除了肯定一匹马是有翼的之外，还有什么别的呢？因为，如果心灵除了这个有翼的马而外，没有看见别的东西，则它将认为这马即在面前，而不会有别的理由来怀疑其存在，也没有任何力量足以拒绝承认这匹有翼的马，除非有翼的马的形象与另外足以否定其存在的观念相联合，或心灵自己认识到它所具有的有翼的马的观念是不正确的。①

在此，斯宾诺莎认为，心灵想到一个命题即是相信此命题，除非有另外的理由否定此命题。对此，我们可以图示如下（见图 6.3）②：

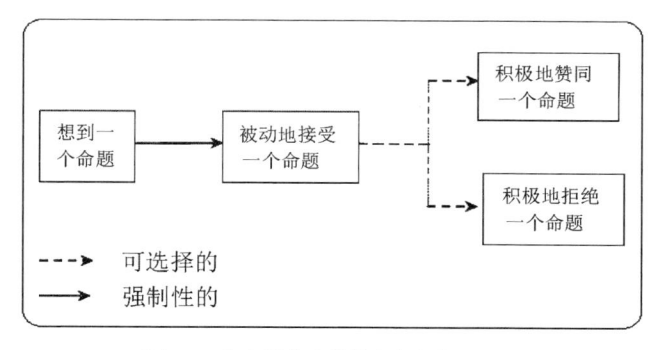

图 6.3　斯宾诺莎式的信念变化非对称理论

---

① 斯宾诺莎：《伦理学》，贺麟译，商务印书馆 1997 年版，第 93 页。
② Eric Mandelbauma, "Thinking is Believing", *Inquiry: An Interdisciplinary Journal of Philosophy*, Vol. 57, No. 1, 2014, p. 62.

斯宾诺莎式的信念形成理论与笛卡尔的理论形成鲜明对照，前文在讨论直接意志论时，我们已将笛卡尔式的理论称作对称论，因而斯宾诺莎式的理论我们称作非对称论，其特征可刻画如下：

（1）对于心中出现的命题，无论通过知觉还是由想象而得来，在相信它们之前，人们没有能力思考它们。因心灵结构如此，人们想到一些命题，又不立即相信它们，这（在自然法则上）是不可能的。

（2）接受一个命题和拒绝一个命题是由不同的系统来完成的。因为不同的系统在起作用，接受和拒绝的过程应以不同的方式受到执行限制的影响。因斯宾诺莎对待接受与拒绝的立场是不对等的，因而称之为"非对称性"立场。

（3）形成一个信念是一种消极被动的事情。然而，拒绝一个命题是一种积极主动的、需要努力的心灵行为（mental action），它只有在获得一个信念之后才能发生。①

在系统发生学上说，认知是由知觉发展而出的。知觉能力总体上是反映实在的，首先进化出的认知能力，对知觉所提出的东西只是照单全收。拒绝信息的能力在进化上是后起的。因此接受信息的能力先于拒绝信息的能力而产生，我们有能力拒绝某信息之前必自动地接受此信息。② 斯宾诺莎的看法跟系统发生学上的看法是一致的，拒绝一个命题先要接受此命题，即在一定层面相信此命题。想到一个命题就必相信此命题，这是强制性的，无需做出任何有意识的决定；由相信到

---

① Eric Mandelbauma, "Thinking is Believing", *Inquiry: An Interdisciplinary Journal of Philosophy*, Vol. 57, No. 1, 2014, p. 61.

② Eric Mandelbauma, "Thinking is Believing", *Inquiry: An Interdisciplinary Journal of Philosophy*, Vol. 57, No. 1, 2014, pp. 62-63.

拒绝此命题或消除此信念，这是选择性的，需要相应的理由支撑，需要做出决定。

休谟说："人性中没有任何弱点比我们通常所谓的轻信……更为普遍、更为显著的了，……我们有一种相信任何报导的显著倾向，哪怕是有关幽灵、妖术、神异的报导。"① 在休谟看来，轻信是我们认知结构中的主要缺陷，但他同时代的常识哲学家里德则认为原初的轻信是件好事。② 但历史上的哲学家们只讨论了信念的获得问题，没有讨论信念的消除问题。

否定的意志论可以得到经验科学的证实。心理学上的"双加工理论"认为，人类的认知结构有两个组成部分：系统1是自动化的、快速的、被动的，且一直是开启的，它的运作无需有意识的努力；与此相对的系统2的运作，却需要有意识的控制，它运作的速度慢，需要集中注意和努力，且不是一直在运转。此双加工理论可以应用于信念态度的改变。卡尼曼（Daniel Kahneman）说：

> 当系统2没有卷入的时候，我们几乎相信任何事情。系统1是相当容易受骗的，偏向于相信，系统2主管怀疑和不信，但系统2时常相当繁忙，且经常偷懒。③

虽然系统1的功能可解释NDV1，系统2的功能可解释NDV2，但否定的意志论也会面临一些反驳。④ 最容易想到的反驳是针对NDV1，即自动化地、非反思地形成的东西，根本就不是信念，而只

---

① 休谟：《人性论》（上册），关文运译，商务印书馆1997年版，第132—133页。
② Hans Rott, "Negative Doxastic Voluntarism and the Concept of Belief", *Synthese*, Vol. 194, No. 8, 2017, p. 2700.
③ Daniel Kahneman, *Thinking, Fast and Slow*, New York: Farrar, Straus and Giroux, 2011, p. 81.
④ Hans Rott, "Negative Doxastic Voluntarism and the Concept of Belief", *Synthese*, Vol. 194, No. 8, 2017, pp. 2708-2717.

是类似信念的假设或预设等，可称为近似信念（almost-belief），它们是信念的候选者，当它们经过有意识的思考而仍被接受下来时，才成为真正的信念。因此，信念的获得是心灵有意控制和思考的结果。对此，罗特的答复是，"信念"是一个模糊词，其含义依赖于语境。否定的意志论既适用于完全信念（full belief），也适用于"近似信念"，而非仅仅适用于完全信念。① 罗特的答复并没有解答反驳者的问题，即自动化地、非反思地接受的观念究竟是不是信念，他只是说，无论自动接收的东西是不是信念都没关系，反正否定的意志论也可适用于它们。但问题在于，如果最初自动接收的东西不属于信念，那么 NDV 1 就错了，肯定的意志论就可能是正确的。

依照否定的意志论，人们的意志可控制信念的消除，但不能控制信念的获得。如果信念伦理要以意志控制为前提，那么我们就只在信念消除方面承担有信念责任，即信念伦理只在此有限的范围内成立。

至此，我们较全面地考察了解了信念义务悖论的五种方式。（1）直接意志论者的解答方式是否定信念不自主论题；（2）非意志论者只是否定了意志控制论题，他们既可以为寻求其他解答方式提供依据，也可以为否定信念伦理提供基础，关键在于对信念责任之前提的不同理解；（3）间接意志论者认为信念责任无需预设直接的意志控制，间接的意志控制足以证成信念义务；（4）相容论者认为信念义务无需任何形式的意志控制；（5）否定的意志论者致力于揭示信念获得与信念消除的非对称性，此种理论可以在预设某种意志控制的框架内为信念伦理划定出有限的地盘。

直接意志论不符合我们的经验事实，亦面临概念上的矛盾。就意志不能无中介地直接导致信念而言，非意志论是正确的。就意志可以

---

① Hans Rott, "Negative Doxastic Voluntarism and the Concept of Belief", *Synthese*, Vol. 194, No. 8, 2017, p. 2709.

间接地引起或影响信念的形成而言，间接意志论足以保证我们应该对自己的信念负责；相容论者的解答方案虽然面临诸多问题，但它们可促使我们反思"应该蕴含能够"的原则。这个原则是否适用于信念伦理，取决于我们如何理解"能够"一词。否定的意志论者并没有证明我们可以仅凭意志而消除已有的信念，只是证明了在信念获得与信念消除的过程中意志的作用是不对等的，在信念消除方面意志的作用更为明显，我们感觉到需要刻意思考和做出决定。否定的意志论依然可以归入间接意志论的范畴。因为即便是对于信念的消除，我们依然要依赖于证据或理由，在分析证据或理由的基础上才能做出决定，绝非不顾证据或理由径直凭意志而相信，更重要的是意志的坚定和意图的形成本身亦是回应理由的产物。因此，间接意志论足以解释信念变化的非对称性，并为信念伦理提供较为宽阔的基础。

参考文献

一、中文著作

1. 〔奥〕弗洛伊德：《释梦》，孙名之译，北京：商务印书馆，2002年。

2. 〔奥〕维特根斯坦：《哲学研究》，陈嘉映译，上海：上海人民出版社，2001年。

3. 〔德〕黑格尔：《法哲学原理》，范扬、张企泰译，北京：商务印书馆，1961年。

4. 〔法〕帕斯卡尔：《思想录》，何兆武译，北京：商务印书馆，1997年。

5. 〔法〕狄德罗：《狄德罗哲学选集》，江天骥、陈修斋、王太庆译，北京：商务印书馆，1997年。

6. 〔法〕笛卡尔：《第一哲学沉思集》，庞景仁译，北京：商务印书馆，1986年。

7. 〔荷〕斯宾诺莎：《伦理学》，贺麟译，北京：商务印书馆，1997年。

8. 〔美〕阿尔文·普兰丁格：《基督教信念的知识地位》，邢滔滔、徐向东、张国栋、梁骏译，北京：北京大学出版社，2004年。

9. 〔美〕路易斯·波伊曼：《知识论导论：我们知道什么？》，洪汉鼎译，北京：中国人民大学出版社，2008年。

10. 〔英〕柯林伍德：《历史的观念》，何兆武等译，北京：北京大学出版社，2010年。

11.〔英〕伯特兰·罗素:《意义与真理的探究》,贾可春译,北京:商务印书馆,2009年。

12.〔英〕蒂摩西·威廉姆森:《知识及其限度》,刘占峰、陈丽译,北京:人民出版社,2013年。

13.〔英〕罗素:《心的分析》,贾可春译,北京:商务印书馆,2009年。

14.〔英〕洛克:《人类理解论》(上下册),关文运译,北京:商务印书馆,1997年。

15.〔英〕培根:《新工具》,许宝骙译,北京:商务印书馆,2005年。

16.〔英〕乔治·爱德华·摩尔:《伦理学原理》,长河译,上海:上海世纪出版集团,2003年。

17.〔英〕苏珊·哈克:《证据与探究》,陈波等译,北京:中国人民大学出版社,2004年。

18.〔英〕休谟:《人类理解研究》,关文运译,北京:商务印书馆,2007年。

19.〔英〕休谟:《人性论》(上册),关文运译,北京:商务印书馆,1997年。

20.彭孟尧:《心与认知哲学》,台北:三民书局,2011年。

21.彭孟尧:《知识论》,台北:三民书局,2009年。

二、中文论文

1.刘小涛:《信念的组合性与信念的形而上学》,《哲学分析》2014年第5期。

2.盛传捷:《"美诺悖论"的新思考》,《哲学动态》2016年第2期。

3.王幼军:《帕斯卡尔赌注的形式演化》,《上海师范大学学报(哲学社会科学版)》2015年第4期。

4. 文学平:《信念与证据:上帝存在信念的合理性概念及其对和谐社会的启示》,《宗教学研究》2009 年第 2 期。

5. 郑喜恒:《检视詹姆士在〈信念意志〉中对于克利佛德的知识论批评》,《华冈哲学学报》2014 年第 6 期。

6. 郑喜恒:《意志、审虑与信念:诠释詹姆士的〈信念意志〉》,《欧美研究》2012 年第 4 期。

7. 郑喜恒:《宗教领域中的探究与詹姆士的〈信念意志〉》,《欧美研究》2016 年第 3 期。

三、外文著作

1. Adler, Jonathan E., *Belief's Own Ethics*, Cambridge, MA: The MIT Press, 2002.

2. Ammerman, Robert R., and Marcus G. Singer (eds.), *Belief, Knowledge, and Truth: Readings in the Theory of Knowledge*, New York: Charles Scribner's Sons, 1970.

3. Austin, J. L., *Philosophical Papers*, 2nd edition, Oxford: The Clarendon Press, 1970.

4. Ayer, A. J., *Philosophy in the Twentieth Century*, New York: Mntage Books, 1984.

5. Barber, Alex, and Robert J. Stainton (eds.), *Concise Encyclopedia of Philosophy of Language and Linguistics*, Oxford: Elsevier Ltd., 2010.

6. Bernecker, Sven, and Duncan Pritchard (eds.), *The Routledge Companion to Epistemology*, New York: Routledge, 2011.

7. Blackburn, Simon, *Truth: A Guide for the Perplexed*, New York: Allen Lane, 2005.

8. Bonjour, Laurence, *The Structure of Empirical Knowledge*,

Cambridge: Harvard University Press, 1985.

9. Brentano, Franz, *Psychology from an Empirical Standpoint*, trans. by Antos C. Rancurello, D. B. Terrell and Linda L. McAlister, London: Routledge, 1995.

10. Bunnin, Nicholas, and Yu Jiyuan (eds.), *The Blackwell Dictionary of Western Philosophy*, Malden: Blackwell Publishing, 2004.

11. Chalmers, David J. (ed.), *Philosophy of Mind: Classical and Contemporary Readings*, New York: Oxford University Press, 2002.

12. Chan, Timothy (ed.), *The Aim of Belief*, New York, NY: Oxford University Press, 2013.

13. Chisholm, Roderich M., *Perceiving: A Philosophical Study*, New York: Cornell University Press, 1957.

14. Churchland, Paul, *Scientific Realism and the Plasticity of Mind*, Cambridge: Cambridge University Press, 1979.

15. Clark, Kelly James (ed.), *Readings in the Philosophy of Religion*, 2nd edition, Ontario: Broadview Press, 2008.

16. Clifford, William Kingdon, *Lectures and Essays*, Vol. 2, London: Macmillan and Co., 1901.

17. Code, Lorraine, *Epistemic Responsibility*, Hanover, New Hampshire: Brown University Press, 1987.

18. Conee, Earl, and Richard Feldman, *Evidentialism: Essays in Epistemology*, Oxford: Clarendon Press, 2004.

19. Craig, Edward (ed.), *The Shorter Routledge Encyclopedia of Philosophy*, Oxon: Routledge, 2005.

20. Cummins, Robert, *Meaning and Mental Representation*, Cambridge, MA: The MIT Press, 1991.

21. Dancy, Jonathan, Ernest Sosa, and Matthias Steup, *A Companion*

to *Epistemology*, 2nd edtion, Malden: Blackwell Publishing Ltd., 2010.

22. Dancy, Jonathan, *Moral Reasons*, Oxford: Blackwell Publishers, 1993.

23. Davidson, Donald, *Inquiries into Truth and Interpretation*, Oxford: Clarendon Press, 1984.

24. Davis, Stephen T., *God, Reason and Theistic Proofs*, Edinburgh: Edinburgh University Press, 1997.

25. Dennett, Daniel, *The Intentional Stance*, Cambridge, MA: The MIT Press, 1987.

26. Devitt, Michael, and Kim Sterelny, *Language and Reality*, Cambridge, MA: The MIT Press, 1987.

27. Dougherty, Trent (ed.), *Evidentialism and its Discontents*, Oxford: Oxford University Press, 2011.

28. Dretske, Fred, *Knowledge and the Flow of Information*, Cambridge, MA: The MIT Press, 1981.

29. Dretske, Fred, *Naturalizing the Mind*, Cambridge, MA: The MIT Press, 1995.

30. Dretske, Fred, *Perception, Knowledge and Belief*, Cambridge: Cambridge University Press, 2000.

31. Fairweather, Abrol, and Linda Zagzebski (eds.), *Virtue Epistemology: Essays on Epistemic Virtue and Responsibility*, Oxford: Oxford University Press, 2001.

32. Fantl, Jeremy, and Matthew McGrath, *Knowledge in an Uncertain World*, Oxford: Oxford University Press, 2009.

33. Feldman, Richard, *Epistemology*, Upper Saddle River, NJ: Prentice Hall, 2003.

34. Feser, Edward, *Philosophy of Mind: A Beginner's Guide*, Oxford: Oneworld Publications, 2006.

35. Fodor, Jerry, *A Theory of Content and Other Essays*, Cambridge MA: The MIT Press, 1994.

36. Green, Mitchell, and John N. Williams (eds.), *Moore's Paradox: New Essays on Belief, Rationality, and the First Person*, Oxford: Oxford University Press, 2007.

37. Guttenplan, Samuel (ed.), *A Companion to the Philosophy of Mind*, Oxford: Blackwell Publishers Ltd., 1995.

38. Haack, Susan, *Evidence and Inquiry: Towards Reconstruction in Epistemology*, Cambridge, MA: Blackwell Publishers, 1993.

39. Hahn, Lewis Edwin (ed.), *The Philosophy of Roderick Chisholm*, LaSalle, Illinois: Open Court, 1997.

40. Harman, Gilbert, *Change in View: Principles of Reasoning*, Cambridge, MA: The MIT Press, 1986.

41. Harman, Gilbert, *Reasoning, Meaning, and Mind*, Oxford: Clarendon Press, 1999.

42. Hatzimoysis, Anthony (ed.), *Self-Knowledge*, Oxford: Oxford University Press, 2011.

43. Hick, John H., *Philosophy of Religion*, 4th edition, New Jersey: Prentice-Hall, Inc., 1990.

44. Honderich, Ted, *The Oxford Companion to Philosophy*, 2nd edtion, Oxford: Oxford University Press, 2005.

45. Hume, David, *A Treatise of Human Nature*, Oxford: Clarendon Press, 1960.

46. Inwagen, Peter van, *The Possibility of Resurrection and Other Essays in Christian Apologetics*, Oxford: Westview Press, 1998.

47. James, William, *The Will to Believe and Other Essays in Popular Philosophy*, New York: Longmans, Green & Co., 1897.

48. Jordan, Jeff, *Pascal's Wager: Pragmatic Arguments and Belief in God*, Oxford: Oxford University Press, 2006.

49. Kahneman, Daniel, *Thinking, Fast and Slow*, New York: Farrar, Straus and Giroux, 2011.

50. Kierkegaard, Søren, *Philosophical Fragments*, trans. by D. Swenson, Princeton: Princeton University Press, 1962.

51. Loar, Brian, *Mind and Meaning*, Cambridge: Cambridge University Press, 1981.

52. Loewer, Barry, and Georges Rey (eds.), *Meaning in Mind: Fodor and His Critics*, Oxford: Basil Blackwell, 1991.

53. Macdonald, Graham, and David Papineau, *Teleosemantics*, Oxford: Oxford University Press, 2006.

54. Madigan, Timothy J., *W. K. Clifford and "The Ethics of Belief"*, Newcastle: Cambridge Scholars Publishing, 2009.

55. Malle, Bertram F., and Sara D. Hodges (eds.), *Other Minds: How Humans Bridge the Divide Between Self and Others*, New York: The Guilford Press, 2005.

56. Mandik, Pete, *This is Philosophy of Mind: An Introduction*, West Sussex: Wiley-Blackwell, 2014.

57. Martin, Michael, *Atheism: A Philosophical Justification*, Philadelphia: Temple University Press, 1990.

58. Millikan, Ruth Garrett, *Varieties of Meaning*, Cambridge, MA: The MIT Press, 2004.

59. Moore, G. E., *Principia Ethica*, Cambridge: Cambridge University Press, 1903.

60. Moran, Richard, *Authority and Estrangement: An Essay on Self-Knowledge*, Princeton: Princeton University Press, 2002.

61. Nottelmann, Nikolaj, *Blameworthy Belief: A Study in Epistemic Deontologism*, Dordrecht: Springer, 2007.

62. O'Shaughnessy, Brian, *The Will: A dual Aspect Theory*, Vol. 1, Cambridge: Cambridge University Press, 2008.

63. Papineau, David, *Philosophical Naturalism*, Oxford: Blackwell, 1993.

64. Pawelski, James O., *The Dynamic Individualism of William James*, Albany, NY: State University of New York Press, 2008.

65. Pojman, Louis P., *The Theory of Knowledge: Classic and Contemporary Readings*, 3rd edition, Belmont, CA: Wadsworth, 2003.

66. Pojman, Louis P., *What Can We Know? An Introduction to the Theory of Knowledge*, 2nd edition, California: Wadsworth Publishing Company, 2000.

67. Preyer, Gerhard, and Georg Peter (eds.), *Contextualism in Philosophy: Knowledge, Meaning, and Truth*, Oxford: Oxford University Press, 2005.

68. Price, H. H., *Belief*, London: George Allen & Unwin Ltd., 1969.

69. Proudfoot, Michael, and A. R. Lacey, *The Routledge Dictionary of Philosophy*, 4th edition, New York: Routledge, 2010.

70. Quine, W. V., *Ontological Relativity and Other Essays*, New York: Columbia University Press, 1969.

71. Ravenscroft, Ian, *Philosophy of Mind: A Beginner's Guide*, Oxford: Oxford University Press, 2005.

72. Russell, Bertrand, *The Problem of Philosophy*, Oxford: Oxford Univversity Press, 1912.

73. Ryle, Gilbert, *The Concept of Mind*, New York: Barens &Noble Books, 1949.

74. Schlipp, P. A. (ed.), *The Philosophy of Bertrand Russell*, Evanston, IL: Northwestern University Press, 1944.

75. Searle, John R., *The Rediscovery of the Mind*, Cambridge, MA: The MIT Press, 1992.

76. Sellars, Wilfrid, *Science, Perception, and Reality*, Atascadero, CA: Ridgeview Publishing Company, 1991.

77. Smith, Quentin (ed.), *Epistemology: New Essays*, Oxford: Oxford University Press, 2008.

78. Sosa, Ernest, Jaegwon Kim, Jeremy Fantl, and Matthew McGrath (eds.), *Epistemology: An Anthology*, 2nd edition, Malden: Blackwell Publishing, 2008.

79. Sterelny, Jerry, *Psychosemantics: The Problem of Meaning in the Philosophy of Mind*, Cambridge, MA: The MIT Press, 1987.

80. Sterelny, Kim, *The Representational Theory of Mind: An Introduction*, Oxford: Basil Blackwell, 1990.

81. Steup, Matthias, John Turri, and Ernest Sosa (eds.), *Contemporary Debates in Epistemology*, 2nd edition, Oxford: Wiley-Blackwell, 2014.

82. Steup, Matthias (ed.), *Knowledge, Truth, and Duty: Essays on Epistemic Justification, Responsibility, and Virtue*, New York: Oxford University Press, 2001.

83. Stich, Stephen P., and Ted A. Warfield (eds.), *The Blackwell Guide to Philosophy of Mind*, Malden: Blackwell Publishing, 2003.

84. Stich, Stephen P., *From Folk Psychology to Cognitive Science: The Case Against Belief*, Cambridge, MA: The MIT Press, 1983.

85. Taliaferro, Charles, Paul Draper, and Philip L. Quinn (eds.), *A Companion to Philosophy of Religion*, 2nd edition, Malden, MA: Wiley-Blackwell, 2010.

86. Vahid, Hamid, *The Epistemology of Belief*, New York: Palgrave Macmillan, 2009.

87. Vaughn, Lewis, and Chris MacDonald, *The Power of Critical Thinking*, 3rd Canadian Edition, Ontario: Oxford University Press, 2013.

88. Velleman, David, *The Possibility of Practical Reason*, Oxford: Oxford University Press, 2000.

89. Voltaire, F. M. A., *Philosophical Dictionary*, ed. and trans. by T. Besterman, London: Penguin Books, 1971.

90. Wainwright, William J., *The Oxford Handbook of Philosophy of Religion*, Oxford: Oxford University Press, 2005.

91. Williams, Bernard, *Problems of the Self*, Cambridge: Cambridge University Press, 1973.

92. Williamson, Timothy, *Knowledge and Its Limits*, Oxford: Oxford University Press, 2000.

93. Wittgenstein, Ludwig, *Philosophical Investigations*, trans. by G. E. M. Anscombe, P. M. S. Hacker, and Joachim Schulte, Malden, MA: Blackwell Publishing Ltd., 2009.

94. Wright, Larry, *Teleological Explanation*, Berkeley, CA: University of California Press, 1976.

四、外文论文

1. Adams, Fred, and Ken Aizawa, "Causal Theories of Mental Content", *The Stanford Encyclopedia of Philosophy*, Spring 2010 Edition, ed. by Edward N. Zalta, URL = <http://plato.stanford.edu/archives/spr2010/entries/content-causal/>.

2. Alec, Hyslop, "Other Minds", *The Stanford Encyclopedia of Philosophy*, Spring 2016 Edition, ed. by Edward N. Zalta, URL = <https://plato.stanford.edu/archives/spr2016/entries/other-minds/>.

3. Allais, Maurice, "Le Comportement de l'Homme Rationnel devant le Risque: Critique des Postulats et Axiomes de l'Ecole Americaine", *Econometrica*, Vol. 21, No. 4, 1953.

4. Alston, William P., "The Deontological Conception of Epistemic Justification", *Philosophical Perspectives*, Vol. 2, 1988.

5. Andrew, Chignell, "The Ethics of Belief", *The Stanford Encyclopedia of Philosophy*, Winter 2016 Edition, ed. by Edward N. Zalta, URL=<https://plato.stanford.edu/archives/win2016/entries/ethics-belief/>.

6. Archerd, Sophie, "Defending Exclusivity", *Philosophy and Phenomenological Research*, Vol. 94, No. 2, 2017.

7. Bargh, John A., and Ezequiel Morsella, "The Unconscious Mind", *Perspectives on Psychological Science*, Vol. 3, No. 1, 2008.

8. Bennett, Jonathan, "Why Is Belief Involuntary?" *Analysis*, Vol. 50, No. 2, 1990.

9. Berker, Selim, "Epistemic Teleology and the Separateness of Propositions", *Philosophical Review*, Vol. 122, No. 3, 2013.

10. Bernoulli, Daniel, "Exposition of a New Theory on the Measurement of Risk", *Econometrica*, Vol. 22, No. 1, 1954.

11. Bird, Alexander, "Justified Judging", *Philosophy and Phenomenological Research*, Vol. 74, No. 1, 2007.

12. Block, Ned, "Advertisement For a Semantics for Psychology", *Midwest Studies in Philosophy*, Vol. 10, 1986.

13. Block, Ned, "Functional Role and Truth Conditions", *Proceedings of the Aristotelian Society* (Supplementary Volumes), Vol. 61, 1987.

14. Boghossian, Paul A., "The Normativity of Content", *Philosophical Issues*, Vol. 13, No. 1, 2003.

15. Brown, Jessica, "Subject-Sensitive Invariantism and the Knowledge

Norm for Practical Reasoning", *Noûs*, Vol. 42, No. 2, 2008, pp. 167-189.

16. Brown, Jessica, "The Knowledge Norm for Assertion", *Philosophical Issues*, Vol. 18, 2008.

17. Buckareff, Andrei A., "Hobartian Voluntarism and Epistemic Deontologism", *Disputatio*, Vol. 2, No. 21, 2006.

18. Buckwalter, Wesley, David Rose, and John Turri, "Belief through Thick and Thin", *Noûs*, Vol. 49, No. 4, 2013.

19. Bykvist, Krister, and Anandi Hattiangadi, "Does Thought Imply Ought?" *Analysis*, Vol. 67, No. 4, 2007.

20. Chisholm, Roderich M., "Lewis' Ethics of Belief", in *The Philosophy of C. I. Lewis*, ed. by Paul Arthur Schilpp, La Salle, Illinois: Open Court, 1968.

21. Chisholm, Roderick, "Knowledge and Belief: 'De Dicto' and 'De Re'", *Philosophical Studies: An International Journal for Philosophy in the Analytic Tradition*, Vol. 29, No. 1, 1976.

22. Chrisman, Matthew, "Ought to Believe", *The Journal of Philosophy*, Vol. 105, No. 7, 2008.

23. Christian, Rose Ann, "Truth and Consequences in James 'The Will to Believe'", *International Journal for Philosophy of Religion*, Vol. 58, No. 1, 2005.

24. Chuard, Philippe and Southwood, Nicholas, "Epistemic Norms without Voluntary Control", *Noûs*, Vol. 43, No. 4, 2009.

25. Churchland, Paul, "Eliminative Materialism and the Propositional Attitudes", *Journal of Philosophy*, Vol. 78, No. 2, 1981.

26. Cohen, Stewart, "Does Practical Rationality Constrain Epistemic Rationality?" *Philosophy and Phenomenological Research*, Vol. 85, No. 2, 2012.

27. Conee, Earl, and Richard Feldman, "Evidentialism", *Philosophical Studies*, Vol. 48, No. 1, 1985.

28. Crane, Tim, "Intentionality as the Mark of the Mental", in *Current*

Issues in Philosophy of Mind, ed. by Anthony O'Hear, Cambridge: Cambridge University Press, 1998.

29. Davidson, Donald, "Knowing One's Own Mind", *Proceedings and Addresses of the American Philosophical Association*, Vol. 60, No. 3, 1987.

30. Dretske, Fred, "Misrepresentation", in *Belief: Form, Content, and Function*, ed. by Radu Bogdan, Oxford: University Press, 1986.

31. Duff, Antony, "Pascal's Wager and Infinite Utilities", *Analysis*, Vol. 46, No. 2, 1986.

32. Engel, Pascal, "Belief and Normativity", *Disputatio*, Vol. 2, No. 23, 2007.

33. Fantl, Jeremy, and Matthew McGrath, "Evidence, Pragmatics, and Justification", *The Philosophical Review*, Vol. 111, No. 1, 2002.

34. Fantl, Jeremy, and Matthew McGrath, "On Pragmatic Encroachment in Epistemology", *Philosophy and Phenomenological Research*, Vol. 75, No. 3, 2007.

35. Fantl, Jeremy and Matthew McGrath, "Replies to Cohen, Neta and Reed", *Philosophy and Phenomenological Research*, Vol. 85, No. 2, 2012.

36. Fantl, Jeremy and Matthew McGrath, "Précis of Knowledge in an Uncertain World", *Philosophy and Phenomenological Research*, Vol. 85, No. 2, 2012.

37. Feldman, Richard, "Having Evidence", *Philosophical Analysis*, ed. by David Austin, Boston: Kluwer Academic Publishers, 1988.

38. Feldman, Richard, "The Ethics of Belief", *Philosophy and Phenomenological Research*, Vol. 60, No. 3, 2000.

39. Field, Hartry H., "Mental Representation", *Erkenntnis*, Vol. 13, No. 1, 1978.

40. Frankish, Keith, "Deciding to Believe Again", *Mind*, Vol. 116, No. 463, 2007.

41. Freedman, Karyn L., "Quasi-evidentialism: Interests, Justification and Epistemic Virtue", *Episteme*, Vol. 14, No. 2, 2017.

42. Fumerton, Richard, "Inferential Justification and Empiricism", *The Journal of Philosophy*, Vol. 73, No. 17, 1976.

43. Gale, Richard M., "William James and the Willfulness of Belief", *Philosophy and Phenomenological Research*, Vol. 59, No. 1, 1999.

44. Gettier, Edmund L., "Is Justified True Belief Knowledge?" *Analysis*, Vol. 23, No. 6, 1963.

45. Hacking, Ian, "Strange Expectations", *Philosophy of Science*, Vol. 47, No. 4, 1980.

46. Hacking, Ian, "The Logic of Pascal's Wager", *American Philosophical Quarterly*, Vol. 9, No. 2, 1972.

47. Hájek, Alan, "Pascal's Wager", *The Stanford Encyclopedia of Philosophy*, Winter 2012 Edition, ed. by Edward N. Zalta, URL = <https://plato.stanford.edu/archives/win2012/entries/pascal-wager/>.

48. Hájek, Alan, "Waging War on Pascal's Wager", *The Philosophical Review*, Vol. 112, No. 1, 2003.

49. Harman, Gilbert, "(Nonsolipsistic) Conceptual Role Semantics", in *New Directions in Semantics*, ed. by Ernest LePore, London: Academic Press, 1987.

50. Hawthorne, John, and Jason Stanley, "Knowledge and Action", *The Journal of Philosophy*, Vol. 105, No. 10, 2008.

51. Heil, John, "Doxastic Agency", *Philosophical Studies: An International Journal for Philosophy in the Analytic Tradition*, Vol. 43, No. 3, 1983.

52. Heller, Mark, "Hobartian Voluntarism: Grounding a Deontological Conception of Epistemic Justification", *Pacific Philosophical Quarterly*, Vol. 81, No. 2, 2000.

53. Hieronymi, Pamela, "Controlling Attitudes", *Pacific Philosophical Quarterly*, Vol. 87, No. 1, 2006.

54. Humberstone, I. L., "Two Sorts of 'Ought's", *Analysis*, Vol. 32, No. 1, 1971.

55. Huss, Brian, "Three Challenges (And Three Replies) to the Ethics of Belief", *Synthese*, Vol. 168, No. 2, 2009.

56. Kelly, Thomas, "Epistemic Rationality as Instrumental Rationality: A Critique", *Philosophy and Phenomenological Research*, Vol. 66, No. 3, 2003.

57. Kelly, Thomas, "Evidence", *The Stanford Encyclopedia of Philosophy*, Winter 2016 Edition, ed. by Edward N. Zalta, URL = <https://plato.stanford.edu/archives/win2016/entries/evidence/>.

58. Kim, Jaegwon, "What Is 'Naturalized Epistemology'?" *Philosophical Perspectives*, Vol. 2, *Epistemology*, 1988.

59. King, Peter, "Rethinking Representation in the Middle Ages: A Vade-Mecum to Medieval Theories of Mental Representation", in *Representation and Objects of Thought in Medieval Philosophy*, ed. by Henrik Lagerlund, Hampshire: Ashgate, 2007.

60. Kornblith, Hilary, "Justified Belief and Epistemically Responsible Action", *The Philosophical Review*, Vol. 92, No. 1, 1983.

61. Littlejohn, Clayton, "Moore's Paradox and Epistemic Norms", *Australasian Journal of Philosophy*, Vol. 88, No. 1, 2010.

62. Loewer, Barry, "The Role of 'Conceptual Role Semantics'", *Notre Dame Journal of Formal Logic*, Vol. 23, No. 3, 1982.

63. Mandelbauma, Eric, "Thinking is Believing", *Inquiry: An Interdisciplinary Journal of Philosophy*, Vol. 57, No. 1, 2014.

64. Marcel, Anthony J., "Conscious and Unconscious Perception: Experiments on Visual Masking and Word Recognition", *Cognitive Psych-*

ology, Vol. 15, No. 2, 1983.

65. Marušić, Berislav, "The Ethics of Belief", *Philosophy Compass*, Vol. 6, No. 1, 2011.

66. McGrath, Matthew, "Defeating Pragmatic Encroachment?" *Synthese*, Vol. 195, No. 7, 2018.

67. McHugh, Conor, and Daniel Whiting, "The Normativity of Belief", *Analysis*, Vol. 74, No. 4, 2014.

68. McHugh, Conor, "Attitudinal Control", *Synthese*, Vol. 194, No. 8, 2017.

69. McHugh, Conor, "Belief and Aims", *Philosophical Studies*, Vol. 160, No. 3, 2012.

70. McHugh, Conor, "Normativism and Doxastic Deliberation", *Analytic Philosophy*, Vol. 54, No. 4, 2013.

71. McHugh, Conor, "The Illusion of Exclusivity", *European Journal of Philosophy*, Vol. 23, No. 4, 2013.

72. Meiland, Jack W., "What Ought We to Believe? Or the Ethics of Belief Revisited", *American Philosophical Quarterly*, Vol. 17, No. 1, 1980.

73. Millikan, Ruth Garrett, "In Defense of Proper Functions", *Philosophy of Science*, Vol. 56, No. 2, 1989.

74. Millikan, Ruth Garrett, "Biosemantics", *The Journal of Philosophy*, Vol. 86, No. 6, 1989.

75. Millikan, Ruth Garrett, "Biosemantics", in *The Oxford Handbook of Philosophy of Mind*, eds. by Brian McLaughlin, Ansgar Beckermann, Sven Walter, Oxford: Oxford University Press, 2009.

76. Millikan, Ruth Garrett, "Mental Content, Teleological Theories of", http://philosophy.uconn.edu/wp-content/uploads/sites/365/2014/02/Teleological-Theories-of-Mental-Content.pdf.

77. Moore, G. E., "A Reply to My Critics", in *The Philosophy of G. E.*

Moore, ed. by Paul Arthur Schilpp, La Salle, Ill.: Open Court, 1942.

78. Moore, G. E., "Moore's Paradox", in *G. E. Moore: Selected Writings*, ed. by Thomas Baldwin, New York: Routledge, 1993.

79. Morris, Thomas V., "Pascalian Wagering", *Canadian Journal of Philosophy*, Vol. 16, No. 3, 1986.

80. Nayding, Inga, "Conceptual Evidentialism", *Pacific Philosophical Quarterly*, Vol. 92, No. 1, 2011.

81. Nisbett, Ricbard E., and Timothy DeCamp Wilson, "Telling More Than We Can Know: Verbal Reports on Mental Processes", *Psychologicd Review*, Vol. 84, No. 3, 1977.

82. Nottelmann, Nikolaj, "Is Believing at Will 'Conceptually Impossible'?" *Acta Analytica*, Vol. 22, No. 2, 2007.

83. Owens, David John, "Does Belief Have an Aim?" *Philosophical Studies*, Vol. 115, No. 3, 2003.

84. Peels, Rik, "Against Doxastic Compatibilism", *Philosophy and Phenomenological Research*, Vol. 79, No. 3, 2014.

85. Pojman, Louis P., "Believing and Willing", *Canadian Journal of Philosophy*, Vol. 15, No. 1, 1985.

86. Pritchard, Duncan, and John Turri, "The Value of Knowledge", *The Stanford Encyclopedia of Philosophy*, Spring 2014 Edition, ed. by Edward N. Zalta, URL = <https://plato.stanford.edu/archives/spr2014/entries/knowledge-value/>.

87. Reed, Baron, "A Defense of Stable Invariantism", *Noûs*, Vol. 44, No. 2, 2010.

88. Reed, Baron, "Resisting Encroachment", *Philosophy and Phenomenological Research*, Vol. 85, No. 2, 2012.

89. Reisner, Andrew E., "A Short Refutation of Strict Normative Evid-

entialism", *Inquiry*, Vol. 58, No. 5, 2015.

90. Rorty, Richard, "Mind-Body Identity, Privacy, and Categories", *Review of Metaphysics*, Vol. 19, No. 1, 1965.

91. Rott, Hans, "Negative Doxastic Voluntarism and the Concept of Belief", *Synthese*, Vol. 194, No. 8, 2017.

92. Ryan, John K., "The Argument of the Wager in Pascal and Others", *New Scholasticism*, Vol. 19, No. 3, 1945.

93. Ryan, Sharon, "Doxastic Compatibilism and the Ethics of Belief", *Philosophical Studies*, Vol. 114, No. 1/2, 2003.

94. Schwitzgebel, Eric, "Belief", *The Stanford Encyclopedia of Philosophy*, Summer 2015 Edition, ed. by Edward N. Zalta, URL = <http://plato.stanford.edu/archives/sum2015/entries/belief/>.

95. Schwitzgebel, Eric, "A Phenomenal, Dispositional Account of Belief", *Noûs*, Vol. 36, No. 2, 2002.

96. Scott-Kakures, Dion, "On Belief and the Captivity of the Will", *Philosophy and Phenomenological Research*, Vol. 53, No. 4, 1993.

97. Sellars, Wilfrid, "Language as Thought and as Communication", *Philosophy and Phenomenological Research*, Vol. 29, No. 4, 1969.

98. Senor, Thomas, "Internalist Foundationalism and the Justification of Memory Belief", *Synthese*, Vol. 94, No. 3, 1993.

99. Shah, Nishi, and J. David Velleman, "Doxastic Deliberation", *The Philosophical Review*, Vol. 114, No. 4, 2005.

100. Shah, Nishi, "A New Argument for Evidentialism", *The Philosophical Quarterly*, Vol. 56, No. 225, 2006.

101. Shah, Nishi, "How Truth Governs Belief", *The Philosophical Review*, Vol. 112, No. 4, 2003.

102. Stampe, Dennis, "Toward a Causal Theory of Linguistic Represen-

tation", in *Midwest Studies in Philosophy*, Vol. 2, eds. by P. French, H. K. Wettstein, and T. E. Uehling, Minneapolis: University of Minnesota Press, 1977.

103. Steglich-Petersen, Asbjørn, "Weighing the Aim of Belief", *Philosophical Studies*, Vol. 145, No. 3, 2009.

104. Steglich-Petersen, Asbjørn, "Against Essential Normativity of the Mental", *Philosophical Studies*, Vol. 140, No. 2, 2008.

105. Steglich-Petersen, Asbjørn, "No Norm Needed: on the Aim of Belief", *The Philosophical Quarterly*, Vol. 56, No. 225, 2006.

106. Steup, Matthias, "Doxastic Freedom", *Synthese*, Vol. 161, No. 3, 2008.

107. Steup, Matthias, "Belief Control and Intentionality", *Synthese*, Vol. 188, No. 2, 2012.

108. Textor, Mark, "Has the Ethics of Belief Been Brought Back On the Right Track?" *Erkenntnis*, Vol. 61, No. 1, 2004.

109. Toribio, Josefa, "Is There an 'Ought' in Belief?" *Teorema*, Vol. 32, No. 3, 2013.

110. Vitz, Rico, "Doxastic Voluntarism", *The Internet Encyclopedia of Philosophy* (IEP) (ISSN 2161-0002): http://www.iep.utm.edu/doxa-vol/.

111. Wedgwood, Ralph, "The Aim of Belief", *Philosophical Perspectives*, Vol. 36, No. 16, 2002.

112. Wedgwood, Ralph, "Doxastic Correctness", *Aristotelian Society Supplementary Volume,* Vol. 87, No. 1, 2013.

113. Williams, John N., "Moore's Paradox: One or two?" *Analysis*, Vol. 39, No. 3, 1979.

114. Winters, Barbara, "Believing at Will", *Journal of Philosophy*, Vol. 76, No. 5, 1979.

115. Wood, Allen, "The Duty to Believe According to the Evidence", *International Journal for Philosophy of Religion*, Vol. 63, No. 1/3, 2008.

后 记

信念是我们有效应对生活的一个关键性因素,亦是不少学科关注的焦点。我们应该相信什么不是一个单纯的私人问题,而是带有社会后果的公共问题,因而是一个伦理问题。信念伦理是否可能、如何可能,这涉及信念的本质、信念的基本类型、信念的目标、证据、实用考虑、信念与意志的关系等多方面的问题,对此,本书逐一进行了讨论,以就教于学界同人。

本书是教育部人文社会科学研究青年项目"知识论视野中的信念与伦理:人们对自己的信念是否应负有道德上的责任?"(13YJC720040)的结项成果,该项目于2018年5月结项之后,又作了较大修改;同时本书也是教育部"全国高校思政课名师工作室(西南政法大学)"(21SZJS50010652)的阶段性成果。

在本书付梓之际,诚挚感谢西南政法大学科研处和商务印书馆的大力支持,特别感谢王璐编辑为本书问世所付出的辛勤劳动。

囿于水平,本书存在的不足与疏漏在所难免,恳请广大读者宽宥。